高等学校水土保持与荒漠化防治特色专业建设教材

水土保持农业技术

吴发启　史东梅　主编

科学出版社
北京

内 容 简 介

本书结合高等学校水土保持与荒漠化防治专业本科教学特点，较为系统地介绍了水土保持农业技术的研究成果、发展现状和发展趋势，主要内容包括水土保持农业技术原理、耕作技术、保护性耕作技术、作物栽培技术、土壤改良与培肥、补灌农业和生态农业等。其目的是使学生在相关基础课程学习的基础上，通过该课程的学习，能够系统地掌握各种水土保持农业技术措施的特点、布局、技术设计和效益评价等，为水土保持与荒漠化防治的生产实践和科学研究奠定良好的基础。

本书主要用于水土保持与荒漠化防治专业本科教学，也可作为高等学校环境生态类及相关专业本科教学用书，同时，还可供本行业和从事土地利用、国土整治、环境保护等方面的研究、生产与管理人员参考。

图书在版编目(CIP)数据

水土保持农业技术/吴发启，史东梅主编. —北京：科学出版社，2012
高等学校水土保持与荒漠化防治特色专业建设教材
ISBN 978-7-03-033835-8

Ⅰ.①水…　Ⅱ.①吴…②史…　Ⅲ.①水土保持-高等学校-教材
Ⅳ.①S157

中国版本图书馆 CIP 数据核字(2012)第 043719 号

责任编辑：王玉时 / 责任校对：朱光兰
责任印制：赵　博 / 封面设计：北京华路天然图文设计工作室

科 学 出 版 社 出版
北京东黄城根北街 16 号
邮政编码：100717
http://www.sciencep.com

北京华宇信诺印刷有限公司印刷
科学出版社发行　各地新华书店经销
*
2012 年 6 月第　一　版　开本：787×1092　1/16
2025 年 1 月第七次印刷　印张：13
字数：320 000

定价：49.80 元

(如有印装质量问题，我社负责调换)

普通高等教育“十二五”规划教材
高等学校水土保持与荒漠化防治特色专业建设教材
编写指导委员会

《水土保持农业技术》编写人员

主　编　吴发启　史东梅

副主编　（按姓氏笔画排序）

王　丽　师江澜　朱德兰　佘　雕　郑子成

熊友胜

编　委　（按姓氏笔画排序）

王　丽　史东梅　代　军　师江澜　朱德兰

吴发启　佘　雕　张志玲　武　敏　郑子成

孟　凯　熊友胜　戴全厚

主　审　王立祥

序

我国水土保持教学可以追溯到20世纪的40年代，而系统的专业教育则始于20世纪五六十年代。目前在高等教育系统中，开设水土保持与荒漠化防治本科专业的院校已增加到了20所。这无疑对我国水土保持与荒漠化防治事业的发展做出了很大贡献。但由于水土保持既是一门边缘交叉学科，又是一门综合性很强的应用技术学科，因而各院校的教育培养目标、教学方案与课程体系及各门课程的教学内容，都存在着一定的差别。虽然已展现出了百花齐放的局面，但对教学管理和人才规格的衡量等造成了一定的困难。为了解决这一矛盾，并继续保持各院校的教学优势，就得在骨干课程上进行统一与规范。

21世纪初，中华人民共和国教育部启动了进一步提高本科专业教学质量的“质量工程”。西北农林科技大学资源环境学院水土保持系的全体教师有幸获批了“高等学校水土保持与荒漠化防治特色专业建设”的项目。他们结合专业特点与社会需求，在全国开展了较大范围的调查研究，初步确定了本专业的骨干课程，并以其中的专业基础课与专业课为对象，组织了全国百余名教师、研究人员和工程技术人员联合编写《土壤侵蚀学》等10余本教材，这套教材既充分吸纳了水土保持学科已有的成果，又反映了学科发展的现状与趋势；既注重理论教学，又考虑到了学生动手能力的培养；既注重了课程的内涵，又考虑了课程的系统组合，并减少了课程内容的重叠。可以说，它对实现学生厚基础、宽口径、强能力和高素质的培养很有帮助。

当前，防治水土流失与荒漠化已成为我国的一项基本国策，既是实现生态良性循环的主要内容，又是社会经济可持续发展的重要基础。因此，建设型人才的培养与训练至关重要。希望这套教材能为专业建设型人才的培养和水土保持与荒漠化防治高等教育做出应有的贡献。同时，也衷心祝愿我国水土保持与荒漠化防治的高等教学更为完臻。

国际欧亚科学院院士

中国科学院水利部水土保持研究所研究员

2010年12月10日

前　　言

水土保持农业技术是“水土保持与荒漠化防治专业”本科教学课程体系中所列的专业课程之一。我国现已出版发行的《水土保持农学》（屈明等，2002年）、《农地水土保持》（王冬梅，2004年）等教材，为该专业本科教学的持续发展起到了良好的推动作用。21世纪初，国家教育部再次启动了旨在提高本科教学质量的“质量工程”，我们有幸承担了水土保持与荒漠化防治本科特色专业建设的项目与任务。在对该专业本科教学优势与不足分析研究的基础上，项目组决定编写出版一套教材，以推动该专业规范化本科教学进程，《水土保持农业技术》为该系列教材之一。

本书在梳理已有成果和分析现代农业发展趋势的基础上，明确了水土保持农业技术的概念、分类和功能，并按照其原理、措施类型与设计、作用与评价，以及措施组合后形成的农业生产模式的特征等为主线编写而成的。参加书稿编写的教师有西北农林科技大学资源环境学院的吴发启教授、佘雕博士、师江澜博士和水利与建筑工程学院的朱德兰教授，西南大学资源环境学院的史东梅教授、熊友胜博士，内蒙古农业大学生态环境学院的王丽副教授，四川农业大学资源环境学院的郑子成副教授，沈阳农业大学水利学院的武敏讲师，黑龙江大学生态环境系的孟凯教授，贵州大学林学院的戴全厚教授，辽宁工程技术大学资源环境学院的张志玲讲师和辽宁蒙古族师范学校的代军副教授等。各章的编写人员为：绪论，吴发启、史东梅；第一章，熊友胜、史东梅；第二章，郑子成、武敏、孟凯、吴发启；第三章，师江澜、史东梅、吴发启；第四章，王丽、戴全厚、吴发启；第五章，佘雕、吴发启；第六章，朱德兰；第七章，吴发启、张志玲、代军、史东梅。各章的第一位作者均为该章的统稿人。全书在王丽、师江澜、朱德兰、佘雕、郑子成和熊友胜修改的基础上，由吴发启和史东梅进行了统稿。西北农林科技大学王立祥教授审阅了全部书稿。

在农业生产中，采用各种措施来防治水土流失和风蚀，在我国已有几千年的历史，而世界范围内各种技术措施的设计与研究也不过近百年的时间。但是，随着人们对资源、环境及社会经济可持续发展认识的不断深化，各种替代性农业模式不断涌现，相应的农业技术措施也处在不断创新和研究中。因此，本书在对各种技术措施整理分类的基础上，确定了水土保持农业技术措施的研究内容，在保留和继承已有教材中一些较为完善的内容体系外，还最大限度地将一些新的内容纳入其中，使该领域内容日臻完善。

本书除作为“水土保持与荒漠化防治专业”本科教材外，也可作为高等学校相关专业的参考教材，还可供生产、科研及管理部门的有关人员参考。

值此《水土保持农业技术》完稿付印之际，特别感谢主审书稿的王立祥教授，编写书稿的各位编委，引用的科技成果、论文、著作和教材的各位作者，以及科学出版社的同志等付出的辛勤劳动。

水土保持农业技术发展历史悠久，创新势头强劲，又是一门交叉学科。因此，限于作者的知识水平和实践经验，书中的缺点与谬误在所难免，恳切希望各位读者斧正。

吴发启

2011 年 11 月于杨凌

目　　录

绪　论

【内容提要】 水土保持农业技术是水土保持三大技术体系的内容之一。它以水土流失区农田的土壤侵蚀防治和农业生产为对象，主要开展其基本原理等5个方面内容的研究。水土保持农业技术措施已有几千年的历史，随着时代的发展，它也处在不断创新与完善的过程之中。

一、水土保持农业技术的概念

《中国水利百科全书：水土保持分册》中对水土保持农业技术措施（tillage measures of soil and water conservation）的解释是"在水蚀和风蚀的农田中，采用改变微地形、增加植物被覆、地面覆盖和增强土壤抗蚀力等方法，达到保水、保土、保肥、改良土壤、提高产量的技术方法，又称水土保持耕作措施"。这里的"耕作"指的是耕种土地的技艺或科学，也就是整个农事活动。

按照我国的学科分类（GB/T13745—2009），水土保持与荒漠化防治专业属林学一级学科下的二级学科，它们又同归于农学门类。可见，水土保持与农业有着密切的关系，具体表现为：①水和土是人类赖以生存的基本物质，是农业生产的重要因素。水土保持对改善水土流失地区的农业生产条件，减少水、旱、风沙等灾害，保护农田安全生产有着积极的作用。②保护土地资源，维护土地生产力。在水土流失地区采用相应的水土保持措施，可以防治耕地、林地、草地土壤面蚀和沟蚀，使土地资源免受损失，维护土地生产力。在风沙区，也可防止农地与草地的风蚀退化。③充分利用降水资源，提高土壤抗旱能力。在水土流失地区采用一定的水土保持措施，既可拦蓄由降雨形成的坡面径流，又可减少土壤水分蒸发，提高了降水资源的利用率，增强了旱作农业与经济林果生产的抗旱能力。④在农业生产过程中，从耕、种、收到农业废弃物处理各环节中的一些措施，既能保持水土，又能实现稳产、高产。故水土保持技术与农业生产在一定程度上互为因果。正是由于这种原因，这些既能防止水土流失，又可提高作物产量的系列措施构成了水土保持三大措施体系之一——水土保持农业技术措施。

随着研究的深入和科学技术的进步，人们对水土保持农业技术措施的认识和理解也在不断升华。近年来，这一领域的著作也不断涌现，如《农地水土保持》（王冬梅，2002）、《水土保持农学》（屈明等，2002）、《现代陡坡地水土保持》（廖绵睿等，2004）和 *No-Till Farming Systems*（Goddard T et al.，2007）等。这些著作都从不同的角度论述了水土保持农业技术措施的种类、功能、作用和相关的技术标准等。但它们论述对象的范围界限各不相同。例如，农地水土保持主要阐述在农耕地上为防治水土流失和养分消耗等土壤退化现象所采取的措施（水土保持农业耕作措施、水土保持田间工程措施和农林复合经营技术等）；水土保持农学是研究土壤侵蚀区农作物的生产及效应（保水、保肥引起的水土流失等）。作为水土保持与荒漠化防治专业本科教学课程体系中的一门课程——水土保持农业技术，应有它的特定内涵，并不与其他课程内容相重叠。故水土保持农业技术是指依据水土流失规律，按照农业生产原理，在水蚀和风蚀的农田中采取的既能蓄水保土（含改土），又能保障作物稳产、高产的各种技术措施的总称。

二、水土保持农业技术的分类

从目前的知识范畴看，水土保持农业技术体系的各种措施主要散布在水土保持学、旱农学、耕作学等相关课程之中。由于学科、专业的差异，有的措施的命名和归属各有不同，造成了初学者的一些不便。故很有必要对其进行探究和统一。

现行水土保持农业技术措施主要见于《中国水土保持概论》、《旱农学》、《耕作学》、《水土保持学》、《农地水土保持》和《中国水土保持》等著作和教材中。

（一）《中国水土保持概论》中的分类

辛树帜和蒋德麟在该著作中首先将水土保持农业技术措施概要为"耕作措施"。在此基础上将其分为改变小地形的水土保持耕作措施和增加地面被覆与改良土壤的耕作措施两大类。第一大类中又进一步细划为改顺坡耕作为横坡耕作、沟垄种植、区田、甽田和水平犁沟 5 个二级类；第二大类则划分为间作套种、草田轮作、草田带状间作和宽行密植等二级类。

（二）《旱农学》中的分类

原西北农业大学针对农学和水土保持两个专业编写的《旱农学》教材中，将水土保持农业技术分为土壤耕作技术、集水与节水技术、抗旱节水播种及保苗技术、抗旱品种鉴定与栽培技术四大类。第一大类中又可分为深翻耕、深松土、浅耕及中耕、耙耱、镇压和覆盖，以及少耕法、砂田耕作法和覆盖耕作法；第二大类分为等高耕作、等高沟垄种植、蓄水聚肥改土耕作、区田耕作、沟种耕作、等高带状间作和水平截水防冲沟耕作，等高沟垄种植又可进一步划分为山地水平沟种植、垄作区田和平播起垄 3 个三级类；第三大类包括了坐水添墒播种、秸秆造墒播种、打垄添墒播种、沟垄渗墒播种、水耧播种和调灌抗旱保苗法；第四大类措施为抗旱品种鉴定技术、主要作物栽培技术和轮作。

（三）《耕作学》中的分类

刘巽浩主编的《耕作学》中将水土保持耕作技术划分为三大类、9 个二级类和 16 个三级类。这些类型主要有：①栽培技术，包括复种、间套种（间作、套种和混种）；②养地技术，主要包括农田建设、土壤培肥和农田保护，农田保护措施又可进一步划分为保护性作物种植、保护性土壤耕作、梯田种植法和农田防护林建设；③土壤耕作技术，分为基本耕作措施、表土耕作措施和少耕与免耕 3 个二级类，基本耕作措施包括了翻耕、深松耕和旋耕，表土耕作措施主要包括耙地、耱地、中耕、镇压、作畦和起垄。

（四）《水土保持学》中的分类

在王礼先、朱金兆主编的《水土保持学》中将水土保持农业技术分为四大类、16 个二级类和 14 个三级类。

1. 以改变微地形为主的水土保持农业技术 该大类可进一步划分为等高耕作、沟垄种植、坑田和半旱式耕作 4 个二级类。其中，沟垄种植又可分为垄作区田、水平沟种植、平播起垄、甽田、水平防冲沟、蓄水聚肥耕作和抽槽聚肥耕作等。

2. 以增加植物被覆为主的水土保持农业技术 该类包括了间作、套种、混种、等高带状间作和草田轮作5个二级类。

3. 以增加地面覆盖为主的水土保持农业技术 这一大类包括了青草覆盖、地膜覆盖、砂田、留茬覆盖和秸秆覆盖5个二级类。

4. 以改变土壤物理性质为主的水土保持农业技术 该大类可进一步划分为少耕和免耕2个二级类。其中，少耕又分为少耕深松、少耕覆盖、搅垄耙茬、硬茬播种、垄作深松耙茬耕作、轮作和马尔采夫耕作法7个三级类。

王冬梅主编的《农地水土保持》一书中对水土保持农业技术措施的分类与《水土保持学》基本相同，这里不再赘述。

（五）《中国水土保持》中的分类

在唐克丽主编的《中国水土保持》的著作中，卢宗凡等将水土保持农业技术措施划分为水土保持耕作措施、水土保持改土培肥措施、水土保持集流节水农业技术措施和水土保持坡地农林（果）、农牧复合系统四大类。

1. 水土保持耕作措施 包括保护性（型）耕作法、保护性（型）种植法和复式水土保持耕作法3个二级类。

保护性（型）耕作法主要由等高耕作法、沟垄耕作法组成，沟垄耕作法又可进一步划分为水平沟、垄作区田和格网式垄作3个四级类。

保护性（型）种植法可划分为间作套种，以及等高带状间作和轮作，以及少（沙）耕、免耕和覆盖3个二级类。其中，等高带状间作和轮作主要包括等高带状间作轮作、草粮带状间作轮作及旱地轮作3个三级类。少耕、免耕和覆盖主要为少耕、免耕、残茬覆盖、砂石覆盖和地膜覆盖种植法。

复式水土保持耕作法主要包括水平沟留茬倒垄复式耕作法、蓄水聚肥改土耕作法与聚土免耕措施3个三级类。

2. 水土保持改土培肥措施 主要包括坡耕地平衡施肥和新修梯田改土培肥措施2个二级类。其中，新修梯田改土培肥措施又可分为深耕松土、增施有机肥、有机肥配合增施化肥和选择适宜的先锋作物等。

3. 水土保持集流节水农业技术措施 该类实质上是水土保持和旱作农业措施综合作用的结果，主要包括覆垄微集流栽培技术和隔坡梯田集流技术。

4. 水土保持坡地农林（果）、农牧复合系统 是指在同一土地单元内，将木本植物或牧草类植物在时间和空间上有机结合，具有生产和保护双重功能的生态系统，如植物篱-农作系统、梯田地埂植物篱-农作系统和林粮间套种等。

不难看出，虽各家对水土保持农业技术措施的认识和理解有所差异，但其内涵和外延均处在不断地发展和升华之中。从狭义的耕作措施到广义的农业技术措施，从单项措施、复合措施，升华到区域农业发展模式。可见，这一发展是将水土保持耕作措施、林草措施、工程措施既与整个农艺过程密切结合，又紧跟现代农业（复合农业、生态农业、保护性耕作等）发展趋势的结果。但类型划分应与水土保持农业技术的研究内容有所区别，也就是说类型划分是水土保持农业技术的研究内容之一，但不是全部。因此，在现阶段还应该是以单项措施（或两种以上措施的组合体）为对象，进行类型划分与归纳，以增强人们的理解和操作能力。

从水土保持农业技术措施的概念可知，它主要是通过耕作或免（少）耕作来改变小地形、增加地面被覆和提高土壤抗蚀力来实现蓄水、保土，并对水土资源进一步改造利用而使粮食（经济林果）稳产与高产。因此，可依据措施实施的方式、作用和目标，并结合耕、种、收等农艺环节，将水土保持农业技术措施划分为以改变微地形为主的蓄水保墒技术、以提高土壤抗蚀力为主的保护性耕作技术和以增加植物被覆为主的栽培技术 3 大类、13 个亚类和 44 个措施（型），见表 0-1。若需要还可在此基础上进一步细分。

表 0-1 水土保持农业技术措施分类

类	以改变微地形为主的蓄水保墒技术						以提高土壤抗蚀力为主的保护性耕作技术			以增加植物被覆为主的栽培技术			
亚类	等高耕作	沟垄种植	坑田	半旱式耕作	深耕翻	保墒	覆盖	深松	少耕	培肥土壤	合理配置作物	播种保苗	栽培
措施（型）	等高耕作、等高带状耕作（含草篱）	垄作区田、水平沟种植法、平播起垄、甽田、水平防冲沟、蓄水聚肥耕作、抽槽聚肥耕作	坑田	半旱式耕作	深耕翻、中耕深松、垄作深松、旋耕	耙地、耱地、镇压	青草覆盖、地膜覆盖、留茬覆盖、秸秆覆盖、砂田、化学覆盖	深松耕法、浅耕深松、耙茬深松、间隔深松	少耕、免耕、马尔采夫耕作法	平衡施肥、新修还田改土培肥	抗旱品种筛选、作物布局	坐水添墒播种、秸秆造墒播种、打垄添墒、保墒播种、水耧播种、洞灌抗旱保苗、巧播促苗	复种、间套作、轮作

三、水土保持农业技术的研究对象、内容与方法

（一）研究对象

从水土保持农业技术的定义可知，水土保持农业技术主要以水蚀和风蚀农田的水土流失防治与农作物稳产与优质高产为其研究对象和目的。而能形成水蚀和风蚀的农田大部分均为坡耕地或在风蚀季节缺乏地面保护的农田，故这里仅对坡耕地的有关知识作以介绍。

1. 坡耕地的概念 坡耕地（sloping farmland）是指分布在山坡上地面平整度差的，跑水、跑肥、跑土现象突出，且作物产量低而不稳的耕地。它有狭义和广义两种概念，狭义坡耕地仅指旱地中坡度＞2°的坡地和轮歇地；广义的坡耕地除了包括坡地和轮歇地外，还包括了坡度＞2°的梯田、望天田、水浇地、梯地以及菜地等。一般在生产和科学研究中，常常采用广义坡耕地的概念。

2. 坡耕地的分级 坡耕地的分级目前还缺乏统一的认识，但坡度＞2°和＜25°的耕地是允许利用的坡耕地的概念已基本形成。其原因有二：一是据 C. C. 沃斯克列先斯基研究认为“坡应当是这样的地面，在这种地面上对物质运移起决定作用的是顺坡向下作用的重力分力，当倾角为 1°～2°时，使质点沿坡向下移动的重力加速度的分量还很少，因此，这样的地面不属于坡”。故 2°应是坡耕地的上限。二是《中华人民共和国土地管理法》和《中华人民共和国水土保持法》中规定的开荒限制坡度为 25°，即＞25°的坡面不准开荒，过去已开垦为耕地的，要逐步退耕还林还草。正是在这样的大背景下，我国土地利用现状调查以土壤侵蚀、农田灌溉、农机作业、土地利用等与坡度相关的临界值为依据将耕地分为 5 级，见表 0-2。

表 0-2 耕地坡度分级

坡度级别	地面倾角	含 义
Ⅰ	<2°	基本无侵蚀，适宜农业生产，最宜机耕和灌溉，亦宜城乡居民点、工矿、交通建设
Ⅱ	2°～6°	有轻度土壤侵蚀，土地较易整平，可修宽幅梯田，较宜发展农业生产；6°为机耕地线，可等高耕作，浇灌有一定困难；适宜于居民点、工矿、交通建设
Ⅲ	6°～15°	土壤侵蚀明显，有细沟、线沟、冲沟发育，易跑土跑水，一般应修筑梯田、治理流失才能耕种；15°为中、小型农机耕作的上限
Ⅳ	15°～25°	片状侵蚀和线状侵蚀强烈，表土基本流失，新土露出地表，水土流失严重，土地利用率低；不宜农耕，适宜牧业
Ⅴ	>25°	土壤侵蚀强烈，土层浅薄，水土流失十分严重；不适宜农业生产，应退耕还林

注：①坡度以耕地表面倾角计算，上含下不含；②依据《土地利用现状调查规程》中的坡耕地分级

一般来说，2°～6°坡耕地会有轻度的土壤侵蚀，土地较易整平，较宜发展农业生产；6°～15°的坡耕地可进行等高耕作，但易发生中度或重度水土流失，应采取修筑梯田、横坡耕作等措施加强水土保持；15°～25°坡耕地的水土流失严重，必须采取工程、农业技术、生物等综合性措施防治水土流失。从坡耕地利用、土壤侵蚀及对农业机械作业影响角度分析，<15°为耕地适宜坡度，采取科学的水土保持耕作措施后，水土流失强度较小，能控制在允许流失量内。15°为中、小型农机耕作的上限，>15°难以机耕，片状侵蚀和线状侵蚀强烈，表土基本流失，新土露出地表，水土流失严重，已不宜农耕。所以>15°耕地产生的水土流失、土地退化等问题最为突出，也成为坡耕地水土保持、农业高效耕作、土地生态环境保护的研究重点。

3. 我国坡耕地的分布 我国山地丘陵约占到国土总面积的2/3，且区域差异明显，山地丘陵面积占辖区面积90%以上的省份有云南、贵州、重庆、四川等4省（直辖市）；占辖区面积50%～90%的有山西、浙江、福建、江西、湖南、湖北、广西、西藏、陕西和甘肃等10省（自治区）。而平地面积占辖区面积50%以上的只有上海、天津、江苏、安徽、内蒙古、海南等6省（自治区、直辖市）。这就为我国坡耕地分布奠定了地理基础。

我国坡耕地分布区与土壤侵蚀类型分区大致相同，可划分为八大区（表0-3），即西南区、黄土高原区、长江中下游区、华南区、华北区、东北区、西北干旱区、青藏高原区。各分区的坡耕地由于受区域自然地理条件制约和人类耕作活动影响而具有不同的优势作物种类和品种、不同的耕作制度及其种植模式，坡耕地的水土流失程度差异也很大。

从>8°的坡耕地分布情况看，西南区、黄土高原区和长江中下游区是我国坡耕地集中分布区，其中西南区坡耕地数量最多，面积可达1382.70万hm^2，占全国的29.7%；其次是黄土高原区和长江中下游区，面积分别为870.05万hm^2和696.80万hm^2，分别占全国的18.7%和15.0%。而东北区、西北干旱区、青藏高原区>8°的坡耕地面积为817.53万hm^2，只占全国坡耕地面积的17.5%，其中青藏高原区坡耕地最少，仅为59.81万hm^2。西南区除横断山区、川西高原、成都平原区坡耕地数量分布较少外，其他地区的耕地都以坡耕地为主，坡耕地比例大。长江中下游区除上海无坡耕地、江苏和安徽数量分布较少外，其他地区由于人口比较密集，丘陵山地地区坡耕地分布比较普遍，并且陡坡耕地的比重是八大区中最高的。其他5个区坡耕地数量分布较少。

根据国内现有的坡耕地调查成果，西南区、黄土高原区、长江中下游区3个区坡耕地较多，其中，15°～25°坡耕地占67.12%，>25°坡耕地占32.88%；华南区、华北区、东北区、

表 0-3　我国坡耕地分布及耕作制度

地　区	坡度>8°耕地		缓坡耕地（8°～25°）		陡坡耕地（>25°）		垦殖指数/%	耕作制度	主要种植模式	复种指数	主要栽培作物	侵蚀模数/[t/(km² · 年)]
	面积/万 hm²	比例/%	面积/万 hm²	比例/%	面积/万 hm²	比例/%						
全国统计	4652.30	100	3927.50	84.4	724.80	15.6	14.5	—	—	155.1	—	—
东北区	346.55	7.4	329.70	95.1	16.85	4.9	≥40	一年一熟制	顺坡、横坡垄作、植物篱间作、混作	101.9	青稞、豌豆、大豆、油菜、葵花、高粱、玉米、甜菜、春小麦、荞麦	3000～10 000
华北区	555.86	11.9	467.57	84.1	88.29	15.9	70～80	一年一熟制 一年两熟制 两年三熟制	轮作、套间复种、植物篱间作	149.4	小麦、玉米、甘薯、荞麦、土豆、花生、棉花、花椒	800～1800
黄土高原区	870.05	18.7	646.65	74.3	223.40	25.7	≥20	一年一熟制 两年三熟制	顺坡、横坡垄作、混作、植物篱间作	107.5	谷子、高粱、莜、小麦、玉米、甘薯、荞麦、玉米、青稞、油菜、胡麻、棉花	500～30 000
西北干旱区	411.17	8.8	403.89	98.2	7.28	1.8	≤20	一年一熟制	间、混、套作和复种	<100.0	水稻、小麦、土豆、青稞、春小麦、莜麦、油菜、棉花、胡麻、甜菜、哈密瓜	—
青藏高原区	59.81	1.3	56.19	93.9	3.62	6.1	≤1	一年一熟制	单作、农林套作、植物篱间作	106.1	春小麦、青稞、荞麦、莜、土豆、胡麻、油菜、甜菜	—
长江中下游区	696.80	15.0	609.69	87.5	87.11	12.5	≥40	一年两熟制	顺坡、横坡垄作、保土耕作、植物篱间作	217.4	水稻、小麦、甘薯、油菜、油菜、棉花、甘蔗	8000～15 000
华南区	331.23	7.1	303.18	91.5	28.05	8.5	≥40	一年两熟制 一年三熟制	顺坡、横坡垄作、连作、轮作、植物间作	221.7	水稻、小麦、甘薯、油菜、油菜、甘蔗、玉米、大豆	5000～10 000
西南区	1382.70	29.7	1112.50	80.5	270.20	19.5	≤20	一年两熟制	横坡、顺坡垄作、间作、保土耕作、植物篱间作	176.5	水稻、冬小麦、甘薯、花生、油菜、烟、胡椒	1000～5000

资料来源：王礼先，2008

西北干旱区以及青藏高原区坡耕地较少，其中，15°～25°坡耕地所占比例都<5%，25°以上坡耕地所占比例基本保持在1%左右。从以上坡耕地分级数量可以看出，中国坡耕地以15°～25°坡耕地为主，占2/3以上。总体上看，我国坡耕地数量分布呈现出：①中西部多、东部少，地域差异大；②陡坡地占相当比重；③以顺坡耕种为主，梯田化程度低（全国梯田化率不到1/4）；④分布零散等特点。

（二）研究内容

水土保持农业技术的研究内容是由其任务和目标所决定的。具体讲，它的任务和目标是与水土保持学内涵相一致的，即担任防治水土流失，保护、改良和合理利用水、土资源，维护和提高土地生产力，治理江河与风沙，建立良好的生态环境，充分发挥水、土资源的经济效益、生态效益和社会效益，为农业生产乃至国民经济持续发展服务。因此，水土保持农业技术研究内容可概括为以下几点。

1. 研究水土保持农业技术的基本原理 水土保持农业技术实施时所依据的基本原理非常复杂，但可以归纳为：①水-土-植物-大气系统相互作用原理；②土地生产力形成与恢复的原理与途径；③提高农田水肥利用效率的原理与途径；④坡耕地或农地土壤侵蚀原理等几个方面。

2. 研究水土保持农业技术措施的布局与设计 现已形成的水土保持农业技术措施的种类很多，但还在不断创新之中，因此，措施设计应为其研究内容之一。另外，在不同水土流失类型区，由于其自然条件、水土流失特征和人们的农作习惯等也千差万别，水土保持农业技术措施的布设也各不相同，这又成为其研究内容之一。

3. 研究水土保持农业技术措施的防蚀功能 水土保持农业技术措施的目的之一就是防治水土流失区农田的水土流失。然而，措施种类不同，其防蚀效果也有差异，故防蚀效果的大小也是措施选择和布设的依据之一。同时，它也成为水土保持农业技术的重要研究内容。

4. 研究水土流失区实施各种水土保持措施后水土资源的综合开发与利用 水土保持农业技术不仅是为了防治农田的水土流失，更重要的是提高土地生产力和土地经济效益，促进农村产业结构调整和社会主义新农村建设，因此，水土资源的高效利用尤为重要。有关研究内容主要有土壤改良与土地复垦技术、农田水肥高效利用技术和节水灌溉技术等。

5. 研究水土流失区农业生产的发展模式与技术体系 我国各水土流失区自然条件、社会经济条件、耕作传统和水土流失特征的差异性，决定了当地农业生产发展的主导模式及与其相适应的技术体系各不相同。因此，对各种特色农业发展模式的深入研究有利于指导区域性农业生产的可持续发展。

除以上5个主要方面的研究外，还有新技术、新材料等在水土保持农业技术中的应用研究。

（三）研究方法

水土保持农业技术的研究方法主要包括了以下3类。

1. 野外调查 包括了大范围的宏观调查和典型抽样调查两个方面。通过调查，获取研究区农业生产过程、农业灾害及其水土保持技术等相关资料，然后进行统计与分析，归纳总结保障土地生产力持续发展的规律。

2. 试验研究与人工模拟 长期定位测验是分析和掌握水土保持农业技术特征与规律的重要方法，包括了小区试验和大田试验，以及以小流域为单元的试验研究。由于野外试验受到自然环境因子的影响，在短时间内很难得出规律，故也可以采用人工模拟的方法，在人为控制下，短时间内获取有益的资料。人工模拟方法常作为野外试验研究的补充。

3. 室内实验与分析 水土保持农业技术功能与机理的分析，仅靠野外试验与调查是很难圆满解决的，还需要必要的室内实验来补充。因此，室内土壤分析和作物生理等相关实验测试也成为水土保持农业技术的研究方法之一。

四、水土保持农业技术的历史沿革

（一）中国水土保持农业技术的形成与发展

1. 水土保持农业技术措施的发展 黄河流域是我国农业文明的发祥地之一，该流域的许多地区干旱少雨、水土流失和风蚀非常严重。因此，广大劳动人民在长期的生产实践中创造了许多保持水土、抵御干旱、提高粮食产量的水土保持农业技术措施与方法，为水土流失区农业技术的发展积累了宝贵的经验。

1）垄畦耕作 两千多年前的《吕氏春秋·任地》篇中记载“上田弃亩，下田弃甽”。高田旱地把作物种在畦沟里，低田湿地把作物种在畦垄上，使低畦在高亢的土地上起蓄水保墒的作用，在下湿地起排水和洗盐的作用，达到了趋利避害的目的。距今1400年的《齐民要术》中多处强调垄作法。在《种穀》篇中记载“薄地，筑垄蹑之。苗出垄，则深锄。”又说“苗既出垄，每一经雨，白背时，辄以铁齿镅楱，纵横耙而劳之”。这就是垄作法种谷。在《胡麻》篇中记载“垄种若荒，得用锋构”。“垄种”是“漫种”相对应的耕作法。在《种苜蓿》篇中记载“旱种者，重耧构地，使垄深阔”等。据《汉书·食华志》的记载，垄畦耕作法早在4000年前的后稷就已经推行了。

2）区田法 区田法相传是商代的伊尹创造的，但最早却见于西汉的《氾胜之书》。区田法类似于今天山区群众采用的“掏种法”和“坑田”等法。根据保水保土的要求，当时区田的布设有两种形式，一是适用于平地的带状区种法。即：“以亩为率，令一亩之地，长十八丈，广四丈八尺。当横分十八丈作十五町；町间，分为十四道，以通人行。道，广一尺五寸；町皆广一丈五寸，长四丈八尺。尺直横凿町作沟。沟广一尺，深亦一尺，积壤于沟间，相去亦一尺，悉以一尺地积壤，不相受，令弘作二尺地以积壤”。二是适于坡地的小方形区种法，也就是依据土壤肥力和劳动力，挖筑区坑。即：“上农夫：区，方深各六寸，间相去九寸。一亩三千七百区。一日作千区。中农夫：区，方七寸，深六寸，相去二尺。一亩千二十区，一日作三百区。下农夫：区，方九寸，深六寸，相去三尺。一亩五百六十七区。一日作二百区”。这种布设极具科学道理，既蓄水保土，又充分利用水、土、光、气等自然条件。

3）代田法 代田法种植比较科学。据《汉书·食货志》记述：把种子播在垄沟里，禾苗生叶以后，经过锄草，附带使垄梁上的土壅培在禾苗的根部，经多次锄草培土，垄梁尽平，苗根自深，能耐风吹和干旱，禾苗得以旺盛生长发育。第二年种植之时，在先前作垄处开沟，开沟处作垄，沟垄之换，土地轮番休闲，起到了用养地相结合的作用。垄和沟的位置逐年代换，这是“代田”一词的来源。

4）引洪淤灌 引洪淤灌可以利用肥沃的泥土提高土壤肥力，将薄地改为良田；此外还能压碱，并通过多次的淤灌将低洼地填高复平。因此，引洪淤灌在我国有着悠久的历史。陕西省富平县的赵老峪就是我国最古老的引洪灌区之一。

赵老峪引洪灌区是一个“群峰环峙，地高土燥”，“每天雨，山上水暴至”，洪水泥沙俱下，水土流失极为严重的地区。当地农民创造了引洪淤灌技术，取得了非常显著的效果，使原来十分贫瘠的土地，变成了“美原良田”，促进了农业生产的发展。

我国几千年的古代文明，没有因为土地资源的退化而毁灭。这在世界水土保持的发展史上也留下了光辉的一页。

5）现代农业技术措施　新中国成立后，在广大科技人员与农民相结合的基础上，创造出了许多水土保持新的农业技术措施，逐步形成了适合我国实际情况的防治水土流失农业技术体系。1954年，我国就开始推广坡地等高耕作、横向起垄的耕作方法，并研制出适合山区耕地用的新式山地犁。以后又试验和推广增加地面蓄水保土的耕作法，如方格耕作法、沟垄耕作法、掏体种植法等。同时又试验和推广坡耕地的等高带状种植，进行改良农作制的试验，提倡中耕作物、禾谷类作物和牧草轮作，以保证地表被覆盖并改良土壤。

改革开放后，先后推出了旱地和水田的免耕法与覆盖耕作法等。

2. 水土保持型农业生产模式的发展　自20世纪80年代以来，我国的水土保持农业技术措施已融入到以小流域为单元的水土流失综合治理中，与工程措施、生物措施相配合取得了良好的效果。与此同时，水土流失与沙漠化的综合治理又与国土整治和区域农业生产发展紧密结合，且相辅相成，在我国各水土流失区形成了许多水土保持型农业生产发展模式，取得了生态、经济双赢的效果。这里仅以几个典型模式为例做一简介。

1）“带、网、片”模式　该模式是长城沿线风沙、滩地、丘陵生态脆弱带防治风蚀和发展农业生产较为成功的模式之一，陕西省榆林市的芹河流域最为典型。

“带、网、片”模式中的带，是指在大片流沙的外围和边缘以及公路沿线营造防风固沙基干林带，对流沙实施分割包围，控制其蔓延，逐片治理；网是指在风沙滩地区的滩、塬、壖、川的农田或牧场上大面积营造“窄林带，小网格”式农田防护林网和“宽林带，大网格”式林带林网，在坡地上沿等高线（或梯田埂）建造灌木林网，并大规模围绕居民点建设绿化林和草库仑；片是指对远离人烟的大沙地，采用飞播、人工造林种草和封沙、育林育草相结合，分类实施，搭设蔽障，前挡后拉，密集式成片营造沙柳、沙蒿、踏榔、花棒、沙打旺、柠条以及适生乔木等乔、灌、草综合治沙技术，扩大植被，固定流沙。该模式构成了“若干林带分割包围，农田林网纵横交错，片林、草、灌星罗棋布”的防风固沙林体系，有效地防御了风沙侵袭，促进了农业的发展。

2）水土保持型生态农业　水土保持型生态农业是卢宗凡等在黄土高原丘陵沟壑区，经多年试验研究后总结提出的。它是以自给性农业（粮食自给即可）、水土保持性林业（大力营造水土保持林草）和商品性牧果业（提供畜牧和果品商品）为战略目标，以水土保持为主要手段，以建设良性生态经济系统为中心，形成高效的农业生产系统，达到生态效益、经济效益和社会效益有机的统一。自1985年以来，经纸坊沟小流域实体样板的建设经验可知，该模式需经起始恢复、稳定发展和良性循环发展3个阶段才可实现。

生态系统起始恢复阶段主要是按照立地条件把破坏了的生态环境重新建立起来，这一阶段大约需要10～15年时间；稳定发展阶段要求创造条件，进一步协调系统内部的关系，促进系统稳定发展，大约需要5～10年的时间；良性循环阶段是水土保持型生态农业的高级阶段，农业生态系统和农业经济系统达到了有机的统一，已具备改造、利用、保护土地资源等的能力。

3）集雨农业模式　甘肃省定西县，年降水量仅380mm，且多以暴雨形式出现，干旱和水土流失严重。当地劳动人民通过降水的聚集、贮存、利用等工程的优化配置，按照径流的形成来源、汇集数量和运行规律，以道路为骨架，生产用地为主体，由上到下，精心优化，对位配置，层层聚集，节节贮存，处处引用，组成衔接紧密、相互协调、经济实用、景观优美的有机体。该模式按其组成可分为聚集、贮存和利用3个子系统。聚集子系统主要指依靠集雨面来收集降雨径流的工程体系，集雨面通常有自然坡面、沥青路面、村道、庭院、屋面、混凝土面和塑料覆膜等；贮存子系统有水窖、蓄水池、涝池、塘库、淤地坝和骨干工程等；利用子系统主要是小型输引工程和滴灌、渗灌、喷灌及小沟暗灌等。

该模式的核心内容是径流聚集工程，目的是高效利用。径流聚集工程按性质可分为聚集增墒工程、聚集补灌工程和聚集贮用工程3种类型。聚集增墒工程是指使降水就地入渗，提高土壤含水率；聚集补灌工程是指降水产生的径流就近拦蓄贮存，在生产生活关键时期进行补灌补用；聚集贮用工程是指就地就近拦蓄不了的径流，合理分流排引到谷坊、涝池或坝、库中，以备利用。

4）东北黑土漫岗区农业发展模式　黑龙江省拜泉县地处小兴安岭余脉与松嫩平原的过渡地带，属东北黑土漫岗区。这里丘陵起伏，坡度较缓，多在3°～8°，坡面较长，多在700m以上。多年平均降水量为500mm左右，但分配不均，多集中在7～9月，降雨历时短，强度大，易形成地表径流，造成严重的水土流失。根据该区地形、地貌、自然资源特点，并结合生物因子、环境因子、人工调控系统，将该区划分为4个亚区，分区进行防治，建立水保型农业发展模式。

（1）丘陵区。从坡上到坡下布设三道防线，建立坡、水、田、林、路综合防治体系。第一道防线是在坡顶岗脊营造防护林，在林缘与耕地接壤处开挖截流沟，控制坡水下山。第二道防线是坡面治理。对1.5°～3°的坡耕地实行等高种植；3°～5°的坡耕地在改垅的基础上按照坡度和土层的差别，每隔一定的宽度种植筲条防冲带，截短坡长，分割水势；5°～7°的坡耕地修筑坡式或水平梯田，拦蓄径流，并以植物固埂；对7°以上的坡耕地全部退耕还林还草。第三道防线是对侵蚀沟采取工程和植物措施相结合的办法进行治理。沟头修跌水，沟底建谷坊，沟沿修防护埂，栽植灌木带，两岸削坡栽种松树、杨树，封沟育林，控制沟岸扩张。

（2）漫川漫岗区。以改造坡耕地为主，按照坡度的差异，分别采取调整垄向、修坡式梯田和水平梯田、种植以筲条为主的植物防冲带等措施，发展牧业、粮食和经济作物。

（3）平原区。以营造农田防护林为主，并采取农业、水利措施，实行综合防治，改良土壤，建设灌溉系统，发展林草畜粮和综合经营。

（4）河道沿岸低洼易涝区。退耕还湖还牧，或旱改水，以稻治涝，发展禽畜渔稻。

5）川中丘陵区农业发展模式　川中丘陵区涉及四川、重庆的84个县（市、区），土地总面积12.1万km^2。境内丘陵起伏，广布的紫色页岩岩性松散，易于风化散碎，成土作用微弱，土壤缺乏粘粒，抗蚀能力差。水土流失面积占总面积的63.5%，土壤侵蚀模数高达7380t/(km^2·年)，是全国水土流失严重的地区之一。针对川中丘陵区的自然、社会经济、水土流失的特点，在四川省遂宁市的老池小流域建立水土保持型农业发展样板。该流域采取建立坡面水系为骨架、科学合理配置各种措施的综合治理模式，提出沟、渠、凼、窖、池、塘、平、厚、壤、固、乔、灌、草、经、封、禁、管、育、垄、间、套、盖的“二十二字诀”治理模式。

（1）建立坡面水系工程骨架：坡面水系按10年一遇24h最大暴雨的径流量设计标准进行布设，把川中丘陵区坡面水系工程骨架归结为“沟、渠、凼、窖、池、塘”六个字。

沟——蓄水沟，包括等高壕、水平和竹节等蓄水沟。在荒山营造水土保持林时进行等高撩壕整地，植树后形成蓄水沟。水平和竹节蓄水沟布设在每块旱耕地内边和梯土内侧。在坡耕地修竹节蓄水沟，分段水平，沟中筑档埂，档梗高为沟深的 1/2～2/3，档埂可采用土筑后用草本植物护埂或沙岩砌筑。

渠——排灌渠，排灌渠的作用一是引导坡面地表径流至坡面蓄水工程或直接引至农田灌溉；二是排泄多余洪水至河溪。排灌渠分沿山排灌渠和下山排灌渠。沿山排灌渠布设在林地和农耕地交界处，沟底坡降一般为 1/3000～1/500；下山排灌渠可按梯土分台修建，梯埂处可修成陡槽跌水，跌水下建消力沉沙凼，布设时与道路结合。

凼——沉沙凼，分为土边沉沙凼、骨干沉沙凼和连珠式沉沙凼。土边沉沙凼主要布设在每块旱耕地的蓄水池出口处；骨干沉沙凼布设在蓄水池前 2～3m 的排灌渠道内，与排灌渠同时修建；连珠式沉沙凼修建时在渠底部向下挖深 50cm，长 150～250cm，可用条石浆砌，也可在基岩上直接开挖。

窖——蓄水窖，主要布设在每块旱耕地的沉沙凼之后。蓄水窖靠高陡坎时，则在陡坎内往下挖，出口露在外面，成为隐蔽蓄水窖；若蓄水窖不靠高陡坎时，则在蓄水沟的位置向下深挖加宽，成为露天蓄水窖。

池——蓄水池，一般布设在洪水汇流的坡面、平地的低凹处和排灌渠的旁边，其形状可为圆形或长方形，容积一般为 50～200m^3，可用条石浆砌，也可在基岩上直接开挖。

塘——山平塘，用来拦蓄整个坡面经沟、凼、窖、池拦蓄后多余的径流。主要布设在支、毛沟的沟口，容积在 1 万 m^3 以下。

(2) 科学配置措施与质量要求：坡改梯做到“平、厚、壤、固”。

平——梯土面平，坡度<5°。

厚——梯土耕作土层厚度≥0.5m。

壤——对泥质坡耕地掺沙，对沙质坡耕地掺泥，使之成为壤土。

固——梯土地埂砌筑牢固，安全稳定。

(3) 造林时合理配置“乔、灌、草、经”。

乔——以乔木为主营造水土保持林。

灌——在乔木林中间套灌木林。

草——在乔、灌木林中间套各种草类，使之形成乔、灌、草相结合的复合型林体。

经——发展适度规模的经济林果。

(4) 幼林地实行“封、禁、管、育”。

封——划定封山范围，并建立封山标记。

禁——在封山的范围内禁止牲畜上山和人为破坏。

管——落实管护人员，制定管理措施。

育——对封山育林的幼林定期进行除草、施肥抚育。

(5) 在坡耕地普及“垄、间、套、盖”保土耕作。

垄——在坡耕地上进行横坡等高沟垄耕作。

间——进行高、中、矮秆作物间作。

套——实行多品种作物套种。

盖——增加坡耕地在暴雨季节的作物覆盖。

（二）国外水土保持农业技术的形成与发展

国外水土保持农业技术也是在人们对因土地过度开垦而引起的水蚀和风蚀的防治中形成

的，且随着社会经济的发展需求和人们认识的不断深入而发展的。概括起来主要体现在以下几个方面。

1. 夏季休闲 夏季休闲并不是仅指每年的夏闲，而是包括了两年一作、三年两作等轮作制度。这一措施主要应用在美国的大平原地区。18 世纪末，美国大平原的大面积草地开始垦为农地，随之带来了严重的土壤侵蚀，特别是风蚀。20 世纪 30 年代，在这一地区暴发了强烈的“黑风暴”，造成了严重的经济损失，从而引起了政府和当地农民的高度重视。美国的科学家研究认为耕作技术是引起这场灾难的主要原因之一。因为在大平原地区，农民广泛实行每年种植的“强度”栽培，主张深耕、提倡细土覆盖（压碎表土，减少大孔隙）等。这些措施加速了土壤有机质分解和土壤结构恶化，从而导致土壤侵蚀加剧，产量下降。为此，经过对耕作措施的一系列改进后，形成了夏季休闲的耕作制度。1910 年，应用夏季休闲的耕地有 200 万 hm^2，到 1970 年增加至 1500 万 hm^2 以上。在大平原的不同区域，这一措施的特点各不相同。北部采用的是春小麦—休闲耕作制，有 21 个月休闲期；中部是冬小麦—休闲耕作制，休闲期为 14 个月；南部为冬小麦—休闲—粒用高粱轮作制，三年二作，作物间尚有 11 个月休闲期。近几年来围绕缩短休闲期的问题，耕作制还在不断完善之中。

2. 保护性耕作 保护性耕作也是一种防治土壤侵蚀的耕作技术。1984 年，美国保护性耕作信息中心（CTIT）将保护性耕作定义为“播种后地表残茬覆盖面积在 30%以上，免耕或播前进行一次表土耕作，用除草剂控制杂草的耕作方法”。从发展过程来看，保护性耕作的研究大体经历了 3 个阶段。

（1）保护性耕作技术迅速兴起的阶段（20 世纪 30～40 年代）。在美国“黑风暴”的教训和警示后，美国率先成立了土壤保护局，主要针对传统机械化翻耕措施在水蚀和风蚀方面存在的弊端，对土壤耕作农机具和耕作方法进行改良，提出少免耕和深松等保护性耕作法。随后被世界各国采纳，成为当时主导的耕作技术。

（2）机械化免耕技术与保护性植被覆盖技术同步发展的阶段（20 世纪 50～70 年代）。在免耕技术大面积应用的过程中，许多研究证实了各种类型的机械化保护性耕作措施对减少土壤侵蚀方面有显著效果，但也出现不少因杂草蔓延或者秸秆覆盖造成低温而使作物严重减产的例子，使得该项技术推广进程较慢。

（3）保护性耕作技术完善提高和推广普及的阶段。20 世纪 80 年代以来，随着耕作机械的改进、除草剂的使用以及作物种植结构的调整，保护性耕作的应用发展较快，在全世界范围内推广应用。此阶段保护性耕作面积呈每年持续增加的趋势，据统计，经过 15 年时间，2004 年保护性耕作面积比 1987 年增加了 16 倍之多。种植作物涉及大豆、玉米、棉花、高粱等。

20 世纪 80 年代以后，保护性耕作逐步推广应用到 70 多个国家。目前，保护性耕作已成为世界上应用最广、效果最好的一项旱作农业技术，一般的增产幅度在 5%～10%；保护性耕作可减少水土流失量 60%～80%，减少来自农田的扬尘量 60%以上，减少冲入河流中的泥土、营养元素（特别是磷元素）和化学药剂 50%以上，可将更多的碳元素固定在土壤中，减少排放到大气中的二氧化碳数量，改善大气质量。据联合国粮农组织 2004～2005 年统计报告，全世界保护性耕作面积接近 1 亿 hm^2，约占世界总耕地面积的 11%，占全球旱地的 1/3，主要分布在北美洲和南美洲，南美洲的一些国家和澳大利亚应用面积均已超过本国耕地面积的 70%。其中排在前五名的分别是：美国、巴西、阿根廷、澳大利亚、加拿大。主要在旱作农业区小麦、大麦、玉米、苜蓿、豆类、油菜、棉花、小杂粮等 10 多种作物的生产中应用。英国、法国、德国、意大利、葡萄牙和西班牙成立了欧洲保护性耕作联盟，对保护性耕作的发展起到了促进作用。

3. 草粮轮作　草粮轮作是澳大利亚南部农业生产采用的一种先进的耕作技术，即采用豆科牧草与作物轮作。它的关键技术是采用小麦与1年生可隔年自繁的豆科牧草（主要是苜蓿和三叶草）轮作，并对豆科牧草施磷肥（$10kg/hm^2$）来代替休闲。这一技术使每公顷小麦平均产量达到1.4t，每公顷人工草地可饲养4只羊，土地生产力水平大幅度增长。

4. 间混作技术　间混作技术是印度降水量625～800mm地区农业生产广泛采用的一种技术，即采用高粱—木豆、高粱—油沙豆、木豆—油沙豆，以及小麦—鹰嘴豆、小麦—油菜籽、大豆—棉花、向日葵—油沙豆等。这种间混作技术充分利用了多变的气候条件，风险较小，增加了粮食生产的稳定性。此外，在印度还采用了集水种植和农林耕作制度等。

目前，在西方发达国家已开始倡导“循环经济”，并在一些国家已开始将该理念应用到指导农业生产的发展上。无疑，它将促进水土保持农业技术的进一步发展和完善。

思　考　题

1. 什么是水土保持农业技术？它的研究对象和内容是什么？
2. 什么是坡耕地？我国的坡耕地分布有何特征？
3. 简述水土保持农业技术的历史沿革。

第一章　水土保持农业技术原理

【内容提要】 水土保持农业技术是依据水土保持土壤-植物-大气系统、土地生产力形成与保持和提高农田水肥利用效率的原理与途径而实施的，并以蓄水、保土、保肥为基本环节，协调并提高水资源、土地资源和生物资源的有效利用率，以形成持续稳定的农业生产能力。其中，水土保持原理在以前的课程中已作过介绍，这里仅就其余内容加以阐述。

水土保持农业技术遵循的主要理论基础是农地水土保持原理、土壤-植物-大气系统理论、土地生产力形成与保持理论、提高农田水肥利用效率的原理与途径等。

第一节　水分-土壤-植物-大气系统

水分-土壤-植物-大气系统是阐述旱地农业系统中水的功能作用的系统。在该系统中，水在吸收、传输和蒸腾过程中，把土壤、植物、大气联系在一起，促使植物生长并形成生产量。因此，它是水土保持农业技术依据的原理之一。

一、农田水量平衡

降水或灌溉水进入地面后，一部分可能形成地表径流汇入地表水体；另一部分则经过下渗过程，成为土壤水。土壤水在土水势梯度和水汽压梯度的作用下进行再分布，一部分可能进一步渗漏成为地下水；一部分经土面蒸发散失或被植物吸收利用，再经植物叶面蒸腾到大气中，成为大气水；还有一部分可能在较长时间内保存在土壤中，并且也始终处在不停的运动之中，但最终也必然参与自然界的水循环（图 1-1）。

农田土壤水循环由多个阶段或过程构成一个统一的、动态的连续系统，其中土壤-植物-大气系统是农田土壤水循环的主要途径，它不仅在土壤对植物供水和植株蒸腾方面起作用，还对降水进入土壤和土壤水分的消耗起重要作用。这一过程可用水量的收支、贮存与转化的基本方法来描述。假设在某一时段（Δt）内农田水量的收支差值等于农田内部贮水量的变化，则对于作物根系活动层以上的土壤和植物冠层，可用下列农田水量平衡方程表述：

$$(I+P+D_{ec}+D_{es}+S_G)-(E_S+T+F_d+R_S+R_{SS}+E_{SID}+E_{CI})=\Delta W_S+\Delta W_P \tag{1-1}$$

同时，农田内部的水量转化遵循如下关系式：

$$P=P_{IC}+P_t+P_S \tag{1-2}$$

$$S-T=\Delta W_P \tag{1-3}$$

$$(F+S_G)-(E_S+F_d+S+R_{SS})=\Delta W_S \tag{1-4}$$

$$(I+P_t+P_S+D_{es})-(F+R_S+E_{SID})=0 \tag{1-5}$$

式（1-1）～式（1-5）中符号意义如图 1-1 所示。农田水平衡各分量中植株蒸腾和棵间土壤蒸发、植物根系吸水是土壤-植物-大气系统中水分迁移和能量转换中最重要的环节。

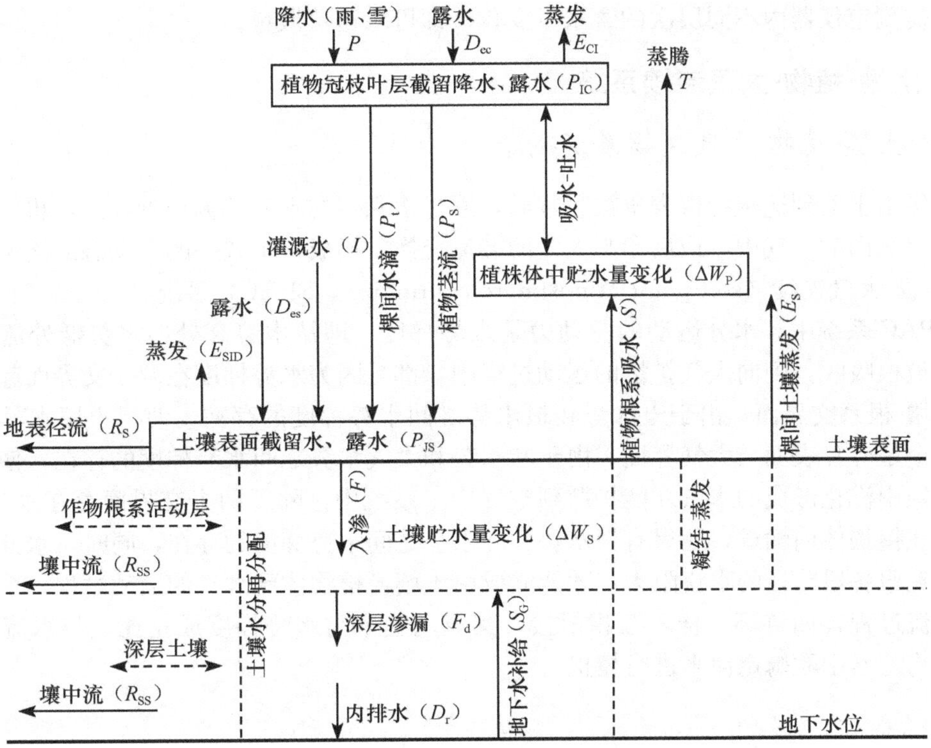

图 1-1 农田水量收支与转化过程示意图

方程式中有些分量在特定条件下对水量平衡的影响很小，可忽略不计。植被冠层截留的水分，主要消耗于降雨过程中的蒸发以及降雨停止后停留在冠层上的水分蒸发。植被冠层对降水截留的大小，主要取决于植被类型、覆盖地表面的程度、降水强度和时间以及降雨时的蒸发速率等因素。对于较大降水量而言，植被冠层截留的蒸发量（E_{CI}）在农田水量平衡方程中的影响作用很小。大量研究结果表明，土壤表面截留降水的蒸发量（E_{SID}）相对于 E_{CI} 较小，可忽略不计。

一般来讲，水汽凝结仅在空气饱和时才能发生，凝结形成露水的速率通常比潜在蒸发速率小得多，所以对水量平衡很少有明显的作用。

农地土壤表层疏松且有大量根系穿插其中，降水很容易进入土壤，当雨水或灌溉水下渗量超过根系层最大贮水能力时就产生深层渗漏（F_d），地表径流和水平方向壤中流比垂直方向小得多。水分下渗受许多因素的影响，如土壤表皮的疏松状况、土壤结构、土壤含水量、降水强度（或灌溉水层深度）以及地下水埋深等。地下水补给量在地下水埋深超过 3.5m 以下时可以不考虑；当地下水埋深不足 3.5m 时，在水量平衡方程中应予以考虑，其量的大小与土壤结构、质地、作物种类、地下水埋深和大气蒸发条件有关。因此，简化后的农田土壤水量平衡方程为：

$$(P_e + I + S_G) - (T + E_S) = \Delta W_S \tag{1-6}$$

式中，P_e 为降水扣除地表径流和深层渗漏后的有效降水。

式（1-6）是用水量平衡法获取作物不同生育时期蒸散量的基础。对于大型蒸渗仪（有底测坑），地下水补给 $S_G=0$，则在某无降水或灌溉的时段，蒸散量等于其土壤贮水量的变化量。

因此，只需测定仪器内不同层次的含水量变化，即可求得蒸散量。

二、土壤-植物-大气连续系统

（一）土壤-植物-大气连续系统概念

水分经由土壤到达植物根表皮被吸收后，通过根和茎的木质部输送到叶片，再由叶片气孔扩散到叶片表面的空气中，最后参与大气的湍流交换，形成一个统一的、动态的连续系统，称为土壤-植物-大气连续（soil-plant-atmosphere continuum，SPAC）系统。

在SPAC系统中，水分运动的驱动力是水势梯度，即从水势高处向水势低处流动。水分从土壤中被根吸收，到向大气扩散的运动过程中，都是因为水势梯度在两个交界面起作用：一个是在土壤-根系交界面，由于土水势和根水势之间水势梯度的存在，使得土壤水分能流进根部；另一个是叶片表面与大气界面，由于叶水势和大气水势之间水势梯度的存在，使得叶片表皮细胞间隙中汽化形成的水汽才能扩散到空气中。系统中，除了两个交界面存在水势梯度外，水分要能在植物体内输送，还得有根水势和叶水势之间水势梯度的存在，同时，水分在运动过程中还得克服各段路径的水流阻力，才能完成由土壤经植物体到大气的运动过程。系统中各段路径的水流过程犹如链环一样，互相衔接，其流动速率与水势梯度成正比，与水流阻力成反比，可用物理学中欧姆定律来进行模拟。

$$q=\frac{\Delta\varphi}{r} \tag{1-7}$$

式中，q为水流通量；$\Delta\varphi$为水势差；r为水流阻力。

由此，系统中各段路径的水流通量可表达为：

$$q_{sr}=\frac{\varphi_s-\varphi_r}{r_{sr}};\quad q_{rl}=\frac{\varphi_r-\varphi_l}{r_{rl}};\quad q_{la}=\frac{\varphi_l-\varphi_a}{r_{la}} \tag{1-8}$$

式中，q_{sr}、q_{rl}、q_{la}分别表示水流由土壤到根、由根到叶气腔、由叶气腔到周围空气各段路径的水流通量；φ_s、φ_r、φ_l、φ_a分别表示土水势、根水势、叶水势与大气水势；r_{sr}、r_{rl}、r_{la}分别表示水分通过土壤到达根表皮、越过根部通过木质部上升到叶气腔、通过气孔蒸腾扩散到周围空气中各段路径的水流阻力。

式（1-8）中，如果忽略植株体内贮水量的微小变化，认为SPAC系统中的水流是连续的稳定流时，即当$q_{sr}=q_{rl}=q_{la}=q$时，则有：

$$q=\frac{\varphi_s-\varphi_r}{r_{sr}}=\frac{\varphi_r-\varphi_l}{r_{rl}}=\frac{\varphi_l-\varphi_a}{r_{la}} \tag{1-9}$$

由于在SPAC系统中各个部位的水流阻力和水势并非是恒定不变的，因此严格地说，SPAC系统中的水流是非稳定流。

（二）SPAC各链环的相互作用

土壤-植物-大气系统虽然是一个统一的完整体系，但是，在水的吸收和输送过程中，连续体各链环之间是互有关联、互有影响的，使植物的水分状况能够与周围环境保持平衡以适应不同条件。因此，在研究植物水分问题时，一方面要注意土壤-植物-大气的统一性，另一方面也要考虑它们之间的相互作用。

在上面提到，在SPAC系统中水分运动是因为水势梯度在两个交界面起作用，德国学者Herrmann（1976）把水分通过这两个界面流动的情况描述为两个“泵”，由于这两个“泵”的串联作用，克服各段路径的水流阻力，水分才能通过土壤-植物系统，由下向上运动。水分由土壤进入根系的界面过程，取决于土水势与根水势之间的势能梯度。植物要从土壤中吸水，必须使根水势低于土水势。根是从与根接触的土壤吸水，所以这个根土接触区的土水势也随之降低，并趋向与根水势相等，这样就在与根接触区土壤与其周围土壤之间产生了土水势梯度，推动土壤水向根流动。在势能梯度驱动之下，土壤水进入根部，由根部通过茎传输到叶部。水分从叶到大气的逸出是通过气孔进行的，这一界面过程由气孔内部与外部大气（叶水势与大气水势）之间的水汽压梯度来驱动，形成蒸腾。具体地讲，叶片气孔蒸腾失水，使叶水势下降，胀压降低，叶肉细胞的溶液浓度增大，叶面的吸力增强，不断从下面细胞吸水，依次传递下去，使得植物体内水分由下而上输送，结果导致根水势降低，与周围土壤之间的水势差扩大，根系不断从土壤中吸水。

土水势的高低对 SPAC 系统中水势的变化和植物叶片的状态及生长发育影响很大。土壤供水充分时，开始阶段植物体内各部位含水也多，作物的蒸腾率和吸水率保持平衡，根部和叶部的水势差也稳定在一定水平上。持续一段时间后，由于植物蒸腾，土壤水分不断散失，其含水量相应减少，土水势降低，从而使土壤对水流的阻力增大，根的吸水率相应降低，并低于蒸腾失水率。结果叶水势又进一步下降，随着叶水势的下降，根和叶的水势差复又增大，根的吸水率再度上升，土壤中的水进一步耗失，土水势进一步降低，其阻力变得更大，根的吸水率也就减少，叶水势降得更低，终于导致叶片气孔开始关闭，大大增加了气孔对水流的阻力，蒸腾率降低。虽然这时根、叶之间的水势差加大了，但吸水率却无法恢复到原有的水平，只能与蒸腾率保持较低水平的平衡。因此，在土壤供水有限、土水势不断降低的情况下，土壤和根的阻力增大，最终导致叶片蒸腾阻力增大，供水不足以补偿蒸腾的消耗，结果叶水势降低，胀压降低，叶气孔关闭，蒸腾减弱。

图 1-2 中 A、B 两条水势线分别是土水势较高和较低情况下，各个环节中水势的变化情况。在土水势较高的情况下，根水势也较高，叶水势比根水势稍低，但不超过细胞维持膨压、保持正常状态的临界值（－2.0～－1.5MPa），水分易被吸收，植物蒸腾作用正常进行，植物叶片不发生萎蔫。在土水势较低和蒸腾率较高的情况下，根土间的水势差要大得多，叶水势与根水势间的差值也更大，叶水势远远低于临界值，叶片不能维持正常膨压，发生萎蔫。

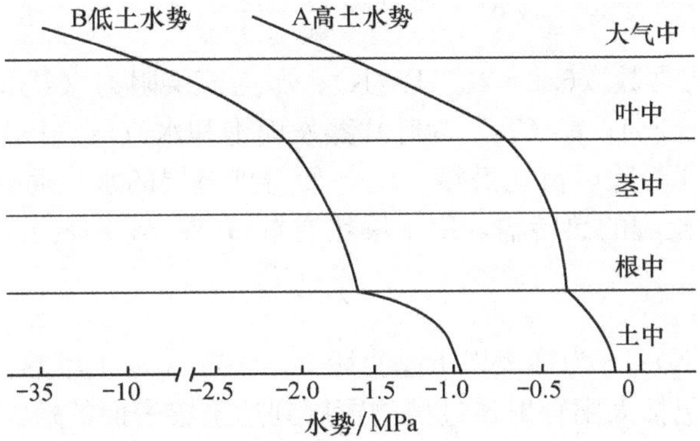

图 1-2　SPAC 系统中的水势变化示意图（Hillel，1971）

三、SPAC 系统中水分和能量的传输

在 SPAC 系统中，土壤与大气、土壤与植物及植物与大气诸介质之间存在物质（主要是水分）和能量的传输。SPAC 系统良性的水分和能量循环是维持植物本身正常生理活动的必

要条件。由于植物蒸腾既表现为水分传输（水分从叶到大气的传输），又是能量传输（潜热输送中的蒸腾）的一种形式，因此SPAC系统的水分传输与能量传输总是相伴相随，互为耦合。

（一）辐射及能量传输

地表上几乎所有的热能都来自太阳辐射，太阳辐射经过大气输送，其中一部分以短波辐射形式直接照射到植物冠层表面，而另一部分被大气吸收或反射回天空，或以漫散射的形式到达作物冠层表面。被大气吸收的太阳辐射将使大气增温，一部分以长波形式再输送到植物冠层。到达植物冠层的短波辐射一部分被反射回天空，另一部分透过植物冠层到达土壤表面，继续被土壤表面反射。冠层所接收的净辐射主要用于蒸腾耗热、大气感热、光合作用耗能和植物冠层热贮量等，而土壤表面所接收的净辐射主要用于土壤蒸发耗热、大气感热和土壤热通量等。由此可见，SPAC系统中的能量输送与转换涉及许多复杂过程，一般包括辐射传输、显热传输、潜热传输、土壤热传输等。

1. 辐射传输　直接照射到植物冠层表面的短波辐射，用冠层截获短波辐射通量 I_{sc}(J/s)表示，计算公式为：

$$I_{sc} = \eta(1-\alpha_c)Q_t + (1-\eta)\alpha_g(1-\alpha_c)Q_t \tag{1-10}$$

式中，Q_t 为太阳总辐射（J/s）；η 为冠层覆盖度（%）；α_c 为冠层反照率（%）；α_g 为地表反照率（%）。

2. 显热传输　植物冠层的显热传输，用冠层的显热通量 H_c(W/m^2）表示，其计算公式为：

$$H_c = \rho C_p \frac{T_1 - T_0}{r_{ac}} \tag{1-11}$$

式中，ρ 为空气密度（kg/m^3）；C_p 为空气定压比热［1004J/(kg·K)］；T_0 为土壤-植物-大气系统的空气平均温度（K）；T_1 为冠层叶面温度（K）；r_{ac}为冠层叶面空气动力学阻力（s/m）。

3. 潜热传输　植物冠层的潜热传输，用冠层的潜热通量 LE_c（W/m^2）表示，其计算公式为：

$$LE_c = \frac{\rho C_p}{\gamma} \times \frac{e_s(T_1) - e_0}{r_{ac} + r_c} \tag{1-12}$$

式中，γ 为干湿球温度表常数（6.2×10^{-4}Pa/K）；r_c 为冠层阻力（s/m）；e_0 为土壤-植物-大气系统的空气平均水汽压（Pa）；e_s（T_1）为叶片蒸发面饱和水汽压（Pa）。

其中，冠层的潜热通量除以汽化潜热（L），便得到冠层的水汽通量。

4. 土壤热传输　土壤的热传输，用土壤热通量 G(W/m^2）表示，其计算公式为：

$$G = -\lambda \frac{\partial T_s}{\partial z} \tag{1-13}$$

式中，T_s 为土壤温度（K）；z 为地表以下垂直距离（m）；λ 为土壤热传导率［W/(m·K)］。

辐射和能量传输还包括太阳辐射透过植物冠层到达土壤表面的短波辐射（地表截获短波辐射）、以长波形式输送到植物冠层或透过植物冠层到达土壤表面的长波辐射（地表和冠层截获的长波辐射），以及大气感热、地表潜热等，这里不作详细阐述。

（二）水分传输

1. SPAC系统水分传输　水分的传输不仅意味着此介质到彼介质或是在介质内部间的位

移，而且意味着从此介质到彼介质的相变。SPAC 系统中水分传输动力是水势梯度，传输环节包括根系吸水（土壤到根的水传输）、大气水分输送、植物表面和内部水分输送（液流、茎流和植物内水流）、土壤表面和内部水分输送（地表径流和坡中流）等形式。系统内各段路径的水分传输可用式（1-8）表示。

其中大气水分输送是相对 SPAC 系统，属于紧邻地表层，气压恒定，SPAC 系统周围大气输入和输出的水量差可视为 0，所以大气水分输送为 0。考虑系统的大气水分输入时，用降水强度（mm/s）表示。由于植物表面水分传输通量远小于其他通量，故常忽略不计。冠层截留的那一部分水用冠层截留量来表示。

2. 地表和土壤水分输送 SPAC 系统中地表径流很小或者即使有（灌溉），地表径流过程也非常短，可视为 0。土壤水分传输可分为水平方向和垂直方向，垂直方向上的水分输送（土壤水分通量 Q_{swv}）服从达西定理：

$$Q_{swv}=-k_w\frac{\partial(\varphi_s+z)}{\partial z} \tag{1-14}$$

式中，k_w 为水力传导度（m/s）。

水平方向上的水分输送（水平上的水分通量 Q_{swh}），即壤中流，其计算常用经验公式（孙菽芬，1989），即：

$$\begin{cases}Q_{swh}=\dfrac{(\theta-\theta_f)^2}{33600(\theta_s-\theta_f)} & \theta\geqslant\theta_f\\ Q_{swh}=0 & \theta<\theta_f\end{cases} \tag{1-15}$$

式中，θ、θ_f 分别为土壤含水量（%）、田间持水量（%）；θ_s 为土壤饱和含水量（%）。

事实上水平的土壤水分通量（Q_{swh}）也可用达西定理求出，即：

$$Q_{swh}=-k_w\frac{\partial\varphi_s}{\partial x} \tag{1-16}$$

3. 水分传输阻力 由式（1-8）可知，水流从土壤到根、从根到叶和从叶到大气传输的阻力 r_{sr}、r_{rl}和 r_{la}应分别为：

$$r_{sr}=\frac{\varphi_s-\varphi_r}{q_{sr}},\quad r_{rl}=\frac{\varphi_r-\varphi_l}{q_{rl}},\quad r_{la}=\frac{\varphi_l-\varphi_a}{q_{la}} \tag{1-17}$$

土壤-植物-大气系统中水分从叶到大气的传输通量直观表现为蒸腾。若用蒸腾速率 E(mm/s) 来表示水流通量，为简单起见，假设 $q_{sr}=q_{rl}=q_{la}=E$，即假设水流速率处处相等，则：

$$r_{sr}=\frac{\varphi_s-\varphi_r}{E},\quad r_{rl}=\frac{\varphi_r-\varphi_l}{E},\quad r_{la}=\frac{\varphi_l-\varphi_a}{E} \tag{1-18}$$

由此，可以通过田间试验计算出水流从土壤到根，从根到叶和从叶到大气传输的阻力。表 1-1 是由中国科学院栾城农业生态系统试验站的田间试验计算出的 SPAC 系统各段路径水分传输阻力。

表 1-1 水流从土壤到根、从根到叶和从叶到大气传输的阻力（1994 年 7 月 28 日）

时 间	E/($\times10^{-8}$m/s)	φ_s/m	φ_r/$\times10^2$m	φ_l/$\times10^3$m	φ_a/$\times10^3$m	r_{sr}/($\times10^8$s/m)	r_{rl}/($\times10^8$s/m)	r_{la}/($\times10^8$s/m)
6：00	0.2	−6.4	−2.5	−0.8	−2.0	80.9	217.39	8369.6
8：00	2.0	−6.4	−4.9	−1.0	−3.5	21.6	27.41	1724.4
10：00	12.7	−6.4	−6.5	−1.2	−4.5	4.6	4.25	345.0

续表

时 间	$E/$ $(\times10^{-8}m/s)$	φ_s/m	$\varphi_r/$ $\times10^2m$	$\varphi_l/$ $\times10^3m$	$\varphi_a/$ $\times10^3m$	$r_{sr}/$ $(\times10^8s/m)$	$r_{rl}/$ $(\times10^8s/m)$	$r_{la}/$ $(\times10^8s/m)$
12：00	13.9	−6.4	−7.5	−1.5	−5.1	4.9	5.04	356.5
14：00	10.1	−6.3	−6.0	−1.5	−6.0	5.3	9.01	579.1
16：00	11.5	−6.3	−4.9	−1.3	−5.5	3.7	7.13	466.9
18：00	1.6	−6.2	−4.0	−0.9	−4.4	21.5	34.39	2742.7
20：00	0.5	−6.1	−1.9	−0.5	−2.0	28.0	71.74	4234.8

在SPAC系统水分传输的通径上，一般土壤与植物间的水势差较小，叶与大气间的水势差较大。如表1-1所示，土壤-植物-大气系统中水分从土壤经由根和叶到大气的传输，在从叶到大气的传输过程中遇到的阻力最大，从根到叶的传输过程中遇到的阻力次之，从土壤到根的传输过程中遇到的阻力更小。后两者比从叶到大气的传输过程中遇到的阻力低一个量级。由此可知，在SPAC系统内，水分传输阻力主要来自叶片与大气之间的阻力。

四、SPAC系统中的水分转化

从降水（灌溉水）到达农田，参与SPAC系统中的水量转化到最终形成产量的过程中都有大量的水分损失。水分进入田间后，只有很小部分被作物根系吸收利用，而作物根系吸水的绝大部分通过蒸腾而散失，仅有极小部分保留在作物体内。农作物吸收CO_2进行光合作用，是农作物直接利用水分形成产量的过程。

SPAC系统中的水分转化包括土壤储水量向作物根系吸水量的转化、根系吸水量向作物蒸腾量的转化及作物蒸腾耗水量向作物产量的转化等。

（一）田间土壤储水效率

田间土壤储水效率（ε_s）是指田间土壤剖面上根系吸水层中所储存的水量（W_s）与到达田间的降水量或灌溉量（W_f）之间的比值，即

$$\varepsilon_s=\frac{W_s}{W_f} \tag{1-19}$$

其中，

$$W_s=W_f-R-F_d$$

式中，R为地表径流；F_d为深层渗漏。

要提高田间土壤储水效率，关键在于减少地表径流和深层渗漏。需对降水和灌溉水进行联合运用，采取节水灌溉措施，充分利用降水，提高降水利用效率。适当培肥和改良土壤，增加土壤的储水、保水能力也是提高田间土壤储水效率的重要途径。

（二）土壤储水与作物根系吸水转化效率

土壤储水与作物根系吸水转化效率（ε_{sr}）是指作物根系吸水总量（S_r）与根系层土壤储水量（W_s）之间的比值，即：

$$\varepsilon_{sr}=\frac{S_r}{W_s} \tag{1-20}$$

其中，

$$S_r=W_s-E_s$$

式中，E_s为棵间蒸发量。

土壤储水与作物根系吸水转化效率的提高，取决于棵间蒸发量的减少和根系吸水量的增

加。要减少棵间蒸发损失，提高作物生理需水在蒸散中的比例，可采用蓄水保墒的耕作和栽培措施；避免频繁灌水，保持表土干燥和表土以下根系层的充分湿润（如渗灌），可减少棵间蒸发损失。另外，选育根系优良的作物品种，培育健壮的根系，吸取更多的土壤水分，以便提高作物根系吸水量，从而达到提高土壤储水与作物根系吸水转化效率的目的。

（三）根系吸水与作物蒸腾转化效率

根系吸水与作物蒸腾转化效率（ε_{rl}）是指作物蒸腾散失的水量（T）与根系吸水量（S_r）之间的比值，即：

$$\varepsilon_{rl}=\frac{T}{S_r} \tag{1-21}$$

其中，

$$T=S_r-\Delta W_p$$

式中，ΔW_p 为植物体内储水量的变化量。

根系吸水与作物蒸腾之间的关系是作物内部生理机制所决定的，因此，根系吸水与作物蒸腾转化效率是由植物本身的生理因素所决定的一种属性，一般难以通过人工措施作较大的改变。

提高 SPAC 系统中的水分转化，主要是提高降水（灌溉水）向作物蒸腾的转化效率，一是充分利用降水，减小径流和深层渗漏等损失，对降水和灌溉水进行联合调度，提高降水、灌溉水的田间利用效率，以便提高作物根系吸水量；二是要提高作物水分利用效率，即增加作物蒸腾量到一定水平，尽可能减少棵间土壤蒸发量。

第二节　土地生产力的形成与保持

一、土地生产力的形成原理

（一）土地生产力的概念

土地生产力（land productivity）也称土地的生产能力或土地生产潜力，一般以产量表示，是鉴别土地质量优劣的重要依据，是土地在特定光、热、水、矿质营养、土地利用方式与强度、农业技术水平与投入强度条件下可能达到的最佳生产能力。土地生产力既反映土地质量的好坏，又表明土地的生产能力，它可表示为现在条件下和改变某种条件后的两种生产能力。土地生产力决定了土地开发利用所能达到的最大生产能力，也是决定土地利用集约化程度的主要影响因素。制约土地生产力水平的因素很多，除土地所处的气候条件和本身质量以外，主要是保护、改良与合理利用土地。

（二）土地生产力的形成及影响因子

土地生产力作为特定土地最大的作物产量水平，其形成是光、热、水、土壤、农业技术与投入等综合作用的结果。土地生产力是通过作物光合作用转化获取对人类有益的物质能量，如粮食、蔬菜等形式来实现的，土地生产力的形成依赖于作物生产过程，以作物生产的产量等形式表现出来。由于作物生长需要一定的光、热、水、土壤等环境条件，因此特定土地的土地生产力受制于光、热、水、土壤等环境因子。但土地生产力的实现和发挥并不是一个自发的过程，它是一个人为作用过程——农业生产活动过程，其实质是开放和利用土地生产力的过程。

土地生产力的形成是在水分-土壤-作物-大气这一开放系统中进行的，开放系统中某一因子的变化都可能会影响到土地生产力水平。特定地区的气候资源中，光、热、水、矿质营养是植物生长发育和产量形成的重要因素，其中的光资源是植物特殊生活活动方式——光合作用唯一的能量来源，它的生产潜力可以用下式表示：

$$Y_L = f(Q) \tag{1-22}$$

式中，Y_L 为光合作用生产潜力，即作物生育期间温度和水分条件都处在最佳状态时，由光能资源决定的最高产量，也是理论产量上限；Q 为光辐射能量。

考虑到温度对光合作用的制约作用，须以温度条件对光合潜力进行修正。

$$Y_{LT} = f_1(Q) \cdot f_2(T) \tag{1-23}$$

式中，Y_{LT}为光温生产潜力，即作物在某一地区、水分条件适宜时，由光温资源决定的最高产量；$f_2(T)$ 为温度修正公式，一般可采用线性修正模型，$0<f_2(T)<1$。

旱地农业区水分一般得不到满足，作物需水量和供水量之间常出现矛盾，应根据水分条件对光温生产潜力进行修正。

$$Y_{LTW} = f_1(Q) \cdot f_2(T) \cdot f_3(W) \tag{1-24}$$

式中，Y_{LTW}为气候生产力，$f_3(W)$ 为与降雨有关的修正公式，$0<f_3(W)<1$。

在干旱农地灌溉区实行科学灌溉制度后，使农田作业水分供给处于最佳供水状态，此时水分不成为土地生产潜力的限制因子，灌溉农地上实现的生产潜力原则上也视为光温生产潜力。湿润多雨或低洼地区，水分出现季节性供过于求，使农地出现涝灾，此时水分因子也成为光温生产潜力的限制因子，应对光温生产潜力进行修正。

土壤作为植物及其生活必需矿质营养和水分的载体，它的库容、持水能力相当程度上制约着气候生产力的实现。尽管现代科学技术对土壤肥力的替代率可达到100%，但是生产实践中受制于经济、劳动力等因素，土壤仍然将长期地成为作物生产的肥力供给来源。因此，农田生产潜力的计算需进行土壤因素的修正。

$$Y_{LTWS} = f_1(Q) \cdot f_2(T) \cdot f_3(W) \cdot f_4(S) \tag{1-25}$$

式中，Y_{LTWS}为特定气候生产潜力条件下，因土壤所限应实现的生产能力，称为土壤生产潜力。$f_4(S)$ 取值范围是 $0<f_4(S)<1$，依照联合国粮农组织（FAO）提供的计算方法，$f_4(S)$ 最好的土壤修正系数为0.95。

土地生产力的形成受到光、热、水、土壤等因子的综合制约，任何一方面因素的改变都将影响到土地生产力水平的大小。

二、土地生产潜力计算及评价模型

土地生产潜力的计算模型较多，不同计算模型所需参数和计算结果等都存在较大差异，这里介绍几种国内外常用的土地生产潜力计算和评价模型。

（一）简易估算模型

简易估算模型有两种表达式，其一为：

$$Y_{LT} = \frac{1}{q}KQ(1-\alpha)P_t(1-R) \tag{1-26}$$

式中，Y_{LT}为光温生产力（kg/hm^2）；q 为产热率（17.8kJ/g）；Q 为总辐射量；K 为经济系

数；α 为反射率（0.06）；P_t 为相对光合速率；R 为呼吸速率。

其二为

$$Y_T = \frac{3000}{1+e^{1.315}-0.119t} \tag{1-27}$$

$$Y_{TW} = 3000(1-e^{0.000664x}) \tag{1-28}$$

式中，Y_T 为根据年平均温度（t,℃）估算的热量生产力 [g/(m^2·年)]；Y_{TW}为根据年降水量（x，mm）估算的水热生产力 [g/(m^2·年)]。得出 Y_T 和 Y_{TW}后，选择其平均值的低值为总的第一性生产力。例如，由此法得出落叶阔叶林带（Y_T 10～12℃，500～700mm），Y_T 与 Y_{TW}相对应为 14～15.9t/(hm^2·年）与 8.5～11.8t/(hm^2·年)；而草原带（Y_T 6～10℃，330～500mm）Y_T 与 Y_{TW}相对应为 10.6～14.1t/(hm^2·年）与 5.9～9.0t/(hm^2·年)。

（二）生态区域计算模型

该方法为联合国粮农组织 1981 年推荐的生态区域模型方法，考虑较为周全，只要选配当地的实际参数，计算结果比较接近实际。

农田作物光温生产潜力计算式为：

(1) 当作物干物质生产率 Y_m>20kg CH_2O/h 时：

$$Y_{LT} = CL \cdot CN \cdot CH \cdot G[F(0.8+0.01Y_m)Y_0+(1-F)\cdot(0.5+0.025Y_m)Y_c] \tag{1-29}$$

(2) 当作物干物质生产率 Y_m<20kg CH_2O/h 时：

$$Y_{LT} = CL \cdot CN \cdot CH \cdot G[F(0.5+0.025Y_m)Y_0+(1-F)\cdot 0.05Y_mY_c] \tag{1-30}$$

式中，Y_{LT}为光温生产力（kg/hm^2）；CL 为叶面积指数对产量的修正值；CN 为净干物质生产量的校正值；CH 为收获指数；Y_m 为一定气候条件下干物质生产率 [kg/(hm^2·天)]；Y_0 为一定地点作物在全阴天条件下，总干物质生产量 [kg/(hm^2·天)]；Y_c 为一定地点作物在全晴天条件下，总干物质生产量 [kg/(hm^2·天)]；G 为作物的总生育期（天）；F 为云层覆盖度。

当作物需水量不能满足时，光热资源利用率下降，产量减小。依照作物阶段蓄水与水分供给的季节分配吻合程度，以及因供水不足产量下降程度，可以求算出光温水生产潜力或旱作农田降水生产潜力。首先根据测得的作物生产年度降水量与同期的蒸腾蒸发量之差额，求得土壤有效储水量，以及作物需水量（ET_m）和实际耗水量（ET_a）的函数，计算出作物各生长发育阶段的水分满足率（ET_a/ET_m）。以测算出的作物各生育阶段水分对产量的反应系数（K_y），推导出各生育阶段的产量降低率。

$$\text{作物产量因水分制约降低率}(\%) = K_y(1-ET_a/ET_m)\times 100 \tag{1-31}$$

据此，经由相应生育阶段的产量指数，最终求得因水分制约得以实现的产量水平，即光温水的生产潜力，或旱作农田降水生产潜力。

土壤作为植物根系固着场所和水分、养分、空气的载体，相当程度地制约着农田作物生产潜力。现代科学技术虽能对土壤肥力替代率达到 100%，但由于支付这一替代率的经济价值是现实生产难以承受的。因此土壤将在相当长的一段时间内，影响着农田生产潜力。对此，在光温及水分生产潜力计算基础上，可以较为准确地得到基于自然资源的农田作物生产潜力。

（三）侵蚀-生产力 EPIC 模型

EPIC 模型（erosion productive impact calculator）是美国农业部开发的定量评价“气候-土壤-作物-管理”系统的动力学模型，它能以天为时间步长，通过对天气变化、养分循环、农药迁移、植物生长、土地管理等环节的模拟反映一季乃至上百年农田水土资源和作物生产力的动态变化。EPIC 模型是为专门解决侵蚀-生产力问题而研究出来的，方便使用者是设计这一模型时所考虑的重要因素，该计算机程序包括 53 个子程序，程序中包含 2700 个公式。

EPIC 模型中作物生长模型是一个作物生长的通用模型，根据各种作物生理生态过程的共性研制模型的主体框架，再结合作物的生长参数和田间管理参数分别进行各作物的生长模拟。作物与土壤管理模块能够对种植密度、播期、施肥、灌溉、土壤耕作等措施进行模拟与优化，能够模拟作物混作和轮作，可进行上百年的土壤侵蚀与作物生产力的模拟，评价土地利用方式和种植方式对土壤侵蚀与作物生产力的影响。同时 EPIC 模型也是一种生产风险管理模式，旨在帮助农业从业人员的管理和优化作物生产以及利润最大化，确定限制作物产量因素，以协助补种种植者决定，并拟定最佳管理措施，最大限度地减少对农业、土壤侵蚀和水的质量的影响。

EPIC 模型自 1984 年首次发表以来，经过广泛验证和多次完善，已经在美国、法国、中国等多个国家成功地应用到作物估产、气候变化影响评价、精准农业、区域农业规划等多个领域，并且以 EPIC 为核心，开发出了土壤与水分评价工具 SWAT、流域土壤与水分资源管理模型 SWRRB 等，广泛应用于水土资源利用规划与管理评价中，社会效益与生态效益十分显著。王宗明等对 EPIC 模型在黄土高原地区的适用性进行了分析和验证，表明 EPIC 在黄土高原地区作物生产潜力模拟研究中具有较好的适用性，冬小麦产量模拟值与实测值之间多年平均误差为 7.78%，春玉米多年平均误差为 9.6%。

第三节　提高农田水肥利用效率的原理与途径

土壤水、肥（养分）、气、热是作物正常生长发育所必需的基本条件，共同构成土壤肥力的 4 个基本要素，它们相互联系、相互制约，经常处在动态变化之中，使土壤表现出不同的理化性质，呈现出不同的肥力特征。土壤能否稳、匀、足、适地供应作物正常生长所需的水、肥、气、热，不仅取决于这些要素数量的多少，更重要的是取决于各个要素在一定条件下的协调程度，其中土壤水分是最为活跃的要素，它的含量、时空变化，常常引起其他要素的迅速改变，因此，土壤水分成为影响土壤肥力的主导因素。掌握以土壤水分调控为核心的“水肥耦合”技术，是旱作农业获得“高产、优质、高效”的必由之路。

一、土壤水分有效性

土壤水分的有效性（availability of soil moisture）是指土壤水分能否被植物吸收利用以及利用的难易程度。植物通过被动吸收（蒸腾作用）和主动吸收（细胞渗透），从土壤中吸取维持其生理活动需要的水分。然而，土壤中的水分并不是都能被植物吸收利用，能被植物直接吸收利用的那一部分称为“有效水（available water)”，不能被植物直接吸收利用的部分称为“无效水（unavailable water)”。土壤无效水虽然不能被植物直接吸收利用，但也是土壤水分的重要组成部分，是有效水能被作物吸收利用的基础。一般把田间持水量（field water capacity）作为土壤有效水的上限含水量，把土壤萎蔫系数（wilting coefficient）作为土壤有效水的下限含水量，其值约等于田间持水量的 1/3～1/2。当土壤含水量低于萎蔫系数时，土壤水分为无效水，植物会因吸收不到水分而萎蔫。因此，可以根据萎蔫系数、田间持水量（field water capacity)、土壤的自然含水量（normal moisture capacity ）推算土壤有效水的最大含量和实际含量。

$$土壤有效水的最大含量(\%) = 田间持水量(\%) - 萎蔫系数(\%)$$

土壤有效水的实际含量(%) = 土壤自然含水量(%) − 萎蔫系数(%)

土壤有效水的最大含量受土壤和作物因素的影响。如果作物的根系吸水力强，在同等条件下，最大有效水含量的范围加大，所以选用根系优良的作物品种，培育健壮的根系，对于增强作物的抗旱性、提高土壤水分的利用率有重要意义。不同质地的土壤，有效水的最大含量不同（表 1-2）。沙质土萎蔫系数的值较低，但保持的水分少（田间持水量低）；粘质土保持的水分多，但萎蔫系数高；而壤质土保持的水分量多，无效水的量又较少，所以壤质土最大有效水含量最多。

表 1-2 土壤质地与有效水含量（%）的关系

土壤质地	沙 土	沙壤土	轻壤土	中壤土	重壤土	粘 土
田间持水量	12	18	22	24	26	30
萎蔫系数	3	5	6	9	11	15
有效水最大含量	9	13	16	15	15	15

资料来源：黄昌勇，2006

在土壤有效水范围内，不同形态水分由于含量不同所受土壤的作用力不同，与植物根系吸水力的对比关系不同，因此，对植物的有效程度不同。根据植物吸收水分的难易程度可以分为速效水和迟效水。不同土壤水分形态与土壤水分常数、土壤对水的吸力及有效性之间的关系如图 1-3 所示。在田间持水量至毛管水断裂量之间，水分所受土壤的吸力小，水分运动速度快，植物吸收容易，所以这部分水分是速效水；当土壤含水量低于毛管水断裂量时，水分所受土壤的吸力增加，土壤毛管孔隙中的水分已不再呈连续状态，水分运动缓慢，植物吸收较为困难，因此，这部分水分是迟效水。

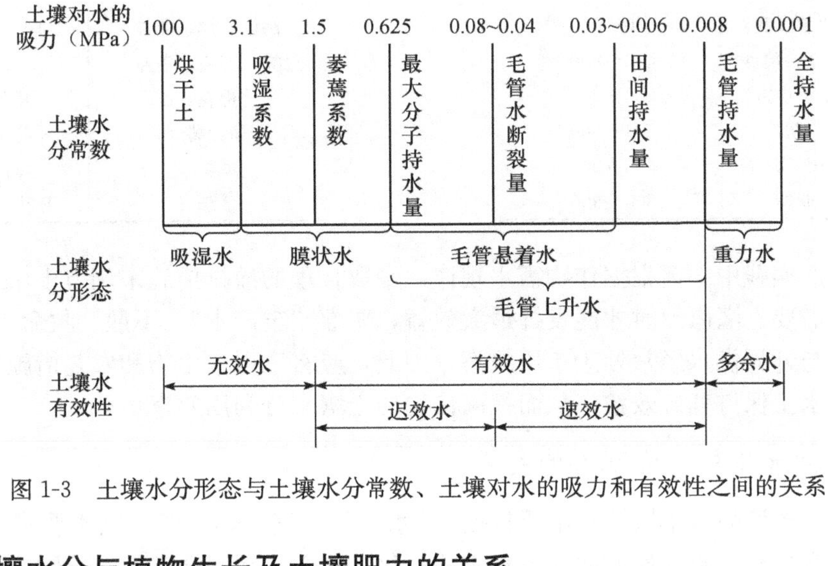

图 1-3 土壤水分形态与土壤水分常数、土壤对水的吸力和有效性之间的关系

二、土壤水分与植物生长及土壤肥力的关系

（一）土壤水分与植物生长的关系

土壤水分是植物吸水的最主要供给源，是植物正常生命活动的重要因素。水分是植物体的重要组成部分，一般植物体内含水量达 60%～80%，蔬菜瓜果的含水量可达 90%以上，由于植物细胞含有大量水分，维持细胞的膨压，使植物枝叶挺立，便于充分接受光照和气体交换。

植物的新陈代谢过程离不开水分，水分是植物代谢作用过程的反应物质，在光合作用、呼吸作用、有机物质合成与分解、转移和利用的过程中，都必须有水分参与。植物从土壤中吸收的水分除一部分供光合作用构成本身有机体外，另一部分主要用于蒸腾消耗，以此降低和稳定作物的体温，不致温度过高引起植物灼伤。植物对养分的吸收与利用也离不开水分，一般来说，植物不能直接吸收固态的无机物质和有机物质，这些物质只有溶解在水中才能被植物吸收，同样，各种物质在植物体内的运输，也要溶解在水中才能进行。总之，土壤水分是植物维持正常生理功能和保证生命活动的重要条件。

水分供应状况直接影响作物的生长与产量，作物在整个生育期间的需水量通常用蒸腾系数（transpiration coefficient）来表示，是指作物消耗水分重量与形成干物质重量之比（即作物每制造1g干物质所消耗水分的克数）。不同作物对水分的需求是不同的（表1-3），就生产等量干物质而言，需水量小的作物比需水量大的作物所需水分少；就利用等量水分所产生的干物质而言，C_4 植物比 C_3 植物多1～2倍。另外，同一作物在不同生长发育时期对水分的需要量也有很大的差别，作物的蒸腾面积不断增加，个体不断长大，需要水分就相对增多，同时作物本身生理特征不断改变，对水分的需要也有所不同。在作物整个生长发育过程中，对水分需要最敏感的时期，称为需水临界期（critical soil moisture）（表1-4），在这一时期若水分过多或不足，对作物的生长发育及最终的产量和品质均有不利影响。一般在作物形成生殖器官、新陈代谢最旺盛的时期对水分最为敏感。

表1-3　几种作物的蒸腾系数

作物	蒸腾系数
粟类作物、高粱	200～400
玉米、大麦、棉花	300～600
小麦、马铃薯、甜菜	400～600
黑麦、蚕豆、豌豆	400～800
荞麦、向日葵、豇豆	500～600
燕麦、稻	500～800
大豆、苜蓿、苕子	600～900
油菜、亚麻	800～900

表1-4　几种作物的需水临界期

作物	需水临界期
小（大）麦、燕麦、黑麦	孕穗一抽穗
玉米	开花一乳熟
高粱、糜、黍	抽花序一灌浆
豆类、荞麦、芥菜	开花期
棉花	开花结铃期
马铃薯	开花一块茎形成
瓜类	开花一成熟
番茄	开花一果实形成

在农业生产实践中，需根据作物需水规律，采取合理的灌排措施来调节土壤水分，以满足作物对水分的需要。灌溉及时才能发挥最大效益，要灌“丰产水”，不灌“救命水”。水土流失地区作物需水与外界供水经常处于矛盾状态，因此，应将工程、生物和农艺措施紧密结合，提高各项措施的水土保持基础效益，从而提高作物的土壤水分利用效率。

（二）土壤水分与土壤肥力的关系

土壤肥力是土壤的基本属性和本质特征，“水、肥、气、热”四大基本要素相互影响，往往一方面发生变化会引起其他方面发生相应的变化，它们必须配合良好，否则会影响肥力的提高，不利于植物的生长。土壤水分是土壤的重要组成物质，也是最为活跃的要素。它一方面直接供给作物吸收利用，另一方面又影响制约土壤的理化性状和其他肥力要素。因此，在生产实践中往往通过调节土壤水分，达到“以水控肥”、“以水调气”、“以水调温”的目的。

1. 土壤水分对土壤肥力的形成有极其重要的作用　土壤水分是土壤形成和发育的重要因素，是土壤中许多化学、物理和生物学过程的必要条件，有时还直接参与这些过程。水分直接参与了土体内各种物质的淋溶转化过程，如矿物的风化、母质的形成运移等，由此造成了各种物质及各种元素在不同区域、不同土壤剖面中的分异特点，从而影响到土壤肥力的产生、变化和发展。

2. 土壤水分影响土壤养分状况　土壤养分的释放、转化、迁移以及被植物吸收都离不开水分。水分是土壤有机质和各种养分分解转化的主要影响因素，土壤有机质和养分的分解转化首先必须要有微生物的参与，而水分是微生物生命活动的必需条件。土壤水分适宜时，微生物生命活动旺盛，才有利于有机质和养分的分解释放。再者，土壤养分只有溶解在水中才能被植物吸收并在植物体内移动，水分的多少直接影响到土壤溶液的浓度及养分对植物的有效性，因此，只有适宜的土壤水分才能发挥养分的作用。

3. 土壤水分直接影响土壤空气状况　土壤水分和空气都存在于土壤孔隙中，在孔隙度一定的情况下，水多则气少；反之，水少则气多，所以土壤水分和空气在存在数量上是矛盾的。水分的多少影响土壤通气性能，从而影响土壤的氧化还原过程，水分太多，土壤通气不良，还原过程占优势，易产生一些还原性物质如甲烷、硫化氢等，对作物有毒害作用；反之，则氧化过程占优势。

4. 土壤水分直接影响热量状况　土壤热量的多少表现为土壤温度的高低。土壤水分的多少影响土壤热容量和导热率，从而引起土壤温度的变化。由于水的热容量大，当土壤水分含量较高时，土壤温度比较稳定，随气温变化的幅度不大；反之，当土壤水分含量较低时，土壤温度随气温的变化而升降。

土壤水分还影响土壤的物理机械性和耕性，如粘质土的水分少则粘结性强，水分增多则粘着性和可塑性强。这些都使耕作阻力大，耕作质量不好，对生产不利。各种土壤只有在水分适宜条件下才会表现出良好的耕性。

三、作物的水分利用

（一）根系吸水机制

虽然植物可以通过几乎任何表面去吸收水分，但对于陆生植物来说，通过根部以外的其他器官吸收的水分数量很小。根系是陆生植物吸收水分的主要器官，根系吸水可分为主动吸水和被动吸水两种情况。

1. 根系的主动吸水　根系的主动吸水是由于根系本身的生理活动维持了水势差从而引起对水分的吸收，与地上部分的活动无关。在根系中因为所吸收水分的累积而产生的压力即根压，就是植物根系的生理活动促使液流从根部上升的压力。根压把根所吸收的水分压到地上部，而土壤中的水分便不断地补充到根部，这就形成了根系吸水的主动过程。各种植物的根压大小不同，大多数植物的根压为0.05～0.5MPa。主动吸水能力很小，只有在蒸腾速率低的情况下才能察觉，吸收的水量只占总吸水量的10%或更少。

2. 根系的被动吸水　根系的被动吸水是由植物体表的蒸腾作用所引起的根对土壤水分的吸收。根系被动吸水动力来自叶片的蒸腾作用，当叶片蒸腾时，水以气态形式逸散到大气中，导致气孔下腔的叶肉细胞水势降低，因而从邻近细胞吸水，这部分细胞又从其毗邻的细胞吸水，顺次传递下去，直到从导管吸水，然后又促使根系从土壤中吸水，好似存在一种拉力，将水从根系拉到叶片。这种因叶片蒸腾作用而产生的一系列水势梯度使植物导管中水分上升的力量即蒸腾拉力，是根系被动吸水的动力。除蒸腾作用外，光合产物的积累和细胞的伸长均可使茎端水势下降而加大被动吸水的动力。事实上，根系在这一过程中只作为水分从土壤进入植物体的被动吸水表面，为植物的地上部分与土壤之间提供必要的通道。被动吸水是根系吸水的主要形式，其吸水量可达植物总需水量的90%以上。

植物在生长发育过程中，需从土壤中吸收大量的水分，其中只有一小部分（1%～5%）参与自身的代谢作用，其余大部分主要通过蒸腾作用散发到大气中。为保证植物正常生长，必须使植物对水分的需求与土壤供水达到平衡，因此，维持水分平衡是植物进行正常生命活动的关键。土壤水分能否支持植物生长以及植物能否顺利地从土壤中吸取水分，不仅与土壤含水量有关，而且与根系吸水能力与土壤颗粒表面对水分的吸附力相对大小有关。当土壤水分充足时，土壤颗粒表面吸附力较小，根系易于吸水；随着植物吸水和水分蒸发的不断进行，土壤颗粒表面吸附力越来越大，植物吸水越来越困难，直至吸收不到水，植物就发生萎蔫。可见，植物从土壤中吸水，实质上是植物和土壤争夺水分的问题，植物只能利用土壤中的有效水分。

（二）作物田间耗水量

作物耗水量（water-consumption of crop）是在田间条件下，棵间蒸发和作物蒸腾的水量之和，有时又称之为蒸散量或作物需水量，是农田水分循环的一个重要部分。实际上可以把SPAC系统看做是地球表层的一个物理、化学、生物过程变化和物质能量循环都最为强烈的活动界面层。在这一系统中以水分运动和循环过程最为活跃，在水循环的几个环节中，蒸发占着特别重要的地位，热量的吸收和释放是伴随着蒸发过程同时进行的。在SPAC系统水量平衡诸要素中，蒸发的测定大概是最困难的；而在热量平衡各要素中，显热通量和潜热通量（蒸发）的精密分割也是相当困难的，于是农田蒸散量把农田水量平衡方程和热量平衡方程两者联系在一起。

作物耗水量的大小及其变化，是气象条件、土壤水分状况、作物生物学特性综合作用的结果。其中气象条件是影响作物耗水量的基本因素，土壤水分状况是作物耗水量的限制因素，作物生物学特性是作物耗水量差异的内在因素。一般来说，耗水量随土壤湿度增加而增大，两者呈线性关系。耗水量多少在年际间差异较大，干旱年份，作物耗水量较大，湿润年份则较小。同时，作物耗水量的大小还因作物不同而异，即使同一种作物，在不同的生育时段，耗水量也有着明显的差异，苗期较小，关键生长期较大。因此，作物耗水量也是难于直接准确测定的项目，却对作物生长发育和产量具有重要作用，是制定作物灌溉制度和区域灌溉需水量计划的基本依据。因此，选择合适的方法计算农田蒸散量，对提高农田水分利用效率、制定合适的农田灌溉制度具有重要的现实意义。

农田蒸散耗水量的测定方法较常见的分类为：水文学法（水量平衡法、蒸渗仪法等）、微气象学法（热量平衡法、空气动力学法等）和植物生理学法（气孔计法、热脉冲法等）。蒸散耗水量除了可以直接或间接测定外，还可用各种模型进行计算，如基于SPAC系统水分传输理论的水分传输动态模拟模型及SPAC系统蒸散发模型，基于遥感技术的遥感蒸散模型等。通常，在实测作物蒸散量过程中，往往有很多影响因素难以控制，因此田间直接测定十分困难，在许多实际应用中，大多采用间接测定来估算。目前，常用的作物蒸散量计算方法是通过参考作物蒸散量（ET_r）和作物系数（K_c）确定某种作物的蒸散量（ET_0），即：

$$ET_0 = K_c ET_r \tag{1-32}$$

参考作物蒸散量ET_r（reference crop evapotranspiration）是指高度一致，生长旺盛，水分充足，完全覆盖地面8～15cm的绿色矮秆作物（禾草或苜蓿）的蒸发蒸散量。由于对地表植物作了严格的定义，因此它的变化只与气象因素有关。参考作物蒸散量也称可能蒸发量或潜在蒸发量，可用 FAO Penman-Monteith 公式（1990）计算，该公式较全面地考虑了影响田间蒸散发的各种因素，是把能量平衡、空气动力学等参数相结合而得到的，可用来计算日参考作物蒸散量，表达式为：

$$\mathrm{ET_r}=\frac{0.408\Delta(R_n-G)+\gamma\dfrac{900}{t+273}u_2(e_s-e_a)}{\Delta+\gamma(1+0.34u_2)} \tag{1-33}$$

式中，Δ 为饱和水汽压与温度曲线上的斜率（kPa/K）；R_n 为净辐射（MJ/m）；G 为土壤热通量（MJ/m）；γ 为干湿表常数（kPa/K）；t 为温度（℃）；u_2 为高度为 2m 处的风速（m/s）；e_s、e_a 为饱和水汽压（kPa）、实际水汽压（kPa）。

计算参考作物蒸散量的方法很多，各种公式的使用应根据当地具体条件确定。

作物系数 K_c（crop coefficient）指某时段作物蒸散量与相应时段内参考作物蒸散量的比值。作物系数是作物本身生物学特性的反映，它与作物的种类、品种、生育时期、作物的群体叶面积指数等有关，一般由实测资料确定（表 1-5）。在求出作物历年不同生育时期（生长季）作物系数后，即可求得该作物多年平均各生育时期（生长季）的作物系数，同时也可求出作物全生育期的多年平均作物系数（表 1-6）。

表 1-5 春小麦不同生育时期的作物系数

阶 段	苗 期	营养期	生殖期	成熟期	平 均
K_c	0.45	0.90	1.11	0.52	0.75
备注	小麦蒸散量采用大型蒸渗仪实测 参考小麦蒸散量采用 FAO Penman-Monteith 公式（1990）确定				

资料来源：李玉霖等，2003

表 1-6 8 个年份水稻生长季的平均作物系数

阶段	5 月（20～31）	6 月	7 月	8 月	9 月（1～10）	整个生长季
K_c	1.16	1.27	1.52	1.54	1.13	1.32
备注	稻田蒸散量采用改进的非称重式蒸渗仪测定 参考水稻蒸散量采用 FAO Penman-Monteith 公式（1990）确定					

资料来源：王笑影等，2005

（三）作物水分利用效率

水分利用效率（water use efficiency，WUE）是作物生理研究中有关作物-水分关系的一个古老课题，其研究至今已有一个世纪的时间。近年来，随着世界范围内水资源危机的加剧以及人口增加对耕地压力的逐步增大，WUE 已成为作物水分生理以及干旱、半干旱和半湿润地区农业和生物学研究中的热点问题，如节水农业（包括旱地农业）所追求的目标之一就是采取各种措施尽可能获得高的 WUE 值，WUE 与农业增产之间有较密切的关系。

WUE 在各个学科中被广泛应用，但不同的学科存在不同的理解及衡量指标，如水利学上常定义为研究区域生产性的耗水，包括蒸腾，常用灌溉水利用效率、降水利用效率等表示。而生理学、农学等则指生理学上的水分利用效率，其实际上是作物水分利用效率，指消耗单位水分所生产的同化物质的量，它实质上反映了作物耗水与其干物质生产之间的关系，是评价作物生长适宜程度的综合生理生态指标。过去常用作物需水量、蒸腾系数以及蒸腾比等表示。作物水分利用效率涉及单叶、个体、群体及产量等不同的尺度问题。叶片 WUE 指单位水量通过叶片蒸腾散失时光合作用所形成的有机物的量，是 WUE 的理论值，通常以净光合速率（P_n）与蒸腾速率（T'）之比来表示；单株和群体 WUE 通常以某一生育期内干物质积累量（DW）与同期内蒸散量（ET）之比来表示；在测定田间作物时则用作物的产量计算，即产量 WUE 指单位蒸散的水分在一定面积上所生产的经济产品的重量，即：

$$\text{WUE} = \frac{Y}{\text{ET}_0} \tag{1-34}$$

式中，Y 为作物的经济产量（kg）；ET_0 为作物的蒸散量或生长期间内的实际耗水量（mm）。

作物水分利用效率的高低受作物自身特性与环境条件的相互影响，从植物本身来讲，生产力的高低取决于“源”、“流”、“库”系统的协同运作。因此，任何有利于将系统中的水分转化为植物体成分的因素，都会有利于作物水分利用效率的提高。由于作物同化固定 CO_2 途径不同，C_3、C_4、CAM 作物（景天酸代谢作物）具有不同的 WUE。CAM 作物（如芦荟、仙人掌等肉质作物）叶片退化或具有很厚的角质层，气孔白天关闭，夜间张开吸收 CO_2，特别是在水分亏缺时，叶的结构有利于减少水分散失，蒸腾速率很低，因此，它比大部分其他作物的 WUE 都高。但 CAM 作物 CO_2 的固定效率和总的生产率较低，使这类作物利用受到限制。C_4 作物与 C_3 作物相比，C_4 作物有两条 CO_2 固定途径，具有对 C_3 亲和力强的光合酶，能从小于 C_3 作物的气孔，蒸腾较少的水分，从大气中吸收较多的 CO_2，在较高光照和温度条件下具有较高的光合速率和较高的生长速率，以及在较低的光照条件下具有较低的呼吸速率，所以 C_4 作物比 C_3 作物具有更高的 WUE。

根据公式（1-34），凡是能增加产量或减少蒸散量的措施都有利于作物水分利用效率的提高。为了提高水分利用效率，蒸散量应降低到可能的最低水平，然而从生理学观点看，为了达到增产最终目的，作物的水分蒸腾量（T）则需要增加到一定水平，而土壤的蒸发量（E）却需要尽可能地降低。事实上，在一定限度内增加对作物的水分供给，其增加蒸腾量所产生的增产结果使分子值增大的作用，比因增加蒸发量而增加分母值的作用要大。因此，在一定限度内增加土壤水分的供应，可以提高作物水分利用效率。在采取工程、生物和农艺技术措施提高产量的过程中，许多技术措施的应用，都有助于提高土壤水分的含量，其最终作用都集中表现在用水效率的大小上。

四、农田水肥利用效率调控

大田作物的生长和生产处于土壤-作物-大气系统中，生长的好坏和生产力的高低强烈地受到外界环境和经济技术水平的影响。作物在某一地的生长状况首先取决于作物遗传特性对环境的反应（即作物的生态适应性）；再者取决于技术水平和物质投入。农作物产量的形成是作物、环境、人为因素相互影响、相互作用，是植物同化外界环境因子的结果。影响农作物产量（M）的因子可分为三类：作物生物学特性因子（A），环境因子（B）和人为因素（C），即：

$$M = f(A, B, C) \tag{1-35}$$

生物学特性因子（A），不同植物有不同的生物学特性，但就其对产量形成的影响来说，最主要的是光合效率大小、利用光能水平高低、生育期长短和经济产量系数大小，它们具有遗传的保守性特征。

产量形成的环境因子（B）包括作物生长发育所需的太阳辐射、温度、水分、二氧化碳、氧气、土壤和土壤肥力（养分）等。这些因子在作物生长发育中同等重要，相互之间不能替代。太阳辐射是植物进行光合作用制造有机物质的能量来源，也是维持一定环境温度的热量来源，因而成为决定植物生产力的首要因子；温度是植物体内的生物学、生物化学和物理化学过程的限制因素，对光合作用具有重要的影响；水分是植物进行光合作用制造有机物质的主要原料之一，同时又是植物体的重要组成部分；二氧化碳和氧气是植物光合作用和呼吸作用所必需的气体，土壤肥力（养分）是植物体不可缺少的物质。

人为因素（*C*）主要指农业技术措施，包括优良品种的选用、施肥、排灌设施、栽培措施等。农业技术措施的目的是力图为农作物创造最佳的生长环境，保证植物旺盛地生长，从而获得大的"光合势"，以摄取尽可能多的太阳能，合成大量的有机物质。

影响作物生长和产量的因素很多，只有当所有这些因子都充分且完全有效的时候，作物的生产能力才能达到其潜在值，即作物生产潜力。当某一个生长因子处于限制状态时，它就会限制作物的生长和产量，尽管其他生长因子可能仍然是最适宜的，但作物也不会达到其潜在的生产力。故作物产量由限制因子所决定，这就是所谓的"最小养分律"。农业生产过程中，要对影响因素作具体的分析，抓住其中主要的限制因素，采取相应的措施加以解决，进而取得显著的增产效果。

如在水量有限条件下，作物的实际产量要由水分条件控制；作物产量与需水量之间的关系称为作物水分生产函数，二者关系如下：

$$Y = f(ET_0) \text{ 或 } ET_0 = KY \tag{1-36}$$

式中，Y 为单位面积产量（kg）；ET_0 为单位面积需水量（mm）；K 为单位产量需水量（mm/kg）。

实践证明在一定的气象条件下，作物需水量随产量的提高而增加，成正相关关系（图 1-4）。

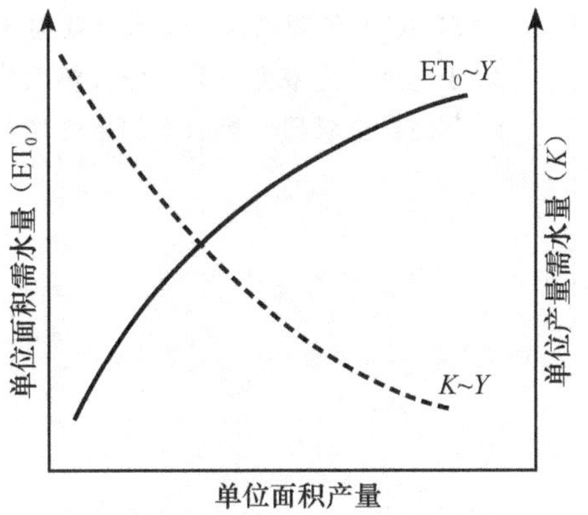

图 1-4 作物需水量与产量关系示意图

从图 1-4 中还可以看出，单位产量的需水量随产量的增加而逐渐减少，说明当产量达到一定水平后，要进一步提高产量就不能仅靠增加水量，必须同时改善作物生长所必需的其他条件，如采取先进的农业技术措施提高土壤肥力等。

自然条件下的各种影响因素，它们不是孤立存在，总是相互结合成为一个整体，共同地发生作用，综合地影响作物生产；因素配合不同，则其作用和效果就不一样。研究表明，凡是忽略其他因素，采取单独影响某一因素的方法，都将得到"报酬递减"的结果。当种植作物的种类和品种确定之后，决定作物产量的主要限制因子是环境因子（*B*）和人为因素（*C*）。对一个地区而言，太阳辐射、温度、二氧化碳、氧和土壤等环境因子在一定时期内是相对稳定的，可见，决定作物产量的主要环境因子是水分和土壤肥力（养分）。由此可见，作物产量的形成是太阳能的累积与水、土、肥、气、热诸因素的协调及综合运用农业技术措施的结果。

在旱作农业中，水分和养分（肥）是农业生产所必需的，在一定条件下，水分和养分还是作物产量增加的最大障碍因素。水分的增产作用集中体现在水分利用效率上，而养分的增产作用不仅在于养分本身，更重要的还在于与土壤水分的相互作用。研究表明，在同一地区，作物生产潜力不能充分发挥的根本原因主要是水分和养分的不协调，水分不足，影响到养分的吸收和转运，降低产量和品质；养分不足影响到水分的吸收和利用，而施肥能使水分的利用效率大大提高。干旱、半干旱地区在作物生长期间创造适宜的土壤养分环境，通过"水肥耦合"作用可弱化水分不足造成的对作物产量的负效应。因此，水分和养分相互协调作用的实质是"以水促肥增肥效”、“以肥调水增水效”，从而达到增产的目的。所以，提高旱农作物产量的核心是充分有效地发挥水分和养分的利用效率，根本途径的关键在水、出路在肥，以肥调水，提高水分利用效率。正如农谚曰“有收无收在于水，多收少收在于肥”。

在影响农作物产量的环境因子中，光、热、土、气等因子与气候、地域关系密切，难以进行根本性改造，而水分和养分（肥）易于人为调控。因此，在农业生产中应用工程、生物和农业技术等措施科学合理地调控农田土壤水分和养分状况，充分发挥水、肥的协同效应，达到“以水调气”、“以水调温”、“以水促肥”、“以肥调水”综合调控的目的，不仅有利于提高农田水肥利用效率，增加农作物产量，而且对节约水肥资源，改善农业生态环境具有重要意义。

发展节水灌溉，就要使传统的粗放型灌溉农业和旱地雨养农业向节水高效的现代农业转变，促进节水农业全面发展。

此外，在采用技术措施的同时，还要重视非技术措施，如完善管理体制和技术服务体系等，从而提高农业用水的管理水平，提高水分利用效率。

思 考 题

1. SPAC 系统理论对农田水分调控和水分有效利用有何指导作用？
2. 土地生产力潜力计算及评价模型的种类及运用条件是什么？
3. 简述提高农田水肥利用效率的途径和措施。

第二章 耕作技术

【内容提要】 耕作技术是以改变微地形为主的蓄水保墒技术的简称，也可称为土壤耕作法或土壤耕作技术。本章主要介绍了耕作技术的类型、特点，耕作制度和耕作技术特征描述等内容，并在此基础上，分析了它的蓄水保土和增加产量的功能。

耕作技术（farming technique）有狭义和广义之分，狭义的耕作技术主要是指专门用来防治水土流失的独特的耕作措施，即习惯上的水土保持耕作法；而广义的则是指整个农业技术改良措施，特别是旱地农业技术措施。但无论怎样，它都是指由若干土壤耕作措施有机组合的一种特定的土壤耕作类型。由于其主要是通过改变微小地形来增加土壤水分入渗、防止坡面径流产生，从而实现蓄水保墒，促进粮食稳产、高产的，且简单易行，故在农业生产中得到了较为普遍的推广使用。

第一节 主要耕作技术特征

水土保持耕作技术（farming technique of soil and water conservation）的种类很多，但归纳起来主要有等高耕作、坑田、半旱式耕作、深翻耕、旋耕和保墒耕措施等。

一、等高耕作

等高耕作（contour ploughing）又称横坡耕作技术，是指沿等高线垂直于坡面倾向，进行横向的耕犁、作畦及栽培的一种耕作技术（图 2-1）。它能有效地拦蓄地表径流，增加土壤水分入渗率，减少水土流失，有利于作物生长发育，从而达到高产。因此，该项措施是坡耕地实施其他水土保持农业耕作技术的基础。在我国北方干旱少雨地区，耕作方向要求基本沿等高线，以利于保水保土。南方多雨且土质粘重地区，耕作方向与等高线呈 1%～2%的比降，以适应排水，并防止冲刷。在有风蚀的缓坡地区，改顺坡耕作为横坡耕作时，应兼顾耕作方向与主风向正交，或呈 45°角。

等高耕作所要求的坡度与坡长，随土壤特性（疏松土壤坡长可长些）、作物类型（保护性能好的作物坡长可长些）、地区的降雨特点（暴雨强度小的地区坡长可长些）而变化。美国研究了不同坡度等高耕作的最大坡长如表 2-1 所示。

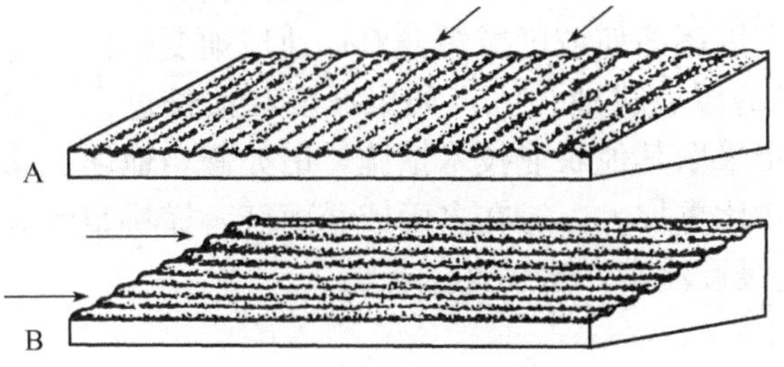

图 2-1 改顺坡耕作为等高耕作示意图

A. 顺坡耕作；B. 等高耕作

表 2-1 等高耕作的坡长限制

土地坡度/°	最大坡长/m
1～2	120
3～5	90
6～8	60
9～12	60
13～16	25
17～20	18
21～25	15

资料来源：杨春峰，1986

当进行等高耕作时，还应注意以下问题。

（一）适当的土地整平

当土地有局部的低洼时，等高行列穿过时会发生急剧的弯曲，易于形成积水的危险地带，导致等高耕作的失败。因此，对这些小低洼地应适当地整平。

（二）等高基线

等高耕作的实施，首先要测定基线，基线先从上端开始量测，然后视地形和坡度变化来决定量测的间距和次数。根据这基线来耕犁、作畦和种植。

（三）等高畦的犁筑

当设定第一条基线，即犁筑和该线平行的畦，到坡度改变处，就停止犁筑，再在该处向上或向下和已经犁好畦的等距离处，测出另一条等高基线，并根据此线，再分别向上或向下继续筑畦。

（四）短行的排列

坡度不同的地上在按第一条基线犁出的畦和沿第二条基线犁出的畦的连接处，易于形成一块楔形地区，常常造成耕作上的困难。这种小型地区的处理，是沿着上面第一线和下面第二线分别筑出平行的畦，一般叫做短行。短行是积水的地带，它的位置将影响等高耕作的成败，所以要科学排列。排列的方法较多，最简单的方法是将短行放在上下两基线的中间部分，这一方法既简单，又比较安全。

（五）等高畦的配合应用

畦沟的容水量是有限的，因作业等关系，难以保持整齐的断面。在降雨强度很大、上层较浅、坡度较大、土壤渗透性不良的耕地，仅通过等高耕作，往往出现较为严重的沟蚀，无法实现蓄水保土的目的，造成等高耕作失败。因此，在这种情况下，须配合应用山边沟、宽垄阶等方法。

另外，顺坡耕（垄）作改为等高耕作时还应注意：①改垄之前，应当根据地形和坡度的大小来确定改垄之后道路和排水沟的正确位置，以免引起新的水土流失。②改垄时间最好在秋季结合翻耕土地为好，此时将整个坡耕地进行统一规划和统一翻耕改垄。③需要改垄的耕地，在前 2～3 年内应当种密生早播的作物。因为改垄后头两年坡地上的小地形起伏不平，容易引起水土流失。最好是将改垄的耕地全部种小麦，或斜坡上种小麦，下部种燕麦或大麦。这样可以减少改垄后的冲刷，也能获得比较高的产量。④可以逐渐使坡度减缓，对加速坡地变梯田创造条件。⑤顺坡耕作改为横坡耕作，一般以 3°～10°的缓坡耕地为宜。如果坡度和坡长过大，保土效果就会逐渐降低。在这种情况下，需要进一步采取其他农业技术措施，诸如修培地埂、修筑水平梯田等。⑥坡度越大，地带越窄，密生作物比重加大。⑦在多雨或暴雨区，横耕犁沟应有一定斜度（1/200～1/100），使径流沿犁沟横向缓慢流动，避免冲刷土壤。

二、等高沟垄耕作

等高沟垄耕作（contour furrow and ridge tillage）是在等高耕作的基础上进行的，即在坡面上沿等高线开犁，形成沟和垄，用以蓄水拦泥、保土和增产（图 2-2），主要包括以下类型。

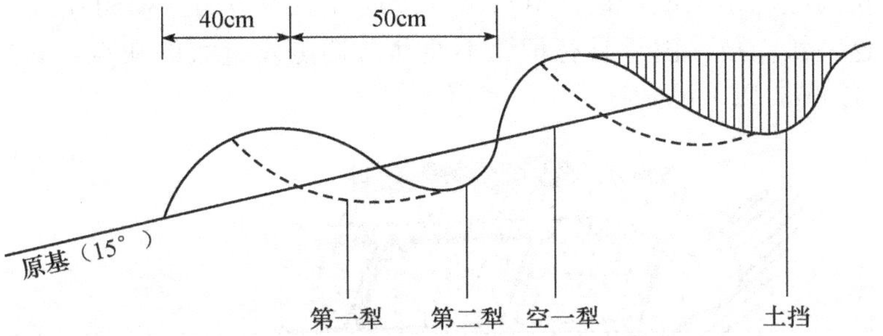

图 2-2 等高沟垄耕作示意图

（一）水平沟种植

水平沟种植（contour trench cropping）又称套犁沟播，在犁过的壕沟内再套耕一犁，然后将种子点在沟内，施上肥料，结合碎土，镇压覆盖种子，中耕培土时仍保持垄沟完整的一种耕作技术（图 2-3）。这一耕作技术一般应用在坡耕地或轮闲坡地上，并且也适用于密生作物的坡地上。行距视坡度而定，陡坡自上而下，行距 50～60cm。缓坡地亦可自下而上，行距 40cm 左右，以防浮土下滑、埋没垄沟。主要适用 25°以下的坡耕地，可以种植小麦、谷子、马铃薯、豆类等多种作物。

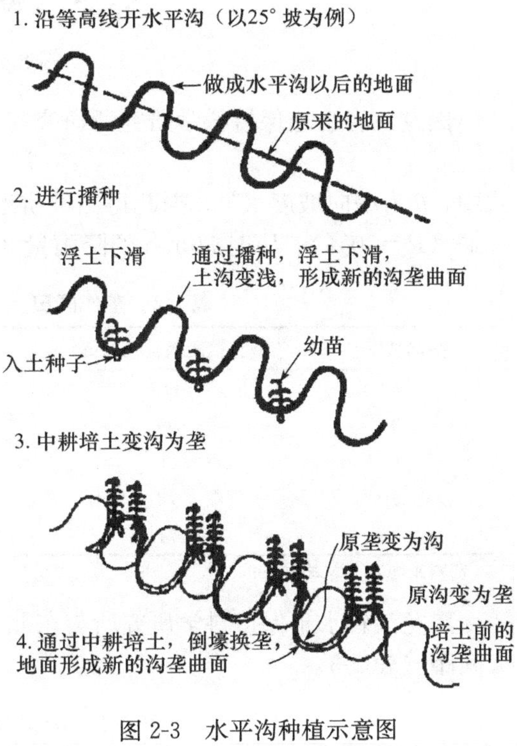

图 2-3 水平沟种植示意图

水平沟种植的农艺环节主要包括：①沿等高线开水平沟。在定好等高线以后，自坡脚沿等高线向下犁翻，每耕一犁后，在原犁沟内侧再套耕一犁，达到扶垄深松土的目的。②播种。随开沟随下籽，小粒种子点在沟内半坡上，马铃薯等可播入沟底。采用通行播种，然后用犁再耕一犁进行覆土并及时镇压。覆土深度以 6～7cm 为宜，要做到沟垄明显、无土块、无露籽。③中耕培土，变沟为垄。在播种前须进行早深耕、合口过伏与及时耕耱收墒，并采用“一炮轰”的施肥法。中耕时，要结合培土使之培土成垄、取土成沟、沟垄位置互换，以达到拦泥蓄水的目的。

实行套犁沟播的春播作物农田，应当在年前做好秋耕工作，否则，来年春季施行该项措施时就会耕出大土块，不利于保墒保苗。以往研究结果表明，这种方法在春季雨水较多的地方最为适用；春季干旱地区，往往因耕作较深、跑墒过多，不利于作物出苗和苗期生长发育，所以不宜采用此法。

（二）垄作区田

垄作区田（ridge tillage and pitting field）又称带状区田，是一种干旱和半干旱地区有效的蓄水保土耕作技术（图 2-4），即在坡耕地上沿等高线犁成水平沟垄，作物种在垄的半坡上，在沟内每隔一定距离做一小土埂，这样既可减少纵向径流也可防止横向径流，实现蓄水保肥增产增收的目的。这一耕作技术由于具有耙耱不便和苗期蒸发量大的缺点，只适用于 20°以下坡地和年降雨量在 300mm 以上的地区。

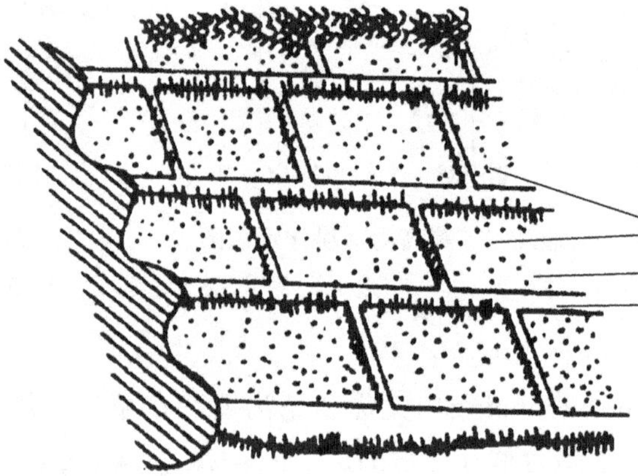

图 2-4　垄作区田示意图

黑龙江省水土保持科学研究所研究得出最佳土挡间距 L(cm) 的数学关系式为

$$L = 165.49\theta^{-0.47} \tag{2-1}$$

式中，θ 为垄向坡度（°）。据此得出坡耕地采用垄向坡度<6°的垄作区田，可以就地拦蓄 10 年一遇（$P=10\%$）、历时 30min 的降雨量 37mm（表 2-2）。

表 2-2　垄作区田土垱间距最佳值的承雨能力（下限）

垄向坡度/°	土挡距最佳值/cm	蓄水容积/cm³	集水面积/cm²	拦蓄降水量/mm
2	119	38 851	8330	46.6
3	99	29 353	6930	42.3
4	86	23 720	6020	39.4
5	78	20 044	5460	36.7
6	71	17 074	4970	34.4

资料来源：尹家峰，1994

黑龙江省水土保持科学研究所与东北农业大学合作研究了垄作区田中土挡的最佳间距和最大间距（表 2-3）。

表 2-3　垄作区田土挡最佳间距和最大间距

坡度/°	最佳间距/m	最大间距/m	坡度/°	最佳间距/m	最大间距/m
1	1.9	7.4	6	0.8	1.2
2	1.3	3.7	7	0.7	1.1
3	1.1	2.5	8	0.6	0.9
4	0.9	1.8	10	0.6	0.7
5	0.8	1.5	15	0.4	0.5

资料来源：杨爱民，1994

筑垄的做法主要为：①起垄作挡。在坡地下部沿等高线耕地，向下翻土；接着将肥料和种子均匀撒播在垄的上半坡上，然后回犁盖土；随后空一犁，再耕一犁，重复以上工作。空犁之处，形成了垄，犁过之处，形成了沟。最后在各条沟中每隔 1～2m 筑一些低于垄的小土埂，形成垄作区田。垄沟的深浅和距离，依据作物种类而定，一般玉米、高粱、马铃薯等垄高约 15cm，垄间距约 67cm；谷子、小麦等，垄间距应适当缩小。②中耕和培土。幼苗出土后，中耕除草和施肥一次或数次。这时可将垄沟中的土用锄掘起，培在垄顶上，同时除去杂草、施用肥料。每条垄脊务必要平整。中耕培土时，再将土壅到作物行间，使原来的沟又变成了垄，原来的垄则变成了沟。为了避免集水冲毁沟垄，在每条沟中，相隔 1～2cm，做一小土埂，横挡的高度比垄略低，以免将小沟完全隔断而减少每一小段沟彼此间对雨水容量的调剂作用。在每次中耕后，必须保持垄和沟中小土挡的完整。

在实施垄作区时，还应注意：①垄作前必须精细整地。特别是前茬收割后的伏耕或秋耕和早春的耙耱与浅耕，可以充分蓄水保墒，增加土壤水分，保证及时播种、出苗和供给苗期需要的水分，经过精细整地后，做垄也方便（没有大土块），又可消灭杂草，减轻田间管理工作。②垄作应当进行密植。由于垄作加宽了行距，必须适当缩小株距，使单位面积上保持一定的株数，以免因株数减少而减产。③垄作的工具。要用有壁犁的犁起垄才好，最好用山地犁，耕幅宽，作垄大，保水保土效果好，增产显著。垄作区田播后不便耙耱，故需用小棒子（小榔头）将垄上土块打碎，且兼有镇压作用；用破壳器破碎出苗前暴雨所造成的土壤板结，效率高，且不伤苗。④垄作区田最好和田间工程配合应用，方能发挥更大的保水保土作用。在来水过大的地方，应配合挖排水沟、涝池、水簸箕等，以截流蓄水，防止田内作物、沟垄被冲毁。⑤适宜垄作的地区条件。推广垄作区田的地区要慎重考虑，一般在土层过薄和年降水量不足 300mm 的地区，特别是雨量不集中、暴雨强度不大的地区，往往由于耕作“跑墒”过多，起垄加大了蒸发面，不利于作物出苗和苗期生长发育。这种方法在春夏雨水多的地方最为适宜，避免了平播起垄和串堆子等方法一开始不能拦蓄径流的缺点，在作物播种后，雨量多而集中则效果很显著。⑥适宜垄作的坡度。一般以 2°～20°的坡度为宜，过大则做垄困难，容易冲坏，过小则作用不大，同时还加大了蒸发面。⑦适宜垄作的作物。宽行疏生的作物如玉米、高粱、马铃薯等中耕作物，由于株行距较大，幼苗期地面孔隙很大，土壤又比较疏松，在此时期暴雨多则冲刷剧烈，因此，要进行垄作；而谷子、糜子、荞麦等，在作物播种前后及生长前期雨水多而集中时，虽也可以采用窄行垄作区田，但起垄技术较难掌握。

（三）平播起垄

平播起垄（flat ridge sowing）又叫中耕培垄。它是采用等高条播方法，出苗后结合中耕除草在作物根部培起土垄，以拦水保土、增加产量，适宜于 20°以下的坡耕地。具体做法是在播种时采取隔犁条播，行距应根据不同作物来决定，一般为 50～60cm，并应进行镇压。在雨季来到之前，结合中耕锄地将行间的土培在作物根部，形成等高水平沟垄，并每隔 1～2m 做一土挡，以防止径流集中形成冲刷。

（四）圳田

圳田（stripping tillage）实际是指宽约 1m 的水平梯田。做法是：沿坡耕地等高线做成水平条带，每隔 50cm 挖宽、深各 50cm 的沟，并结合分层施肥将生土放在沟外拍成垄，再将上方 1m 宽的表土填入下方沟内。由于沟垄相间，便自然形成了窄条台阶地。这一耕作技术也可采用人畜相结合，以提高工效。

（五）水平防冲沟

水平防冲沟（level trench of scouring protection）也称水平犁沟种植，又叫等高拦水防冲沟。它是指在田面按水平方向，每隔一定距离用犁横开一条沟的耕作技术。在我国西北或华北地区，夏季麦收以后，坡地上因没有作物覆盖地面，在暴雨季节容易引起严重的土壤冲刷，采用此法效果明显。该技术一般应用在坡耕地或轮闲坡地上，也适用于坡地的密生作物地上。

具体做法是：在伏耕以前，或在进行伏耕的同时，在坡面上按横向水平方向，可以用套犁方法，每隔一定距离，犁成一道宽 24～30cm，深 15～18cm 的水平截水防冲沟。沟内每隔 1.5～2.0cm 留处土挡，以便拦蓄径流与防止暴雨冲刷；同时，还可起到一定的增产作用。水平截水防冲沟的间距一般以 1～2m 为宜。陡坡可窄些，缓坡可略宽些。

（六）蓄水聚肥耕作

蓄水聚肥耕作（farming of water and fertilizer retention）又名丰产沟，是开沟、深翻、客土、分层施肥、集中施肥、种植高产作物等综合耕作技术措施。它不仅当年有增产效果，而且有蓄水、保墒、培肥地力、加速土壤熟化的功能，这就为进一步建设高产稳产农田创造了有利的物质条件。

据介绍，进行蓄水聚肥改土耕作，常用人工或畜力结合方式进行。先将有机肥和用做底肥的化肥均匀撒到地面，然后用人工作业，先在地边内空 30～40cm，沿等高线在水平方向将 30～40cm 宽的耕层土壤翻到田块内侧（图 2-5A），然后挖一锹深（约 20cm）的生土放在外侧预留的 30～40cm 宽的空带上，以加高边埂（图 2-5B）。沟内底土再深翻一铣（图 2-5C），然后

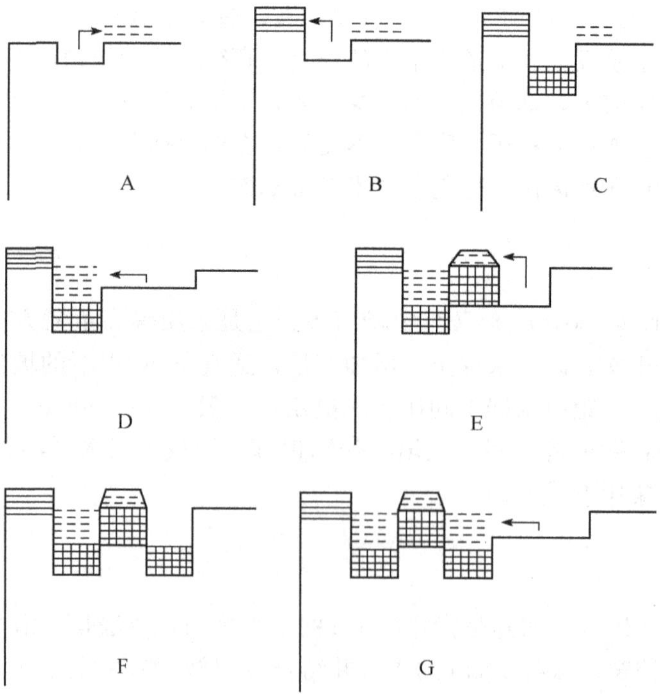

图 2-5 蓄水聚肥耕作技术流程

将原放置在里侧的第一沟的表土及其下的 30～40cm 宽的表土全部移入第一沟内，完成第一种植沟（图 2-5D）。再把第一种植沟内侧 30～40cm 宽的生土深翻一锨。再从其内侧取 30～40cm 宽一锨深的生土翻入外侧生土上培起第一条生土埂，开出第二条种植沟（图 2-5E），随后用铣深翻第二种植沟（图 2-5F），将其内侧 30～40cm 宽的耕层土壤全部翻入第二沟内，完成第二种植沟（图 2-5G）。这样重复以上工序，依次挖沟筑埂。

应用这一耕作技术，在进行挖沟筑埂等工程措施之前，应先将有机肥和化肥均匀地撒在地面，然后进行耕作。采用蓄水聚肥改土耕作技术的地表，沟埂相间，熟土沟种植作物，在沟中集中施肥；生土埂种植绿肥、豆类等作物压青，并加施黑矾、腐殖酸铵等，以加速土壤熟化，改良培肥土壤。

（七）抽槽聚肥耕作

抽槽聚肥耕作（furrow farming of fertilizer retention）是按作物（树木）的行距挖成一定宽度和深度的沟壕（或称槽子），然后回填肥土和肥料，再种植作物（树木）的一种耕作技术。它是一种保持水土、促进作物（树木）生长、获得丰产的好方法。这一技术主要适用于人多地少地区和 15°以下的坡耕地，在湖北黄冈地区的应用，无论在农业、林业、经济林生产上都显示出它的优越性。

具体耕作时，先从坡脚开始，沿等高线挖槽，依据作物或经济果林品种及坡度不同，槽的断面和槽距各异，经济果林槽深 0.6～0.8m，槽宽 0.6～1m，槽距 2m 左右；农作物槽深、宽各 0.3m 左右，槽距视作物品种而异。开槽的程序为：①放线。从坡脚基线开始沿等高线方向放线，确定槽的位置和槽距。②挖槽。将表土（肥土）放在槽的上方，生土放在槽的下方。③回填。将生土和肥料混合先回填槽下部，然后将表土回填槽上部。④种植。若种植农作物，则 2～3 年轮换抽槽，促使土壤全部深翻熟化。另外，还应注意回填土应高于地面 0.2m 左右，使松土沉降后保持地平。抽槽聚肥应配以其他水土保持措施，如改善灌排条件、结合坡面水系工程、合理密植等。

三、坑田耕作

坑田耕作（pitting field）又叫区田，我国北方称为掏钵种植，南方叫大窝种，是我国一种历史悠久的耕种技术（图 2-6）。适用于干旱、半干旱或季节性干旱区域，在 15°～25°的土层较厚的陡坡上，有较为明显的水土保持作用。

图 2-6 坑田耕作示意图

坑田的具体做法是：沿着等高线划分成 $1m^2$ 的小耕作区，每区中掏出 1～2 个钵，合计

$1hm^2$ 地上为 10 000 个钵。在掏钵的时候，用锨或镢挖掘长、宽、深各 50cm 的钵，由下向上进行，并纵横成行。先将表土刮到下面，然后开始掏钵，将底土放在钵的下方或左右侧，并扳成土埂，再将钵的上方表土层刮到钵内，依此类推。这样自下而上地进行，上下行的坑成“品”字形错开，使整个坡面形成许多凹形种植坑。坑内作物可高度密植。区田在第一次掏钵后每隔 3～4 年再掏 1 次，第 2 次掏钵就较省工。在区田操作过程中，也可根据坡度大小、劳力多少和种植作物种类等采取不同的钵数。

四、半旱式耕作

半旱式耕作法（semi-dry farming）是一种水稻半旱式栽培的耕作法。具有省水、省肥、省种和增加作物产量的功效，特别对于深脚烂泥坐蔸田和大肥田增产效果更为显著，可以抗旱缓洪，彻底防止稻田隐匿侵蚀的危害。

它的特点是：一犁一耙；淹水作垄，垄距 50～60cm，垄高不得低于 23cm，作垄泥块尽量保持原有结构，垄面平整；作垄完毕，可及时在垄背两测距 16.5cm 错窝栽植（窝距：双季稻 9.9～13.2cm，杂草稻 16.5～19.8cm，常见中稻 13.2～16.5cm）；施足底肥，适当增施速效氮和看苗补肥；灌排管理上，移栽至返青期，淹水必须过身兜 1.6cm 左右，从分蘖盛期开始，直至成熟，必须只保持半沟水，让秧兜露出水面，进行半干旱式生长。

半旱式耕作的具体做法是：①作垄前的耕作。当季水稻收割后，即行两犁两耙，整平田面，并施足底肥，一般每亩（1 亩＝$666.7m^2$）施腐熟人畜粪尿 1500～2000kg，农稻移栽前一般不再耕耙，少数不平之处，可实行局部整平。筑垄前 2～3 天，调节水层，重施面肥，亩撒尿素 5～7.5kg 或碳酸铵 17.5～20kg、磷肥 15～25kg、草木灰约 100kg。此外，在有条件的地方，还可每亩增施 15～25kg 油渣等，2～3 天后即可做垄埂。②做垄。要求按一定行距和品种规格拉线筑垄。垄向整齐平直，瓦背形，不要“随田弯”、鱼背形。垄距：杂交中稻用 0.57～0.6m，普通中稻 0.53m 为度，垄埂高 0.2～0.23m，垄上部宽 0.17～0.2m，沟宽 0.33～0.4m。

五、深翻耕

农谚道：“深耕一寸，等于上粪”，“伏耕深犁地，赛过水浇田”，“伏耕深一寸，能顶一车粪”充分说明深翻耕的意义所在。深翻耕（deep tillage）的主要作用是能够加深耕层，疏松土壤，增加土壤大孔隙，强化降水入渗，提高农田耐旱能力。同时还能促进土壤熟化，增厚活土层，充分发挥肥效，有利于作物根系发育，适时适度深翻耕，能显著增加产量。研究表明，深翻耕使土壤容重降低 0.1～$1.2g/cm^3$，非毛管孔隙率增加 3%～5%，土壤持水量增加 2%～7%，深耕的农田蓄水量一般比浅耕地多。

深翻耕一般用壁犁进行。深耕时间应当与当地雨季来临相吻合，以便接纳更多的降水，增加土壤中的蓄水量。夏闲地深翻耕应在当地雨季开始之时，深秋耕一般应在秋收作物收获后及时进行，既切断毛管，减少地表蒸发，也能部分接纳秋季降水。旱地一般不宜板茬越冬，在风蚀严重的地区不宜作秋耕。另外，在地冻前地面有积水的农地无法秋耕，只能春耕。春耕一般宜浅不宜深，宜早不宜迟，早而浅失墒少，迟而深失墒多。

翻耕深度是影响耕地质量的重要因素，翻耕深度的确定应考虑气候、土壤状况、作物生长特性与要求、农机具性能及经济效益等。深翻耕深度不是越深越好，一般耕深 20～22cm 为宜，畜耕深度一般在 13～16cm，机耕深度为 20～25cm，以遇上一次降水为 40～50mm 的大雨时，地面不产生严重径流为度。北方耕深以 18～22cm 为较适宜的范围。

在夏秋季节无暴雨的地区，耕深适当可浅些，因为耕深越大，松土层也越深，如无较大而集中的降水，水分不易进入深层，表层的浮墒又往往容易因蒸发而损失，同时加深耕层还需要消耗较大动力，使生产成本增加。此外，砂土的通透性好，雨水一般下渗较快，无需深翻耕。

（一）半翻耕

半翻耕（part ploughing）是用熟地犁犁将垡片翻转135°，翻后垡片相互连接，覆盖成瓦片状。这种方法牵扯引阻力小，兼有较好的翻土和碎土作用，使用于一般熟地，多用于北方机耕。但其垡片覆盖不严，灭草性能不如全翻耕法。

（二）全翻耕

全翻耕（complete ploughing）采用螺旋形犁壁将垡片翻转180°，此法翻土完全，覆盖严密，灭草性强，但耗能大，碎土作用小，因此适合于开荒，不适合于熟地翻耕。

（三）分层翻耕

分层翻耕（layer ploughing）采用带有小前犁的复式犁，将犁底层分层翻转，小犁铧耕深是犁铧耕深的一半，耕幅大约为主犁铧的2/3，此法覆盖较严密，质量较好。

六、旋耕

旋耕（rotary tillage）采用旋耕机进行。旋耕机上安装犁刀，旋转过程中起切割、打碎、掺和土壤的作用。通常情况下，旋耕的深度达10～12cm。因此，它可以与翻耕轮换应用作为翻耕的补充作业。

七、保墒技术

旱地农业区是把珍贵的降水资源充分高效地用于农业生产实践，还要防止和控制土壤水分不通过蒸发散失，这就是保墒（conserving moisture）。旱地农业生产中，大量冬闲地和夏闲地都是保墒蓄墒的关注点。目前，在生产实践中主要有以下保墒措施。

（一）耙耱保墒

耙耱是耙地（harrowing）和耱地（dragging）的统称。耙地是利用钉齿和圆盘耙在犁地后、收获后、播种前以及幼苗期常用的表土作业措施；耱地是利用耱子进行的表土耕作措施，二者常常联合使用，具有碎土、平地和轻度镇压的作用。农谚到“犁地不耙耱，不如家中坐”，充分说明在旱地农业区耕翻地后耙耱地在保墒上的重要作用，因为耙耱地后在土表极易形成极薄的干土层。

耙耱在秋耕春播之时多用。在经常有伏旱的地区，伏深耕后夏闲期间遇雨后也要注重耙耱收墒保墒。此外，早春解冻土壤返浆期间，上层土壤水分较充足，通过顶凌耙地使地表形成一层疏松的干土层，切断毛灌水的运行，保持土壤水分，因此也是耙地保墒的重要时间。早春耙地也应在越冬后的冬小麦地上进行，多以垂直于麦行横耙，既可耙地保墒，也能清除枯叶，刺激冬小麦返青恢复生长。

（二）镇压保墒

镇压（pressing）是利用机械压力压紧耕层及碎土的表土作业。土壤湿度大于毛细管破裂含水量时，水分的毛管运动基本结束。土壤水分损失主要是通过土壤内部汽化，并经由较大孔隙向大气散失，及时镇压压碎地面坷垃，阻塞较大孔隙，封闭地面裂缝，能有效地减少土壤气态水分扩散到大气中去，具有一定的保墒作用。

镇压应适时，利于保墒。冬季地面如有过多的大坷垃，易随风损墒，需要在土壤冻结后进行冬季镇压；土壤翻耕与播期过近，耕层过松，会影响播种、保墒及作物发育，需要镇压后再播种；初春土壤解冻，经过冻融的冬麦幼苗有耸台现象，分蘖节外露，及时镇压使土壤下沉，具有保墒、促进分蘖、防倒伏的作用。镇压应选在地表干燥时进行，以免镇压后出现板结，同时应结合适度耙耱形成一薄层虚土，减少蒸发；麦田冬春镇压应选择在严霜消退后的中午或下午进行，以免压坏麦苗，影响其正常生长。

此外，镇压应因土壤特性来使用。砂性很大的土壤不宜镇压，盐碱土或潮湿的粘重土也不宜镇压。

（三）中耕保墒

中耕（intercultivation）是在作物生长期内对土壤进行的耕作，包括锄地、耪地、铲地、趟地等。中耕能使土壤表土疏松，切断毛细管，阻断毛管水上升，有效地减少水分蒸发，也能破除板结，蓄纳降水，起到保墒蓄墒作用。农谚说“锄头有水也有火”，就说明了中耕既能蓄水保墒，也能提温降温。夏闲期间雨后中耕有很好的保墒效果；春季中耕也能保墒，同时促进地温提升，利于作物生长和根系下伸；秋季作物行间中耕切断部分表层作物根系，既防止作物贪青，也能减少径流，蓄纳更多降水。

第二节　土壤耕作制

一、土壤耕作制的概念

在特定的土壤和气候条件下，所采用的与轮作方式相适应的、由若干土壤耕作法组成的耕作技术体系，称为轮作期间的土壤耕作制，简称土壤耕作制（soil farming system）。如前所述，不同类型的土壤耕作法均有各自的优缺点及相宜条件。因此，建立与轮作相适应的若干类型耕法组合，可以取长补短，起到提高劳动生产率和增进生态经济效益等多方面的作用。

例如，在西北及内蒙古的某些半干旱旱作地区，改单一的传统翻耕法为深松耕法，可收到明显的抗旱蓄墒效果。但若长期地采用单一的松耕法，将使富含有机质的农肥难以进入耕层土壤，最终导致土壤有机质耗损，使地力下降并制约了农田降水的转化效率。为此，在半干旱旱作农区以松耕法为基础，实行轮作期间的松耕法与翻耕法组合，把蓄水保墒与有机培肥结合，是旱作地区开发农田降水生产潜势的重要途径。

在多熟地区，由于轮作作物成分及茬口特性的限定，轮作的作物之间收种衔接时间长短不一，实行耕法类型的组合尤为必要。陕西关中灌溉农区粮食作物与棉花轮作［小麦—玉米→小麦—玉米—毛苕（绿肥）→棉花］中的玉米为夏播复种作物，麦收后为了抢时播种，采用“耕播结合”的“硬茬”播种属少耕法范畴的一种耕作法。绿肥用毛苕，为了取得冬前足够的营养生长期，在前作玉米生长中后期以“板茬”免耕的方式套种在玉米行间。小麦是秋播夏熟作物，有两种前作情况：①玉米成熟早过棉花，玉米腾茬经过施肥、耕翻后播种小麦。②棉花腾茬晚过小麦适期播种范围，为使小麦也取得冬前足够的营养生长时间，普遍采用棉行松土套种的方式播种小麦，实际上是一种少耕法。绿肥后作的棉花，春季翻耕方能“掩青”；重茬棉花土壤耕作时间长，通常实行秋冬翻耕法。可见，与上述轮作方式相适应的土壤耕作制是由翻耕、免耕、少耕等3种耕法组合而成（表2-4）。

表2-4 关中灌区粮、棉四年七作轮作的土壤耕作制

小麦	—	玉米	→	小麦	—	玉米	—	毛苕（绿肥）	—	棉花	→	棉花
套播（少耕）		硬茬（少耕）		农肥（翻耕）		硬茬（少耕）		板茬（免耕）		绿肥（翻耕）		农肥（翻耕）

注：“—”为年内轮作；“→”为年间轮作

陇南、陕南河谷稻作地区，通常采用三年六作的稻田轮作方式。其中的水稻多采用翻耕法，所有倒茬作物均为秋播夏熟作物，由于稻田长期渍水，水稻收后排干不力，土壤潮湿不宜翻耕，现时多进行旋耕，秋雨多的年份为了争时，油菜有撬窝移栽的情况，稻田绿肥均为板田套种（表2-5）。

表2-5 西北两熟地区稻田轮作的土壤耕作制

绿肥	—	水稻	→	小麦	—	水稻	→	油菜	—	水稻
板田套种（免耕）		绿肥掩青（翻耕）		稻茬播种（旋耕）		粪肥施用（翻耕）		撬窝移栽（少耕）		粪肥施用（翻耕）

二、拟订土壤耕作制的原则

（一）要与气候、土壤等自然条件相适应

干旱地区或干旱季节土壤耕作应以能充分蓄水保墒的耕法为主，在条件具备的地方以松耕法为好，或至少要免去助长土壤水分损失的耕作措施。东北冷湿地区应以垄作为主，实行间隔深松，以利增温、防湿。南方稻区宜用翻耕法。干旱多风的冬闲地区，可以实行保土的少耕法以尽可能地避免土壤风蚀。坡耕地区的夏闲地，不应频繁进行翻耕作业，以减少降水侵蚀土壤。

（二）要符合种植制度和社会生产条件

种植制度总是和社会生产条件相适应的。我国在化肥用量不断增加的情况下，各地的种植制度还应重视生物培肥与农肥的利用，而翻耕法有助于农肥还田。在一些半干旱瘠薄地区，土地休闲期间运用翻耕法以熟化土壤，仍有相当的生产价值。至于南方稻区在水稻连作情况下，还得依靠翻耕法清除毒害性的还原物质。

（三）要照顾全面，上季为下季，今年为明年

拟订土壤耕作制，既要立足当前，也要顾及整体。北方冬麦产区土地实行翻耕夏闲蓄存降水，是为了下茬小麦高产有“伏雨春用”的土壤水分基础。即使在复种作物生长期间，也得加强田间土壤管理，以尽可能多地为下茬小麦生产蓄存较多的雨季降水。稻田种麦，应使水稻提前撤水晾田，以利冬种整地。显然，轮作期间的有些土壤耕作作业项目，不一定为当季作物所必需，但却为整体生产所必要。因此，只有从全局考虑，使多耕与少耕、翻耕与松耕、深耕与浅耕在轮作期间整体地结合起来，方能充分发挥土壤耕作在培肥农田中的作用。

（四）要提高工效，注重经济效益

农业生产成本中，土壤耕作费用所占比例最大，其中尤以翻耕及其辅助作业所耗更大。因

此，制定土壤耕作制的每项作业，准确度要高，并对其经济效益进行测算，尽量免去无效作业项目。

提高耕作质量，可以减少作业层次，适当采用联合作业，对争取季节，提高作业质量都有好处，在拟定土壤耕作制时都值得思考。

三、土壤耕作制的改革

西北地区土壤耕作制是以翻耕法为主体，它是我国农民在长期生产实践中所总结的一套土壤耕作经验，在传统的农业生产中起过重要作用，但也有它的局限性。

在耕作法方面国内外都有不少经验值得借鉴。同时，要根据西北及内蒙古地区的特点，加强土壤耕作法和土壤耕作制的研究。从西北及内蒙古情况考虑，值得深入研究的问题有：①广大的黄土高原水土流失严重，需要认真研究有利于保持水土的保护耕作法；②气候干旱、降雨稀少，有广阔的旱地农业，要研究更有助于蓄水保墒的抗旱耕作法；③在广阔无际的沙漠边缘地区土壤风蚀及农田沙化问题严重，需要深入探讨防风蚀的土壤耕作法与沙化农田的利用；④土壤瘠薄，有机质含量低，要研究有利于维持土壤有机质、提高潜在肥力的有关耕作法，并把继承传统经验和革新结合起来，因地制宜制定灵活性大、高工效的、在轮作周期中适应各作物需求的多种耕法所组成的土壤耕作制。

我国其他地区，也应根据实际情况研制与其相适应的土壤耕作制。

第三节　耕作措施特征描述

前述可知，农田经耕种后使原地表发生了高低起伏的变化，这种特征可用地表糙度（soil surface roughness）来描述。

地表糙度是指在一定面积的地块上，由于土壤团聚体大小、作物种植和人为管理或降雨击溅、径流冲刷等自然和人为因素共同作用而形成的凸凹不平的一种地表现象。它的分布具有随机性和方向性，因此，可划分为随机糙率（random roughness）（如锄耕等）和有向糙率（oriented roughness）（如等高耕作等）两类。20 世纪 50 年代后期学者们就对该现象及作用开展了研究。

一、地表糙度的测量

地表糙度的测定通常采用接触式和非接触式两种测量方法，后者又可分为激光扫描法和摄影法。

（一）接触式测量方法

接触式测量主要有以下 3 种方法：

1. 测针法　它是由 Kuripers 提出的，用字母 R 表示地表糙度，并用接触式测针法测定其高程值，然后经计算而得糙度值。具体做法是，在某一面积的地块上，用 10cm 间距的 20 根测针的微地形针，沿坡面测定 20 次，得 400 个高程值，通过下式计算糙度：

$$R = 100\lg S \tag{2-2}$$

式中，R 为地表糙度；S 为各测点高程值的标准差。

在此基础上，Podmore、Huggins 和 Hirschil 还提出了用方格法或断面法测定糙度值。

2. 标尺法 该方法分别用 20cm、30cm、40cm、50cm 长的测杆，顺径流方向置于地面，并用直尺量测地面凹地中点到杆的垂直高差（H），其平均值即为糙度 R_h。

$$R_h = \frac{1}{N}\sum_{i=1}^{n} H_i \tag{2-3}$$

式中，H_i 为地表凹地中点与对应杆间的垂直高差；N 为不同长度杆尺的数量。

3. 链条法 美国人 Ali Salch 提出了用链条法测定地表糙度的简便方法。该法认为当给定长度（L_1）的链条置于地表时，其水平长度随着地面糙度的增加而减小。因此，通过计算出链条长度的减小值，即可得出衡量糙度的指数 C_r。

$$C_r = (1 - L_2/L_1) \times 100 \tag{2-4}$$

式中，C_r 为地面糙度指数；L_1、L_2 为分别为链条实际长度和放置地面后的水平长度。

前人对链条法和杆尺法进行分析得出，链条法所测地表糙度，经计算样本的变差系数 C_v 和偏态系数 C_s 两值远小于杆尺法所测值。这说明样本离散程度小，较对称，稳定性高，且效率也高。但对于野外不同尺度的糙度，尤其对起伏微小的地表（土块或团聚体形成的糙度）则难以准确测定。1992 年，D. L. Brough 等对接触式测针法的测针间距与地形起伏关系进行了试验研究，发现间距越小，测量结果越精确。但是，测量、收集和数据处理将需要大量的时间。因此，他建议在测量糙度时，可根据实际情况，将测针距离定在 25mm 以下即可，且测定结果有极好的相关性，并能满足精度要求。

（二）激光扫描法测量

1. 激光扫描仪测量原理 激光扫描技术又称为“高清晰测量（high definition surveying，HDS）”，它是利用激光测距仪来测量地表点的相对高程，获得大量密集分布的具有空间坐标信息的点云数据。这些空间点云数据能将地表起伏状况，包括微尺度的坡向、坡度等空间信息完整地采集到电脑中，一方面可以快速真实地复建出地表三维模型；另一方面又可以通过对数据的相关分析计算出研究区的地表糙度。

2. 激光扫描仪的构成 与普通的三维激光扫描仪类似，在地表糙度测量上使用的激光扫描仪主要由两个部分构成，即硬件系统和软件系统。硬件系统一般由两部分组成：光学传感器、轨道及框架；软件系统包括控制系统和数据分析系统，是激光扫描仪测量地表糙度的核心部分。

1）硬件系统

（1）光学传感器。光学传感器用来探测地表点的高程，根据测量方法的不同分为基于脉冲式和三角测距两种，如图 2-7 所示。

A. 基于脉冲式的激光发生器由一个激光探头组成。在测量过程中，记录激光探头射出单束激光的时间与接收回波信号时间，计算目标点与激光探头之间的实际距离即可求得地表点的相对高程。脉冲式激光器适合扫描大场景，其精度虽不及三角测距激光器，但是由于简单易操作，而且可以进行大尺度扫描，所以被广泛应用。

B. 三角测距的光学传感器由一个激光探头、一个镜头、一组光电二极管阵列构成。激光探头将产生的点源激光发射到地表，反射的激光被镜头聚焦到光电二极管阵列上。根据三角法则，二极管阵列上光信号的位置对应着地表该点的高程。三角测距激光探头受到 4 个参数的影响，分别为光源与镜头的距离、角度、镜头的焦距、光电二极管阵列的规模，地表点高程的计算随着这4个参数的变化而变化。三角测距式激光器得到的数据很精确，所以适合微尺度的扫描，对于地表微地形的测量效果比脉冲式好得多。

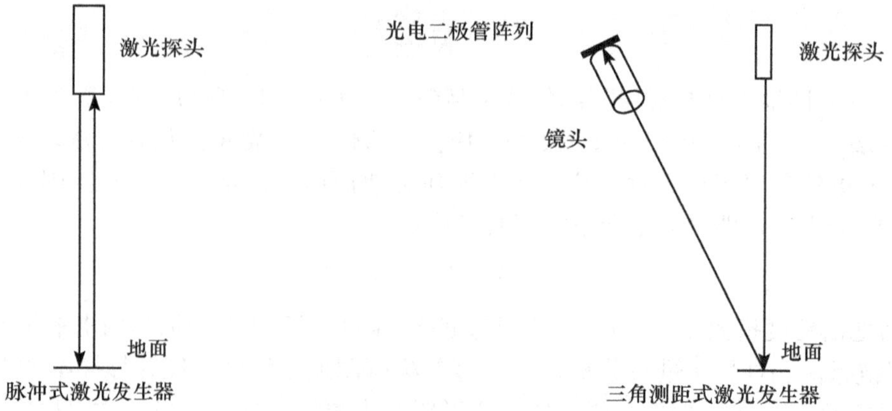

图 2-7　激光扫描技术测量地表糙度原理

（2）轨道及框架。光学传感器由电脑控制并由微电机驱动沿着一个 *X-Y* 二维轨道运动。这个轨道能使光学传感器实现点云数据的采集，通过人工输入命令、微电机驱动，光学传感器可以在该轨道上实现对地表进行阵列式扫描。激光扫描仪的测量精度受运行轨道的影响，轨道不同，测量地表点与点之间的距离 0.1～1000mm 不等。

框架主要用来固定支撑所有的设备和仪器，在框架上安装便携设备（如轮子）还可以实现扫描仪的便携性。

2）软件系统

（1）控制系统。控制系统就是电脑，由一系列的电路板及微电机等设备组成。主要用于记录、分析、处理数据，传递光学传感器的运行命令，实现光学传感器按照设定的要求移动并完成所有目标点高程数据的采集。

（2）数据处理软件。激光扫描系统的软件用来完成数据采集、拼接、计算和分析。软件设计的好坏决定了内业的自动化程度，在激光扫描仪大大缩短了外业工作的同时，软件的合理使用能让内业变得更为轻松，使研究者将更多的精力投入到研究中去，如瑞士莱卡的高清晰测量系统（HDS）、基于数字影像的数字立测图系统（Intergraph ISPM）、ESRI 的 ArcGIS 系列软件等。

（三）摄影测量法测量地表糙度

1. 摄影测量原理　摄影测量法（photogrammetry）测量地表糙度是利用地面近景摄影，根据所获得的图像信息，从图像构型的几何和物理方面进行分析研究，从而对所摄对象的本质提供各种资料，是一门以影像信息复建三维空间中物体几何表面的科学，其实质是要根据像点的位置推求出物点的位置。

2. V-STARS 系统　V-STARS 系统（Video-Simultaneous Triangulation and Resection System）是美国 GSI 公司研制的工业数字近景摄影三维坐标测量系统。该系统主要具有三维测量精度高（相对精度可达 1/200000）、测量速度快、自动化程度高和能在恶劣环境中工作（如热真空）等优点，是目前国际上最成熟的商业化工业数字摄影测量产品。它通过 V-STARS 软件处理采集好的照片来得到待测点的三维坐标，而这些照片是用一个高精度的专业相机（如美国 GSI 公司的 INCA3 相机），通过在不同的位置和方向，对同一物体进行拍摄所获取的，V-STARS 软件会自动处理这些照片，通过图像匹配等处理及相关数学计算后得到待测点精确的三维坐标。一旦处理完毕，被测对象的三维数据将会进入到坐标系统中。V-STARS 软件还内置了分析工具，三维数据可以被输出。这些被测量的物体一般是事先手动贴上回光反射标志，或者是通过投点器投射上点，或者是探测棒上的点。

V-STARS 系统可采用脱机和联机两种测量方式，即单相机系统和双（多）相机系统。根据采用不同的相机又可以分为 V-STARS/S（智能单相机系统）和 V-STARS/M（智能多相机系统）。

1）智能单相机系统 V-STARS/S　智能单相机系统的主要特点是，它不仅提供高精度的测量，而且便携。目前的最新型号为 V-STARS/S8，主要包括 1 台测量型数码相机 INCA3、1 台笔记本电脑（含系统软件）、1 套基准尺、1 根定向棒、1 组人工特征标志点（定向反光标志），如图 2-8 所示。

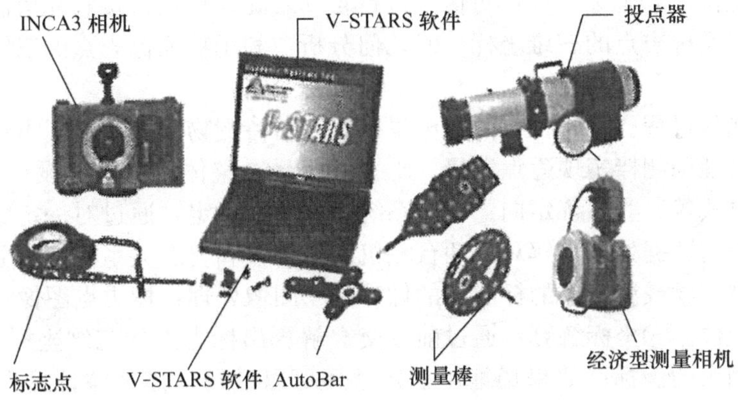

图 2-8　V-STARS/S8 系统

INCA 是 GSI 公司自主研制的测量型智能相机，它采用高分辨的 CCD 芯片获取图像，内置单片机可以实时对所拍摄的像片进行无损压缩、标志点识别等处理工作，稳固的整体机身专为工业现场而设计。该系统主要用于对静态物体的高精度三维坐标测量，测量时只需要手持相机距离被测物体一定距离从多个位置和角度拍摄一定数量的数字像片，然后由计算机软件自动处理（标志点图像中心自动定位、自动匹配、自动拼接和自动平差计算）得到特征标志点的 X、Y、Z 坐标。目前，V-STARS/S8 系统的测量精度可以达到 0.044mm。

2）智能多相机系统 V-STARS/M　该系统主要用于在不稳定的测量条件下提供实时测量。智能多相机系统目前的最新型号为 V-STARS/M8，它可以采用 2 台或 2 台以上的 INCA 相机，其最为常用的是双相机系统，主要包括：2 台测量型数码相机 INCA3、1 台笔记本电脑（含系统软件）、1 套基准尺、1 根定向棒、1 套辅助测棒、1 组人工特征标志点和 1 套联机附件（相机脚架、电缆线和控制器），如图 2-9 所示。

图 2-9　V-STARS/M8 系统

V-STARS/M8 双相机测量时通过软件控制相机拍摄像片，可以同时测量被测物体上的特征标志点集、也可以通过辅助测量棒实现单点测量，尤其适合隐藏点测量。由于是通过控制器控制相机同步曝光，故该系统尤其适合动态物体的测量，包括变形测量。另外，采用了整体光线束法平差技术，当相机脚架处于不稳定环境（如振动）中时也可以实现高精度测量。在动态测量模式下，每移动一次相机，就对被测物体上的标志点拍摄一组照片，但是，这些点必须是在物体上的一些稳定控制点，这样，相机的移动对测量产生的影响就可不计。而一般的，这个稳定的控制场是用单相机系统建立的。V-STARS/M8（双相机）系统的测量精度为 10μm。

3）V-STARS 系统测量过程

（1）单相机系统摄影测量过程。①方案设计：整体测量方案设计，包括相机选型、摄影距离、像片数量等。②粘贴标志：在待测工件上粘贴摄影反光标志。③拍摄照片：用手持相机，从不同位置和角度对工件表面的标志点进行摄影。④图像处理：标志点图像特征的自动提取与标志中心的自动定位。⑤坐标计算：对像点进行自动匹配、自动拼接和光束法平差计算，解算相机位置、姿态以及标志点的三维坐标。⑥几何分析：利用特征标志点的三维坐标进行一系列几何分析与计算。

（2）双相机测量过程。双相机有两种测量模式：对待测物体上特征标志点同时摄影实现多点同时测量；通过辅助测棒实现逐点测量。①方案设计：整体测量方案设计，包括相机摆放、摄影距离、测量方式等。②系统定向：也称系统外部参数标定，通过对一定数量的空间标志标志点和基准尺摄影与数据处理，解算出两台相机间的位置和姿态关系。③拍摄照片：软件控制双相机同步拍摄被测物或测棒上的标志点的像片。④图像处理：标志点图像特征的自动提取与标志中心的自动定位。⑤坐标解算：通过前方交会解算出标志点的三维坐标，如果使用测棒，则进一步计算出测头的坐标；如果场地不稳定，还可以进行整体平差计算进一步优化相机位置、姿态以及标志点的坐标。⑥几何分析：利用特征标志点的三维坐标进行一系列几何分析与计算。

3. Leica Photogrammetry Suite（LPS）系统

1）LPS 简介　LPS 是瑞士徕卡公司最新推出的数字摄影测量及遥感处理软件系列。它可以处理各种航天（最常用的卫星影像包括 QuickBuid、IKONOS、SPOT5 及 LANDSAT 等）及航空（扫描航片、ADS40 数字影像）的各类传感器影像定向及空间加密，处理各种数字影像格式，如黑/白、彩色、多光谱及高光谱等各类数字影像。LPS 的应用还包括矢量数据采集、数字地面模型生成、正射影像镶嵌及遥感处理，它是第一套集遥感与摄影测量在单一工作平台的软件系列。Leica 公司是这个领域中的先导。LPS 软件系统是从 Leica 的摄影测量、遥感和地球空间影像软件的核心发展而成，但却更有广度、更为丰富。LPS 是使用方便，精度更高的软件，在全球 100 多个国家都有丰富经验的工程技术人员提供技术支持。

2）LPS 结构　LPS 产品结构包括：①LPS Core 立体像对正射纠正数字摄影测量模块。②扩展模块，如 LPS Terrain Editor（TE）数字地面模型编辑模块、LPSORIMA 空间加密模块、LPS Stereo 立体观测模块、LPS Automatic Terrain Extraction（ATE）数字地面模型自动提取模块、LPS eATE（enhanced Automatic Terrain Extraction）增强的自动地形提取模块和 Stereo Analyst for ERDAS IMAGINE 基于 Erdas Imagine 的立体分析。③单机模块，包括 PRO600 数字测图模块，ERDAS Imagine Equalizer 影像匀光器。④联机模块，基于 ArcGIS 系列的立体分析。

在地表糙度测量中，主要使用ATE模块，ATE模块提供了从包含成百上千幅影像的项目区域中自动提取数字地面模型（DTM）和数字高程模型（DEM）的能力。LPSATE允许从多个影像中快速、精确地自动提取地形信息，并带有精度报告，结果如图2-10所示。

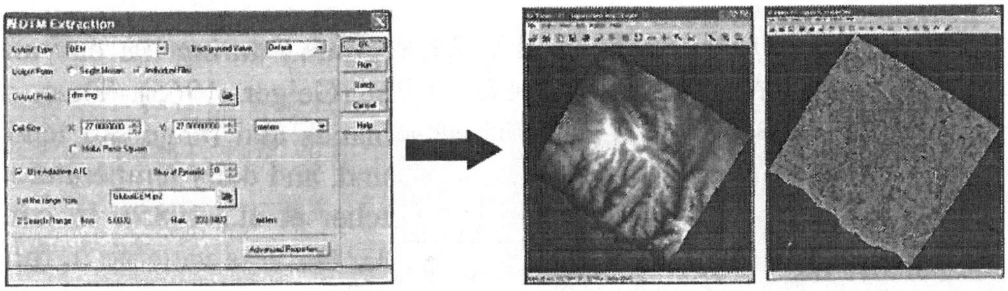

图2-10 DTM提取及分析

二、地表糙度计算

（一）随机糙度的计算

Almaras等人提出了计算随机糙度（RR）的方法，即通过测定的相对高程值，求算标准误差，再经过对数转换进行计算。为了消除机具痕迹等因素的影响，对所测数据进行调整，然后可用下式计算：

$$\mathrm{RR} = sh \tag{2-5}$$

式中，s为进行对数变换后各测点的标准差；h为地表平均高程值。

Huang和Bradford在研究糙度与地表蓄水的关系时，用该方法求算了地表糙度，结果发现，不同蓄水量的地表，其糙度值相同或相近。因此，该式仅反映了地表的垂直变化，而未包含测点之间的水平变化，故在实际中很难应用。

（二）微地形指数法

微地形指数法是Romken和Wang提出的又一种地表糙度计算方法，表达式为：

$$\mathrm{MIF} = AF \tag{2-6}$$

式中，MIF为微地形指数（microrelief index frequency）；A为微地形参数，即单位长度上，测地地表轮廓线与各测点高程值的最小二乘回归线之间的面积；F为起伏频率。

对于A相似于RR，实质上它是各高程间差异的绝对平均值，而RR是各高程间差的平方根。F是单位长度上出现的起伏频率，它取决于试验区的相对大小，是不确定的。如果一个地表轮廓，在一个较小的试验区测定，出现峰的数量将增加，这将意味着不同地形的地表，可能有着相同的MIF值，因此，该指数也不能很好地描述地表糙度。

（三）弯曲度指数法

Boriffin把弯曲度（T）作为一个糙度指数，它是地表轮廓长度和同它投影形成直线长度的比率，一般采用链条法测定，可通过下式计算：

$$T = L/L_0 \quad 或 \quad T = (L - L_0)/L_0 \tag{2-7}$$

式中，L 为地表轮廓长度（m）；L_0 为地表轮廓长度的水平投影长度（m）。但 Kamphorst 等人研究证实，该方法也不能很好地描述地表糙度特征。

（四）平均绝对高差法

该方法是 Linden 和 van Doren 在研究耕作形成的地表糙度特征时提出的。他们认为糙度应是平均绝对高差变化的结果，且可用 2 个地表参数进行描述，即 LD（有限高差，limiting elevation difference）和 LS（有限坡度，limiting slope）。它们的计算在下述分析的基础上进行：

$$\Delta Z_h = \sum_{i=1}^{n} \frac{|Z_i - Z_{i+h}|}{n} \tag{2-8}$$

式中，ΔZ_h 为绝对高差（m）；Z_i 为 i 点的高程（m）；Z_{i+h} 为 $i+h$ 点的高程（m），h 为距 i 点的距离（m）；N 为样本数。

在此基础上，经研究发现绝对高差（ΔZ_h）与水平距离间存在下列关系：

$$1/\Delta Z_h = a + b(1/\Delta X_h) \tag{2-9}$$

式中，a、b 为待定参数；ΔX_h 为水平距离（≤20cm）。这时就可定义：

$$\text{LD} = 1/a \tag{2-10}$$

$$\text{LS} = 1/b \tag{2-11}$$

并且，$(\text{LD}\times\text{LS})^{\frac{1}{2}}$ 为粗度指数最优计算式。

第四节　耕作技术的功能

在土壤生态系统中，水、肥、气、热、养分等各因素之间互相制约、共存，并处于统一的、相对平衡的状态，这种动态平衡对于作物的生长和发育是非常重要的。而土壤耕作技术正是通过外界的机械作用来改善土壤的团粒结构、容重、微地形等物理性状，从而达到控制水土流失和调节土壤肥力、提高作物产量的目的。因此，从这个意义上来讲，控制水土流失和提高作物产量是土壤耕作技术的主要功能。

一、耕作技术的蓄水保土作用

耕作技术改变了地表下垫面条件，改变了降雨及地表径流对土壤的作用方式，即延缓产流时间、减缓流速、增加土壤入渗量，从而使地表的蓄水保土效益发生明显的变化。表 2-6 反映的是黄土高原耕作措施的一些试验研究结果。

从表 2-6 可以看出，对休闲地采用不同的翻耕方法，可对径流进行不同程度的调节，并由于地表微地形的改变，进而影响到径流所引起的土壤流失量的不同。在小坡度（3°）、20m 坡长地表裸露情况下，耕作措施采用水平犁沟，其径流量和产沙量分别是普通翻耕的 71.3%和 16.2%。在坡度较陡（20°）地块，采用等高垄作种植玉米，在丰水年情况下（生长季节产流降水 410.2mm），其径流量和产沙量分别是平作的 50.9%和 22%；在枯水年（生长季节产流降水 14mm），其径流量和产沙量分别是平作的 90%和 12.2%。

可见，在土地裸露、坡度较小的情况下，采用水平犁沟；在坡度较大，以种植玉米等秋作

表 2-6 耕作措施对径流量及产沙量的影响

耕作措施	作物种类	坡度/°	坡长/m	面积/m²	试验年度	产流降雨量（P_P）/mm	(M_W)/(m^3/km^2)	净雨深（H）/mm	径流系数（A）/%	下渗量（F）/mm	径流模数（M'_W）$m^3/(km^2\cdot mm)$	径流模数（M'_W）比较/%	侵蚀模数 (M_S)/(t/km^2)	侵蚀模数（M'_S）$t/(km^2\cdot mm)$	侵蚀模数（M'_S）比较/%
水平犁沟	夏休闲	3	20	100	1960	55.0	3660	3.66	6.7	51.34	66.55	71.3	6	0.11	16.2
深翻（30cm）	夏休闲	3	20	100	1960	55.0	4790	4.79	8.7	50.21	87.09	93.3	31	0.56	82.4
普通耕翻（15cm）	夏休闲	3	20	100	1960	83.7	7810	7.81	9.3	75.19	93.31	100.0	57	0.68	100.0
套犁沟播	玉米大豆	20	30	282	1960	111.2	18 600	18.60	16.7	92.60	167.26	77.3	492	4.43	66.5
平作	玉米大豆	20	30	282	1960	111.2	21 070	21.07	18.9	90.13	189.48	100.0	739	6.65	100.0
等高垄作	玉米	20	25	141	1963	410.2	64 640	64.64	15.6	345.56	157.58	50.9	4232	10.32	22.0
等高带状间作	玉米大豆	20	25	141	1963	410.2	88 530	88.53	21.6	321.67	215.82	69.8	10 430	25.43	54.2
平作	玉米	20	25	141	1963	410.2	126 900	126.90	30.9	283.30	309.36	100.0	19 250	46.93	100.0
间作	玉米大豆	20	27	150	1962	340.2	24 570	24.57	7.2	315.63	72.22	71.8	5560	16.34	42.0
平作	玉米	20	27	150	1962	340.2	34 210	34.21	10.1	305.99	100.56	100.0	13 230	38.89	100.0
中耕培垄	玉米大豆	20	30	224	1961	124.2	10 970	10.97	8.8	113.23	88.32	86.5	392	3.15	47.7
平作	玉米大豆	20	30	224	1961	124.2	12 810	12.81	10.3	111.39	103.14	100.0	821	6.60	100.0
等高垄作	玉米	20	25	141	1960	14.0	511	0.51	3.6	13.49	36.47	90.0	14	0.97	12.2
等高带状间作	玉米大豆	20	30	141	1960	14.0	830	0.83	5.9	13.17	59.27	146.2	70	5.01	63.4
平作	玉米大豆	20	25	141	1960	14.0	567	0.57	4.1	13.43	40.53	100.0	111	7.90	100.0

注：$M'_W=M_W/P_P$；$M'_S=M_S/P_P$

物为主的情况下，采用等高垄作措施，对于减少地表径流、增大下渗水量，进而降低由此而引起的土壤流失，效果较好。

由图 2-11、图 2-12 几种耕作措施的试验研究结果可见，不同的耕作措施其径流过程、产沙过程差异显著，说明耕作措施在坡耕地上对土壤侵蚀有着较为明显的影响与拦蓄作用。

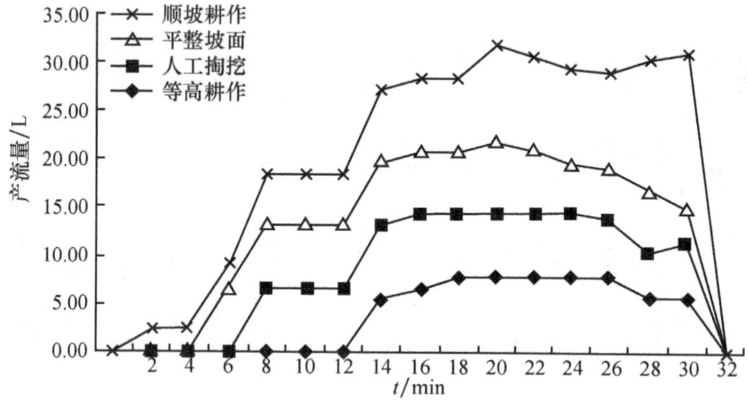

图 2-11　雨强 $I=0.87$mm/min 时不同措施的径流过程

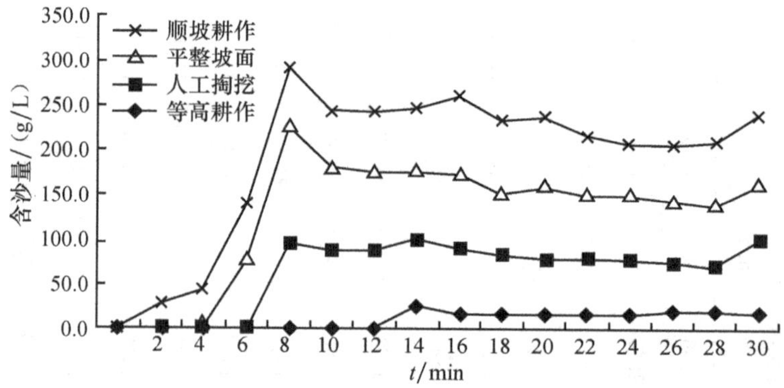

图 2-12　雨强 $I=0.87$mm/min 时不同措施的侵蚀过程

从图 2-11 可以看出，产流时间以顺坡耕作最早，随后依次为平整坡面、人工掏挖、等高耕作。从同一时刻的产流量看，也是顺坡耕作最大，次序不变，因此从拦蓄径流、增加入渗的角度讲，人工掏挖、等高耕作相对于无措施的平整坡面效果要好，为正效应；而顺坡耕作则为负效应，增大了径流量，不但不利于土壤水分的蓄积，更增大了侵蚀发生的可能性及强度。图 2-12 中各种措施的侵蚀发生时间及同一时刻侵蚀量的大小相差较大，并与图 2-11 的径流过程完全一致。这就进一步说明了耕作措施的水土保持作用，就是其对雨水及径流的调节，如果某一措施能够有利于雨水入渗，能够增大径流前进方向上的糙率，那么它就可以起到拦沙、蓄水的作用，增加的幅度越大，其作用也就越强。因此，选择恰当的耕作方式（如等高耕作、人工掏挖等）有利于坡耕地的水土保持。

二、提高作物产量

农作物的根系主要功能为吸收土壤中的水分与养分（N、P、K 和 Ca、Mg 等），充分供给作物的需要，因而作物根系在生长过程中需伸长到土壤水分与养分存在的土层中。然而在水土流失地区，由于土壤经常处于干旱缺水与养分不足的情况下，农作物根系生长和伸长受到极大障碍。所以，作物根系能否充分地吸收到足够的水分与养分则取决于土壤物理性状的好坏和作物本身的遗传特性。土壤物理性状好坏不仅影响着作物根系的顺利生长，也影响着根系向周围与下层土壤伸延，不良的土壤物理性状使作物根系禁闭在土壤结构较小的裂缝之间，作物根系不能更多地吸收土壤中的水分与养分。耕作能极大程度地改变土壤水分与物理性状，从而为作物的顺利生长与发育创造了良好的条件。因此，在广大的水土流失区适时与合理地采用水土保持耕作技术不但能有效地控制水土流失，也能够通过改善土壤的物理状况来促进作物的生长和产量的提高。

例如，川中丘陵紫色土地区的坡耕地，在等高垄作的基础上，创造了格网式垄作制，其基本原理类同于北方的垄作区田，只是在操作和作物布局上有所不同。一般采用小麦、玉米、甘薯相配套的种植模式，其具体做法是小麦和玉米顺坡开厢种植，厢宽 2m 左右；小麦收后与玉米呈垂直起垄，形成封闭垄沟结构，垄上栽培甘薯。据四川省农业科学院土壤肥料研究所的径流小区野外观测研究，以横坡垄作与顺坡垄作进行比较，径流深减少 57%，土壤侵蚀量减少 67.7%；以格网式垄作与横坡垄作进行比较，格网式垄作径流深减少 67%，土壤侵蚀量减少 68%，平均土壤侵蚀模数在 200t/km^2 以下，说明土壤侵蚀已得到有效控制。格网式垄作的粮食产量较横坡垄作平均增产 4%，甘薯可增产 15%左右。格网式垄作再加玉米秸秆覆盖的方法，其减少径流量和土壤侵蚀量的效益与非覆盖的格网式垄作基本相同，但因覆盖甘薯可增产 30%左右（表 2-7）。

表 2-7 不同耕作措施保持水土及增产效益（1992～1993 年）

处 理	年均土壤侵蚀量		年均地表径流量		年均粮食产量	
	侵蚀量/(t/km^2)	与对照相比	径流深/mm	与对照相比	产量/(kg/hm^2)	与对照相比
横坡垄作（对照）	5.46	1.00	37.08	1.00	8805	1.00
格网式垄作	1.72	0.32	12.20	0.33	9153	1.04
格网式垄作覆盖	1.45	0.27	13.86	0.37	9480	1.08
顺坡垄作	16.88	3.09	86.30	2.33		

注：径流小区面积 5m×20m，坡度为 8°；年均粮食产量为小麦、玉米和甘薯产量之和，甘薯折原粮为 5∶1

20 世纪 70 年代黄土高原的延安市，大面积推广了水平沟种植法，坡地谷子的增产量最高可由 1500kg/hm^2 增加到 3000kg/hm^2；大面积增产一般可达 30%以上。据延安市水土保持科学研究所尹传逊等设置的径流小区观测资料表明，与普通种植比较，水平沟种植可减少径流 25.1%～75.6%，平均为 29%；减少冲刷量 75%～87.8%，平均为 76.7%；粮食增产 15%～132.4%，平均为 61.2%（表 2-8）。延安市自 70 年代起推广的水平沟种植约 10 万 hm^2，平均每年增产的粮食可达 3000 万 kg。

表 2-8 坡耕地（23°）水平沟种植与普通种植效益比较

耕作措施	作物种类	试验年份	年降水量/mm	径流量		冲刷量		量效益对比/%
				m^3/km^2	对比/%	t/km^2	对比/%	
普通种植（对照）	黄豆	1988	672.3	65 720	100	8753.3	100	100
	谷子	1989	429.2	820	100	5.1	100	100
	糜子	1990	636.8	46 100	100	4040.0	100	100
	谷子	1991	458.3	14 136	100	3337.5	100	100
		平均	510.6	31 694	100	4034.0	100	100

续表

耕作措施	作物种类	试验年份	年降水量/mm	径流量		冲刷量		量效益对比/%
				m^3/km^2	对比/%	t/km^2	对比/%	
水平沟种植	黄豆	1988	672.3	49 200	74.9	2228.4	25.5	115.0
	谷子	1989	429.2	200	24.4	0.6	12.2	162.0
	糜子	1990	636.8	30 732	66.7	1010.0	25.0	135.4
	谷子	1991	458.3	9936	31.3	514.3	12.7	232.4
		平均	510.6	22 517	71.0	933.3	23.3	161.3

思考题

1. 什么是水土保持农业耕作技术？它包括哪些主要内容？
2. 怎样制定耕作制度？
3. 如何进行耕作措施特征的描述？
4. 水土保持农业耕作技术有哪些作用？

第三章　保护性耕作技术

【内容提要】 保护性耕作强调的是地面覆盖、少耕和免耕，也是水土保持农业技术的主要措施之一。本章主要介绍了保护性耕作技术的类型，机械配置和农田病、虫、杂草的防治等内容。在此基础上，分析了它的功能作用。

保护性耕作（conservation tillage）起源于美国的两次“黑风暴”事件。19 世纪末，大批移民移居到美国中部平原地区，在农业生产中，他们采用传统的翻耕压耙耕作技术，对秸秆采取焚烧或者放牧的处理方式，从而导致了该地区的草原植被破坏、土壤侵蚀加剧、土壤有机质含量降低、土壤结构破坏等。当干旱来临时，发生了震惊世界的“黑风暴”，造成该地区大面积作物减产，甚至有的农田颗粒无收。此事件提醒人们对常规耕作技术重新认识，推动了耕作方式的变更，保护性耕作也就应运而生。但迄今为止，人们对它还没有形成一个较为统一的概念。

1984 年，美国保护性耕作信息中心（CTIT）给出了目前普遍使用的保护性耕作的定义，即“保护性耕作是指播种后地表残茬覆盖面积在 30%以上，免耕或播前进行一次表土耕作，用除草剂控制杂草的耕作方式”。

我国学者在多年研究的基础上将保护性耕作定义为：以水土保持为中心，保持适量的地表覆盖物，尽量减少土壤耕作，并用秸秆覆盖地表，减少风蚀和水蚀，提高土壤肥力和抗旱能力的一项先进农业耕作技术。它以减少土壤体系破坏为原则，考虑以较低能耗和物质投入来维持作物相对高产并可获取较高利润，是一种具有生态保护意义的持续性农业形式。

在已有研究的基础上，2005 年成都召开的全国保护性耕作研讨会上进一步提出了保护性耕作制（conservation farming system，CFS）的概念，即：以保护农田水土资源和环境健康为核心，以建立土壤轮耕技术体系和多元化覆盖技术体系为关键，减少水土侵蚀。总体来看，减少了耕作次数，从而减少或控制了风蚀、水蚀等水土流失的耕作方式都可属于保护性耕作的范畴。

目前，人们普遍认为保护性耕作可概括为“秸秆覆盖、免耕播种、以松代翻、化学除草”几个主要技术环节。因此，保护性耕作中的耕作、病虫害防治和机械配置等技术就成为其核心技术。

第一节　覆盖耕作技术

一、覆盖技术

覆盖（mulch cultivation）是将各种材料铺盖在作物株行间或裸露的地表上，以达到蓄水保墒、抑制杂草、调节地温、减少土壤水分蒸发为目的的水土保持农艺措施。按当前使用的材料，可进一步分为青草覆盖、地膜覆盖、留茬覆盖、秸秆覆盖、砂田和化学覆盖等。

（一）青草覆盖

青草覆盖（grass mulch）是湖北省片麻岩山地区花茶园中采用的一种保持水土的方法。

在中低山区，林草丰茂，山场面积大，夏秋季节割青草覆盖在地面上，覆盖厚度10～15cm。这样既防止了雨滴打击，又保持了土壤墒情，减少了中耕环节。现在黄土高原的一些果园中，也有采用此种方法来防蚀保墒的。另外，果园生草也可归为此类。

果园生草有两种方式。一是果园全园地面生草；二是定植带内清耕、行间生草，无论采用哪种生草方式，首要的问题是适宜草种的选择。目前，在黄土高原果园中示范种植的禾本科类草种主要有黑麦草和高羊茅等，豆科类草种有三叶草、毛茹子、小冠花、紫花苜蓿、草木樨等。这些草种在春、夏、秋三季均可播种，但以春季播种为好，4月中、下旬至5月中、下旬，选择降雨或灌溉后土壤墒情好时播种，也可在雨前抢时播种，地温15～20℃时出苗最好。遇到春旱年份，可在秋季多雨时节临时播种。三叶草、黑麦草和高羊茅等，一般播深3～5cm，每亩用籽量0.5kg左右。干旱地区宜开水沟条播，种子覆土一定要为细粉状，播种前可每亩施过磷酸钙10～20kg。紫花苜蓿和草木樨，亩用籽量1～1.5kg，种前要进行种子处理。小冠花可采用种子播种和根条繁殖两种方法。毛苕籽，亩用量3～5kg，播深5cm左右，播前亩施过磷酸钙15～25kg。

（二）地膜覆盖

地膜覆盖（film mulch）是利用塑料薄膜覆盖农田地面的栽培技术，称之为地膜覆盖种植法，简称地膜覆盖。现在全国不少省份采用该项技术栽培小麦、玉米、棉花、甘薯、甜菜、烟草、向日葵和花生等作物，均获得明显的增产效果。地膜覆盖有多种形式，大致可根据覆盖位置、栽培方式分为行间覆盖、根区覆盖、平作覆盖、畦作覆盖、垄作覆盖、沟作覆盖等。

行间覆盖是指把地膜覆盖在作物行间，又分为隔行行间覆盖与连续行间覆盖。隔行行间覆盖是指将作物行间以覆盖带与不覆盖带依次排列；连续行间覆盖指在每一播种行行间均覆盖。

根区覆盖是指作物根系分布的部位用地膜覆盖，又可分为单行根区覆盖和双行根区覆盖，单行根区覆盖是指按照单一播种行作一幅地膜覆盖；双行根区覆盖是指以两行播种行与期间的一个行间为一单元进行一幅地膜覆盖。

平作覆盖是指直接将地膜覆盖在土表，将膜两侧边10～15cm压埋于土床两侧的沟内，不大量翻动土壤。生产上多采用膜内两侧双行平作播种，一般窄行33～40cm，宽行60～66cm，地膜覆盖在窄行的两行作物上。

畦作地膜覆盖是指作畦整地，将地膜覆盖在畦上，分为平畦覆盖和高畦覆盖。高畦覆盖多在南方地区使用，畦面中央部位稍高于畦面两侧，土床断面多为梯形和圆拱形，特殊要求的有屋脊型。具体做法是用地膜将高畦包封起来，将膜两侧分别压埋于畦两侧预先挖好的沟内，畦上种植两行或多行作物。

垄作覆盖是北方多采用的形式，生产中多为一垄覆盖种两行作物和一垄覆盖种一行作物。因垄高不同，又分为高垄双行覆盖和低垄双行覆盖。高垄双行覆盖垄高约为16cm，垄宽66～80cm，垄上覆盖地膜，每垄种两行作物，适合雨量多的地区或下湿地及水源充足的灌溉区使用；低垄双行覆盖采用宽窄行种植，在窄行上起垄，垄高6～10cm，垄宽66～80cm，垄上覆膜，每垄种植两行作物，适合在雨量较少的旱地或水源不足的补充灌溉区。

沟作覆膜分为平覆沟种和沟覆沟种。平覆沟种是指在播种前开沟，沟深约为7cm，沟宽约为12cm，沟内播种，然后在沟上覆上地膜，适合半干旱地区旱作田或补充灌溉地；沟覆沟种是在播前起垄造沟，垄高约15cm，垄宽约65cm，垄间沟宽约80cm，播前沟内灌水压碱，沟内播种，沟内覆膜，适合于有灌排条件的盐碱地区使用。

采用地膜覆盖栽培应注意必须配合增施各种肥料，以防生长后期养分供应失衡和肥力下降。此外，还要防止薄膜残片残留田间造成的“白色污染”等。

（三）留茬覆盖

留茬覆盖（stubble mulch）技术仿照森林生态原理，在农田收割作物时，把茬子留得高一些（小麦 10cm、谷子 15cm、玉米 20cm），不耕地，用农作物秸秆或其他杂草覆盖地面。留茬相当于灌木的根茬，所覆盖的秸秆或杂草相当于枯枝落叶，拦蓄降水，减少蒸发，使自然降水得以“就地拦蓄，就地入渗”，不产生地表径流，也使风蚀强度大大降低。

（四）秸秆覆盖

利用作物秸秆覆盖（straw mulch），一方面避免了雨滴对土壤表层的直接冲击，保护了表层土壤的物理结构，防止板结，保障与提高了土壤水分入渗和持水力，另一方面阻断了土壤直接暴露于大气，大大减弱了土壤空气与大气的交换，从而有效抑制了土壤水分的蒸发，因此对改善农田水分状况有重要的意义。秸秆覆盖因减少了水分蒸发损失且被作物有效利用，所以也显著地提高了作物产量和水分利用率。农田秸秆覆盖量以盖匀、盖严地面但不压苗为准，覆盖量一般为 3750～15000kg/hm^2，可以根据实际情况而定。一般地，在农闲期间覆盖量多，作物生育期覆盖量少；高秆作物农田覆盖量多，矮秆密植作物农田覆盖量少；所用材料粗长则覆盖量多，所用材料细碎则覆盖量少。

北方旱地农业区夏季降水多，蒸发损失也最强。根据覆盖季节，可分为春季覆盖、夏季覆盖、冬季覆盖。实践证明，夏季覆盖保墒效果最好，其次是冬季覆盖，再次是春季覆盖。根据覆盖时间长短，覆盖可分为作物生长期覆盖、休闲期覆盖与周年覆盖。生长期覆盖的时间和方法要依作物而定，冬小麦可在播种后出苗前、冬前及返青前覆盖，冬前覆盖效果最好。春播作物生育期覆盖时间因作物而异，玉米以拔节初期（小喇叭口）、大豆以分枝期、棉花以花蕾期为宜；覆盖前可结合中耕、除草、施肥等作业，把秸秆均匀地覆盖在株间或行间，收获后将秸秆翻压还田。

休闲期覆盖以蓄水保墒为主，分为夏闲期覆盖和冬闲期覆盖。北方一年一熟旱区多采用夏闲期覆盖，夏闲期是北方雨季，覆盖能有效抑制蒸发，减少径流，为秋播作物冬小麦蓄积水分。具体做法是：在上茬小麦收获后，及时浅耕灭茬，耙耱整地，然后将小麦秸秆碎秆后覆盖在地表，覆盖量一般为 4500～7500kg/hm^2，以均匀严实为准。

周年覆盖是指全年内持续覆盖。冬小麦周年覆盖一般从农田夏闲期耕后起覆盖，于冬小麦播前翻压，播后至越冬前继续覆盖直至收获，覆盖量为 3000～5000kg/hm^2；春玉米自上年玉米收获秋耕后起，第二年春播前整地或免耕时去掉覆盖材料，播后继续覆盖直至收获，覆盖材料多为玉米秸秆，覆盖量约为 4500kg/hm^2。

（五）砂田

砂田（gravel mulch）也称砂石覆盖，是将卵石、砾石、粗砂、细砂等作为覆盖材料铺在经过深耕、施肥、压平作业后的农地上的一种耕种法。砂石覆盖法是我国西北半干旱区的一种传统抗旱保墒增产技术措施，主要分布在兰州市周围砂石来源广的一些县区；此外，在青海省东部农区、山西省部分地区及甘肃定西地区也有分布。采用这种措施的农田叫砂田或石田。砂田使用寿命长（从几年、十几年到四五十年不等），地温高，通气性好，成本低，克服了秸秆覆盖、地膜覆盖等的某些缺点，是一项蓄水保墒、防旱抗旱、提高地温、保护土壤、保障作物稳定生长及有效增产的良好措施。

砂田根据有无灌溉条件分为水砂田和旱砂田，水砂田寿命短，一般 4～6 年，旱砂田寿命长，一般 30～40 年，甚至更长。根据砂田性状分为卵石砂田、破石砂田和绵石砂田，其中卵石砂田质量最好，不板结、保墒好，耕管方便。根据使用寿命分为新砂田、中砂田和老砂田，一般旱砂田 20 年前为新砂田，20～40 年为中砂田，长于 40 年为老砂田；水砂田砂土易混合，砂田易老化，一般 3～4 年为新砂田，5～6 年为中砂田，7 年以上为老砂田。

砂田铺砂程序为：首先是选地，选地标准应该是土壤肥沃平坦的土地；其次是整地，整地要精细，先平后翻耙耱，再压实；然后是施肥，即将肥料撒于土壤表面，不作混合；最后要压砂，铺砂要薄厚均匀，压砂时间最好是在冬季土壤冻结后，以免压砂时压坏土壤，造成砂土混合。

砂田耕种时采用特制的农具，即用耖来松砂，注意不扰动砂下土壤层；用双腿播种耧或单腿播种耧播种，将种子条播在砂下的土层，旱砂田适合播种各种谷类作物，或将砂层按照穴播穴位移开，把种子种到穴内后再还原，水砂田适合种蔬菜、瓜果；根系粗大的作物如玉米等清除秸秆时易引起砂土混合，减少砂田寿命，很少在砂田内种植。新砂田种植作物一般不施肥或只追施液肥或化肥；中老砂田可以补施有机肥，操作时将田面划分为若干条带，然后按条带分别把砂石移开，施肥结合翻耕混匀肥料之后，经整平压实，再铺上砂石，这个过程叫“喂粪”。

砂田在种植过程，因耕作方法不妥当，或砂石质量不好，或施肥、灌水技术不当等原因，易引起砂土混合，导致砂田功能减弱，土壤肥力降低，作物产量下降，这种现象称为砂田老化。老砂田必须更新，也即将原来的砂层清除出去，重新深翻、施肥、铺砂、压砂。

（六）化学覆盖

现代农业科技对农业生产的影响和贡献越来越大，在土壤保水方面，目前已取得了一些成绩。

1. 保水剂保墒 保水剂（super absorbent polymer）也称吸水剂，是一种具有强吸水保水能力的高分子材料，吸水数量能达自身重量的几十倍、几百倍甚至上千倍不等，目前主要有淀粉类、纤维素类、聚合物类的保水剂。产品半径一般在 0.4mm 以下，呈白色或黄色粉末，加工后可成片状、纤维状或液体状。保水剂具有高的吸水性能，吸水 5min 内可达最大吸水量的 80%以上，10min 后可接近最大吸水量；保水剂吸水后溶胀成为水凝胶，与水分亲和力大大增强，也具有强的保水性；此外，保水剂吸水后在适当的条件下可缓慢地释放水分，逐渐收缩还原至原有吸水性能，因此具有吸水和释水的双重性能，为其实际利用奠定了更高的价值基础。

保水剂施入土壤可以保墒。首先是因为保水剂施入后能有效地抑制土壤水分蒸发，减少土壤水渗漏和地表径流；其次，保水剂吸水后膨胀引起土壤体积增大，可以调节土壤三相比，改善土壤物理性状，提高持水力。因此，砂土或砂壤土中施入保水剂可以通过增加土壤液相比而获得较高的持水性。目前，保水剂主要是以包衣、蘸根、拌种的方式使用或直接施入土壤。

2. 抗蒸腾剂保墒 如果说保水剂是一种直接保墒的化学制剂，那么抗蒸腾剂（anti-transpiration）就是一种间接的保墒化学制剂。根据研究，植物吸收的几乎 99%的水分会通过表面蒸腾而进入大气中，通过施用植物抗蒸腾剂能有效抑制蒸腾作用，可以间接地减少土壤水分的损耗，相对增加土壤水分。因此，旱地农业生产中利用抗蒸腾剂，能大大缓减干旱地区水分紧张的状况。生产中利用的旱地龙就是一个范例，其主要成分是黄腐酸，可以拌种或叶面喷施。

此外，土壤结构改良剂也能使土壤保墒。它是一种田间化学覆盖剂，由一种高分子化学物质制成的乳状液，可直接喷洒到土壤表面，喷施后能很快形成一层覆盖膜，起到类似秸秆、地膜、砂石对土壤覆盖保墒的作用，也称液体覆盖膜。

二、深松耕技术

深松耕（deep digging）是采用无壁犁、深松铲只疏松耕层而不翻转耕层的一种土壤耕作法。犁被称为松土犁或深松犁。这一技术包括了以下两种措施：

（一）全面深松耕

全面深松耕（broadcast deep digging）就是应用深松犁全面松土。松耕后耕层呈较均匀的疏松状态。此法需要动力较大，适合配合农田基本建设，改造耕层浅的粘质硬土。

全面深松要求土壤含水率在15%～22%，深松时间应在前茬作物收获后立即进行，作业中深松一致，不得有重复或漏松现象。深松深度一般为35～50cm，通常3～5年深松一次。若天气过于干旱时，还应进行增墒。

（二）局部深松耕

局部深松耕（part deep digging）是采用杆齿、凿型铲或铧形铲进行松土与不松土间隔式的局部松土，松后地面呈疏松带与紧密带相间的状态。这种方法可以在播种前休闲地上进行，也能在苗高20～30cm时的行间进行。由于耕层内同时存在疏松与紧实间隔的条带，既有利于降水的及时渗入，也有利于土壤水分上升而满足作物生长需要。坡耕地进行局部深松耕，因紧实带存在，可以有效阻止渗入耕层的土壤水分顺犁底层在耕层内向坡下流动。疏松带也利于好气性微生物活动，利于耕层土壤有效养分的形成积累。因此，局部深松耕法有明显的蓄水和增产效果。

局部深松也要求土壤含水率在15%～22%，深松间隔应根据当地种植作物的行距及当年降雨量确定，如降雨量较大且相对集中，则深松间距宜小，反之则间距宜大。一般小麦选择30～60cm，玉米40～80cm。深松时间应选择前茬作物收获后立即进行，深松深度为23～30cm，深松后地表应无沟无痕。一般3～5年深松一次，若天气过于干旱时，还应注意增墒。

三、少免耕

与传统耕作相比，耕作次数减少，或不耕作的技术措施均属于少免耕。

（一）少耕法

少耕（less-tillage system）是指在一定的生产周期内尽量减少耕翻次数，如将每年深翻一次，改为隔年深翻一次或三年深翻一次。当少耕与其他措施结合使用时，还可形成以下类型。

1. 深松少耕法　这一类型与深松耕作法相同。

2. 少耕覆盖耕作法　该方法是云南省农业科学院试验成功的一项适用于热带北缘和亚热带地区的保护性耕作技术，具体的做法是：前作小麦收割后不翻地整地，用牛或开沟机开出玉米播种沟，沟宽 20cm，沟深 15～20cm，沟距（即玉米行距）80～100cm，沟间保留残茬。播种沟要求深厚、细碎、松软。玉米出苗后 20～30 天铲草皮一次。同时，每亩用作物秸秆 750～1000kg 覆盖地面，或在玉米间播种满园花、一年生草木樨等作为覆盖作物，直至收获不再深中耕高培土。玉米收后，清除地面杂草，不翻地整地，用人工开深度 15～20cm 的小麦播种沟，条播小麦，盖上秸秆即可，增产效果非常明显。

3. 搅垄耙茬　搅垄耙茬是在麦收后用耙将地耙深耙透，使根茬和表土充分混合，然后打垄。8 月中旬搅头遍，形成张口垄，以利接纳降水、诱发杂草，待杂草未成熟前扶一遍垄，以杀草。第二年春，大豆出苗前进行垄沟深松，有增温效果。由于它不翻转土层，肥土集中，土壤水分散失少，因而适于低温冷凉及需要垄作的情况下应用。

4. 硬茬播种　硬茬播种是在半湿润偏旱的华北及关中地区，一年两熟的情况下，于冬小麦收割后复种夏玉米时所常采用的一种保墒耕作方式。即在冬小麦收割后的茬地，按照玉米行距，沿麦垄行间用冲沟器（耠子或独犁）冲沟播种。待苗高至 15～20cm 以后，再于行间进行浅耕或深中耕，以接纳伏雨并进入正常管理。这种耕作方式既可减少犁地时的土壤水分散失，又可保证早播及全苗，有利于夏玉米的生长及高产。

5. 垄作深松耙茬耕作　垄作深松耙茬耕作是在垄作地区，在垄作的基础上结合使用机械，并根据实际情况（原有耕作基础、土壤肥力、湿润情况等），采用原垄深松、耙茬深松、垄翻深松和中耕深松等。前三类是在春、秋休闲期间进行，中耕深松在苗期或作物生长期进行。

6. 轮耕　这种耕作是利用深耕后效，变连年翻耕为隔一定时间翻耕，对深耕后播种的茬地，只行旋耕或深松或两者结合进行。耕作时尽可能保留残茬覆盖地面。耕后平播或垄作。在已行垄作的基础上，则深松、垄翻、耙茬结合进行，要求秋天不动土或少动土，春天也以少动土为宜，减少耕作次数，以能达到保墒又能松动土层即可。连续深松或表土耕作——旋耕、耙茬，第二年、第三年后再进行翻耕，如此进行轮耕。

（二）免耕法

免耕（zero tillage system）也称零耕作。它是在秋季收获玉米，同时将玉米秸秆打碎，留在地面上作覆盖，近冬或早春将硝酸铵和磷、钾肥撒在冻土上。播种时，用免耕播种机开播种沟（6～7cm 宽，2～4cm 深）播种玉米，土壤杀虫剂与肥料混施，除草剂在播种后喷撒。可见，免耕是以秸秆覆盖（生物措施）代替土壤耕作。这样，保持了土壤的自然构造，增加了贮水量，使有益微生物的群落繁殖起来，增加土壤有机质、水稳性团粒含量，从而防止了土壤风蚀和水蚀。另一方面是以化学措施（除草剂、杀虫剂、杀菌剂）代替土壤耕作（如除草作业和翻埋害虫及病菌孢子）。

保护性耕作的基本要求是少动土，保水保肥。对于地表有残茬和秸秆覆盖且紧实的土壤要求具有良好的开沟技术，这是保证免耕播种的关键。

目前，保护性耕作技术中采用的开沟技术有：①移动式破茬开沟技术。应用窄形锐角开沟器开沟，一般要求开沟深度为 10cm 左右，实现肥下种上的分层施播。小麦类作物根茬小，对窄形开沟器的阻力也小；玉米的根系虽然大，但主要集中在地表 4～7.2cm，开沟 10cm 深度可将根茬挑起，顺利实现破茬开沟。②滚动式破茬开沟技术。目前应用较多的为圆盘式破茬开沟。圆盘式破茬开沟是利用一定的正压力将圆盘沿地表滚动，切开根茬和土壤，实现播种、施肥等。平面圆盘如果与播种机组平行，则圆盘的作用只是切开根茬、切断杂草和秸秆，在地表切出一道缝隙，后面另有开沟器用于播种。若平面圆盘与播种机组前进方向有一定夹角，则可直接在圆盘所开的沟内播种、施肥。③动力驱动式破茬开沟技术。是利用牵引装置动力输出轴，驱动安装在播种机开沟器前方的旋转轴，通过旋转轴上的旋耕刀、缺口圆盘等旋转入土破茬，此技术应用较为广泛。

保护性耕作时地表会有大量的秸秆覆盖，播种的时候会在开沟器上缠绕和在开沟器间堆积造成堵塞，致使播种作业无法正常进行，播种的质量无法得到有效的保障。因此，免耕播种过程中防止堵塞也是播种中的重要环节，应给予高度的重视。目前，免耕播种施肥中的防堵塞技术有：①采用圆盘滚动式开沟装置防堵。此法具有良好的防堵性能，但是由于圆盘开沟器需要较大的正压力，使其具有播种机质量加大、种肥分施能力差等缺陷。但从防堵角度看，圆盘滚动开沟技术优于移动式开沟技术。②粉碎秸秆、加大开沟器间距防堵。播种前对秸秆进行粉碎是防止缠绕和堆积的有效手段，覆盖的长秸秆越少，缠绕的可能性就越小。实际上，即使在开沟器上有部分秸秆缠绕，如果开沟器间距足够大，也会在播种机前进的过程中受到一侧较大的牵阻力而脱落，不会造成堵塞；如果开沟器间距小，即使只有少量秸秆缠绕，两个开沟器上的秸秆也会容易交缠在一起造成秸秆堆积，必然会发生堵塞。所以，加大开沟器间距使秸秆有足够的空间通过，可有效地防治堵塞。③非动力式防堵技术，又称为被动式防堵技术。在行距较大的宽行播种机上，加装非动力式防堵装置，增强防堵能力。常用的防堵装置有开沟器前加装分草板、分草圆盘（一般为凹面圆盘）。播种作业时，分草板或者分草圆盘将种行上经过粉碎的秸秆推到两边，减少开沟器铲柄与秸秆的接触，实现防堵；也有的是在开沟器前方加装呈“八”字形布置的分草轮齿，在播种作业中，利用轮齿将播种行上的秸秆向侧后方拨开，实现防堵。这种技术有一定的防堵效果，适合于粉碎后秸秆量较大条件下的玉米播种。④动力驱动式防堵技术，又称主动式防堵技术，是利用牵引装置动力驱动安装在开沟器前的防堵装置，通过对秸秆进行粉碎、抛撒等作用实现防堵。另外，还可以在播种开沟器前安装粉碎直刀，利用动力驱动高速旋转，将开沟器前方的秸秆粉碎，并利用高速旋转的动能，使粉碎后的秸秆沿保护粉碎装置的抛撒弧板抛到开沟器后方，实现防堵。这种防堵技术既具有良好的防堵效果，又符合保护性耕作技术的要求，应用较为广泛。

保护性耕作中的种肥分施技术是作物生长、高产的有力保障，为防止烧苗，必须肥、种分施，且要求肥、种有一定的间隔。肥、种分施有侧位分施（一般为测深施，即化肥施在种子侧下方）和垂直分施（即化肥在种子的正下方）两种。侧施肥的优点是种、肥不同沟，种子深度容易控制；缺点是要开两个沟，会增加地表的破碎程度，对土壤的扰动加大，而且另外增加的开沟装置，使得秸秆通过的空间缩小，增加堵塞的可能性。垂直分施只需要一次开沟，对地表的破坏相对较小，播种机在秸秆覆盖条件下的通过性较好。但垂直分施需要深施肥后的自然回土，以保证肥、种间距，自然回土不可能完全一致，播种的深度变异较大。垂直分施时，开沟深度一般要求在 10cm 左右，会增加播种阻力。不管采用哪种分施方式，我国北方目前农业生产中一般保证种、肥间距为 4～6cm。

免耕播种时，还要考虑覆土镇压技术。由于开沟时，土壤质地相对贫瘠，含水量不合适的土壤会出现较大的土块，这种土块不仅会影响到播种深度的均匀性，还会出现种子与土壤接触不实，造成种子出苗率低而影响到作物的产量。因此，实施保护性耕作中要对土壤进行压碎、压密。目前免耕播种中对土壤的镇压多采用镇压轮，利用镇压轮的自重对土块进行适当的压碎、压密，保证出苗率。

免耕施肥播种时，还应注意种子和化肥的准备。良种是丰收的基础，因此，在播种前，应该挑选适合当地农业生产条件的良种。另外，为了避免排肥器堵塞和确保施肥量的精准，要尽量使用颗粒肥。

四、保护性耕作技术模式

大量的科学试验证明，保护性耕作虽然具有保水、保土、保护生态环境以及增产、增收，促进农业可持续发展的综合效应，但其效应能否得到充分的发挥，关键还在于保护性耕作技术体系选择是否恰当，操作是否合理。因此，不同的气候类型区，不同种类的作物，应有相应的由核心技术和配套技术集成的保护性耕作技术体系。农业生产实践表明，一个地区，一种作物，如果保护性耕作技术选择不当，操作也不合理、规范，则无法实现其保土、保水的效果，也达不到增产、增收的目的。

（一）一年两熟制保护性耕作技术模式

该模式为：小麦收获→小麦秸秆处理→玉米免耕施肥播种→玉米生育期田间管理→玉米收获→玉米秸秆粉碎覆盖→深松→表土处理→小麦免耕施肥播种→小麦生育期田间管理。具体的作业技术要求是：

1. 小麦收获作业 ①小麦收获作业条件：籽粒含水率15%～20%，土壤含水率<25%。②小麦收获作业机具：联合收割机、割晒机。③小麦留茬高度：20～25cm。

2. 秸秆处理作业方法与质量 用秸秆还田机将田块的秸秆和残茬粉碎覆盖，秸秆捡拾或均布后残茬覆盖，质量要求见表3-1。

表3-1 秸秆还田作业质量指标

项 目	麦 类	玉 米
合格切碎长度/mm	小麦≤150	≤100
合格切碎宽度/mm	≤10	≤10
切碎长度合格率/%	≤80	≤10
残茬高度/mm	≤150（麦茬地夏玉米免耕播种）	≤80
抛撒不均匀率/%	≤20	≤20
漏切率/%	≤1.5	≤1.5
作业后田间状况	秸秆切碎后应达到软、散，无圆柱段和硬节段，抛撒均匀，不得有堆积和条状堆	

3. 玉米免耕施肥播种作业方法 在秸秆粉碎覆盖田块，用玉米免耕施肥播种机一次完成开沟、施肥、播种、覆土和镇压作业；而在残茬覆盖田块，则选用多功能旋播施肥机一次完成开沟、施肥、播种、覆土和镇压作业，质量指标见表3-2。

表3-2 一年两熟区玉米播种作业质量指标

项 目	指 标
播种后秸秆覆盖率/%	≥30
小麦播种深度/cm	3～5
玉米播种深度/cm	4～6

续表

项目		指标
种肥间距	下位施肥/cm	≥5
	侧位施肥/cm	≥4
播种深度合格率/%		≥75
种肥间距合格率/%		≥95
各行排量一致性变异系数/%		≤3.9
总排量稳定性变异系数/%		≤1.3
其他作业要求符合 GB/T9478—1988		

4. 收获作业方法与质量 收获时留秸秆或粉碎覆盖；收获作业质量符合 NY/T645—2002 规定。

5. 秸秆处理作业方法与质量 用秸秆还田机对直立在田块的秸秆或机收时已粉碎但未达到要求的秸秆进行粉碎覆盖；玉米收获后整秆覆盖；玉米秸秆粉碎作业质量符合 NY/T500—2002 规定。

6. 深松及表土作业（选择性作业） 当存在下列条件之一时，要进行深松作业：①首次实施保护性耕作的田块；②耕作层壤土容重＞1.3g/cm^3、粘土容重＞1.4g/cm^3 的田块；③需要以深松作业保水保土的田块。

深松作业方法：局部深松，深松间距为 40～80cm，深度为 25～30cm；全面深松，深松深度为 25～30cm。

7. 表土处理（选择性作业） 当存在下列条件之一时，要进行表土作业：①地表秸秆量过大、杂草较多，影响播种机播通过性能的田块；②地表不平整，影响播种作业质量的田块；③地表层壤土容重＞1.3g/cm^3、粘土容重＞1.4g/cm^3 的田块；④施入农家肥的田块。

表土作业方法：机械、人工捡拾或均布秸秆；浅旋、浅耙，作业深度≤10cm。

8. 小麦免耕施肥播种作业方法 ①在粉碎覆盖田块，用多功能旋播施肥机一次完成开沟、施肥、播种、覆土和镇压作业或先撒施肥料，用旋耕机进行表土浅旋作业，再用播种机一次完成开沟、播种、覆土和镇压作业；②在粉碎覆盖田块，用免耕施肥播种机一次完成开沟、施肥、播种、覆土和镇压作业；③在整秆覆盖田块，用多功能免耕旋播施肥机或秸秆粉碎覆盖免耕施肥播种机一次完成秸秆粉碎、开沟、施肥、播种、覆土和镇压作业。

（二）一年一熟制保护性耕作技术模式

该模式为：小麦收获→秸秆处理→深松（选择性作业）→休闲期杂草控制→表土处理（选择性作业）→小麦免耕施肥播种→小麦生育期田间管理。具体的作业技术要求是：

1. 小麦收获作业方法与质量 联合收割机收获并留高茬；留茬高度＞20cm。

2. 秸秆处理作业方法与质量 用秸秆还田机将田块的秸秆和残茬粉碎覆盖；用秸秆粉碎深松机进行秸秆粉碎深松作业；残茬覆盖。作业质量达到小麦秸秆粉碎和覆盖率要求。

3. 休闲期杂草控制 用机械、人工等方法控制杂草。除草剂控制杂草时应做到：①根据当地杂草种类选用除草剂类型，确定施药量和除草作业方法；②前茬作物收获后，尚未出现草情时适时喷洒封闭型除草剂；③田间出现两叶龄草以上草情时，喷洒封杀结合型除草剂；④漏喷、重喷率≤5%。

4. 小麦免耕施肥播种作业方法 用免耕施肥播种机一次完成开沟、施肥、播种、覆土和镇压作业。

（三）一年一作制春玉米保护性耕作技术模式

该模式为：松土（选择性作业）→表土处理（选择性作业）→玉米免耕施肥播种→玉米生育期田间管理。具体的作业技术要求是：

1. 收获作业方法与质量 方法是用联合收获机收获，或人工摘穗留秸秆。收获作业质量符合 NY/T645—2002 规定。

2. 玉米秸秆处理作业方法和质量 整秆旋耕覆盖：秸秆粉碎覆盖，浅耙（旋）镇压，残茬覆盖。作业质量符合玉米秸秆粉碎作业质量和玉米免耕施肥播种作业质量要求。

3. 作物生育期田间管理 ①出苗检查：苗出全后，及时检查并根据出苗情况进行间苗、补苗或补种。②除草：有机械除草和化学除草两种。③病虫害防治：种子包衣或拌药处理；病虫害预测预报并防治。④施药技术要求：农药使用符合 GB4285—89、GB/T8321.1—87 规定。⑤灌溉：作物生育期，根据降雨量情况按灌溉技术要求适时灌溉。⑥追肥：小麦越冬前和孕育期、玉米拔节至大喇叭口期，根据地力和作物生长情况追施固体或液体肥料。固体肥料追肥部位离植株水平距离为 8～10cm、深度为 8～10cm，追后覆土覆严；液体肥料随灌溉水施入或进行叶面喷施。

第二节 保护性耕作中的机械配置

一、保护性耕作中的机械配置

保护性耕作方式可分为地表作物秸秆和残茬处理、合理深松、免耕施肥播种、使用化学药剂进行杂草控制和病虫害综合防治等，不同的耕作方式对应不同的机械配置，依据机械功能可分为以下几种。

（一）免耕或少耕播种机

免耕或少耕播种机除应具备传统播种机的开沟、下种、下肥、覆土、镇压功能外，一般还必须有良好的治草排堵功能、破茬入土功能、种肥分施功能和地面仿形能力等，以满足免耕覆盖地播种的特殊要求，主要类型如表 3-3 所示。

表 3-3 免耕或少耕施肥播种机

机械名称	适合作物和主要技术指标
1820 型挠性铲式气吹播种机	适合小麦、大豆和油菜，适应 147～331kW 机车牵引，工作幅度宽 8～18m
1890、1895 型圆盘式免耕气力播种机	小麦、大豆和油菜等作物
1590、1565、1520、1530 型免耕条播机	适应 73、5-14、7kW 拖拉机配套使用
1750、1760、1770、1780 型免耕精量播种机	玉米、大豆等作物的精量播种
2BMG-16（18）精少量种肥免耕播种机	适应干旱、半干旱区耕作，适应 48～73kW 动力机械
2BJ-6 型气力式免耕机	玉米、大豆、花生等，57～74kW 拖拉机，半悬挂式挂接
BMF-4、2BQM-6D 型	玉米、大豆等

（二）秸秆粉碎还田机

秸秆粉碎还田机械化技术是以机械粉碎、破茬等机械化作业，将作物秸秆粉碎后直接还到土壤中，或覆盖于地表，增加土壤有机质，培肥地力，提高作物产量，减少环境污染，争抢农时季节的一项综合配套技术。工效比人工沤制粗肥还田提高40～120倍，是大面积实现以地养地、建立高产稳产农田的有效途径。目前已有的机械类型见表3-4。

表3-4 秸秆切碎还田机

机械型号	适合作物、适应地区和主要技术指标
4Q-1型	全悬挂，配套动力18.4～22.1kW拖拉机，适于粉碎玉米、高粱等秸秆，适用于华北和西北地区
4Q-1.5A型	全悬挂，配套动力36.8～51.5kW拖拉机，适于粉碎玉米、小麦等秸秆，适用于华北、西北、东北、新疆等地
4Q-1.6A型	全悬挂，配套动力40.4～51.5kW拖拉机，适于粉碎玉米、小麦等秸秆，适用于华北、西北、东北、新疆等地
4Q-2型	全悬挂，配套动力47.8～73.5kW拖拉机，适于粉碎玉米、棉花等秸秆，适用于华北、东北和新疆地区
1JHY-9OB	配套动力12.5～14.7kW，适于粉碎玉米、小麦等秸秆，弯刀，适用于北方旱作区
1JHY-150	适于粉碎玉米、高粱等秸秆，锤爪，甩刀，弯刀，适用于北方旱作农业区
4JL-1.5	三点悬挂，适于粉碎小麦、玉米等秸秆，配套动力36.76～51.47kW，适用于华北地区
4F1.5D	三点悬挂，适于粉碎玉米、高粱等秸秆，配套动力36.8～47.8kW
4JF-T2A	悬挂式，适于粉碎玉米、小麦等秸秆，配套动力40.4kW，适宜于平川地带
1JQ-150	三点悬挂，适于粉碎稻、麦、高粱等秸秆，配套动力38.8～47.8kW
4J-150	三点悬挂，适于粉碎玉米等秸秆，配套动力36.75kW，适宜于西北地区
4JF-150	标准三点悬挂，适于粉碎玉米、稻麦、棉花等秸秆，配套动力36.8～44kW
4QW-155B	三点悬挂，适于粉碎玉米、高粱等秸秆，配套动力＞60kW
2JH-1.8	悬挂，适于粉碎棉花、玉米等秸秆，配套动力40.6kW，适用于平原、丘陵地区
2JH-0.9	悬挂，适于粉碎棉花、油葵等秸秆，配套动力13.2～18.5kW，甩刀，适宜于平原、丘陵地区

（三）深松整地机

深松是在秸秆覆盖地上作业，因此深松机需要防止秸秆堵塞。目前有单柱式、倒梯形全方位式和单柱带翼式3种，其中倒梯形全方位深松机广泛应用，主要深松机分类如表3-5。

表3-5 深松整地机

机械名称	适合作物和主要技术参数
913V、915V型	全面深松，最大耕深584mm
955型灭茬深松机	垄作深松，最大深度可达305mm，深耕齿杆前安装波纹圆盘灭茬
2700和512型联合深松机	耕作深度400mm，一次完成灭茬、深松、合墒等作业
ISL-200深松整地联合作业机	73.5kW拖拉机，耕深达400mm
IS-3型、IS-4型	47.8～58.8kW拖拉机，耕深可达400mm
1ZL系列的200型、300型、400型	40～77kW，耕作深度250～400mm

（四）浅松整地机

浅松是保护性耕作中推广使用的一种表土作业方式，浅松深度不超过15cm，适用于旱作保护性耕作的播前作业，可达到疏松土壤、平整地表、消灭杂草等目的，也适用于中耕除草作业。如今使用的浅松机械主要有2200型、2400型联合整地机械。

（五）残茬及表土处理机

坡地和垄作作物秸秆残茬处理机有2018型可折式秸秆切割机，其特点是既可避免切割时破坏垄体，又可以破茬和切碎茎秆。如果收割时选择高留茬，地表残茬增多，可用 2700 型和 512 型联合整地机破茬作业，既能保护地表残茬，又可以疏松土壤。

（六）杂草及病虫害控制防治机

通常我们在农业生产中常见的主要农药类机械有以下几类，如表 3-6 所示。

表 3-6 杂草及病虫害控制防治机械分类

机械类型	主要参数
JD4710 型自走式喷雾机	额定功率 147kW，全液压控制，药箱容积 3028L，喷幅 27m
JD638 型牵引式喷雾机	药箱容积 3800L，喷幅 36m
JD412 型牵引式喷雾机	药箱容积 1200L，最大喷幅 24m
3WS-1000 型悬挂式喷杆喷雾机	44～73.5kW，药箱容积 1000L，喷幅可达 25m
3WQ-3000 型风幕式牵引喷杆喷雾机	73.5kW，药箱容积 3000L，喷幅 24m

此外，保护性机械还可按耕作深度不同分为免耕机械、浅松机械和深松机械三类。免耕机械是在尽可能少地破坏地表土壤的条件下，进行施肥播种；浅松机械是耕作深度一般不多于 15cm 的表土整地机械；深松机械耕作深度一般在 250～450mm 范围内，可以打破传统耕作犁底层，对深层土壤进行疏松。

二、耕作机械对耕作层的影响

不同类型耕作机械的耕作深度、表土的破坏程度和作物残茬的粉碎混合程度等不同，导致所耕作土壤的一系列物理、化学、土力学和耕性也发生了变化，对土壤的墒情和温度也起到了一定的调控作用。

（一）耕作机械对土壤物理性质的影响

由于耕作机械在耕作深度和表土破碎程度等方面有很大不同，土壤的团粒结构和土壤的水分状况，以及地表土壤的破碎程度都有变化，因而土壤的一系列物理性状也受到影响，不同机械对土壤物理性质的影响见表 3-7。

表 3-7 不同耕作机械对土壤物理性质的影响

机 械	对土壤物理性质方面的影响
免耕类型机械	对地表耕作层土壤影响小，对土壤团粒结构破坏少，因而其表层土土壤含水率较其他耕作高，对地表作物残茬覆盖度基本没有影响。但是免耕机械对表层土有一定的压实作用，对土壤通透性有一定影响
深松机械	可以打破犁底层，加深耕层，提高深层土壤的含水率，并且增强土层的水分交换能力，增加耕层肥力，减少地表径流
浅松机械	可以平整地面，使秸秆有序排列，并且浅松机械有一定的除草作用，提高地表温度，改善 0～10cm 层表土的土壤团粒结构，降低土壤容重，通透性增强
残差及表土处理机械	使秸秆与表土混合，改善土壤表层的团粒结构，增加腐殖质，降低了表土容重
杂草及病虫害治理	减少了作物生长期间锄草对表土的破坏，增加了土壤表层含水率，不改变土壤的团粒结构和孔隙完整性

（二）耕作机械对土壤化学性质的影响

耕作机械对土壤结构、土壤水分和通透性均产生影响，使土壤微生物活性和土壤氧化还原性质改变，进而影响到土壤酸碱度，不同耕作机械对土壤化学性质的影响如表 3-8 所示。

表 3-8 不同耕作机械对土壤化学性质的影响

机械类型	影　响
免耕机械	对土壤化学性质的影响较小
深松机械	提高土壤深层含水量和通透性，进而降低土壤的氧化还原性，提高土壤的缓冲能力，提高土壤微生物的活性
浅松机械	打破了地表板结层，改善了通透性，使土壤酸碱性更适合农作物生长
残茬及表土处理机械	增加土壤腐殖质，增强土壤缓冲性，减少营养元素矿质化，增加土壤肥力，使土壤酸碱性适合作物生长
杂草及病虫害防治机械	机械喷施农药可以减少对土壤表层酸碱性的影响，减少土壤氧化还原性的变化

（三）耕作机械对土壤土力学性质的影响

耕作机械对土壤土力学性质的影响主要是通过对土层的破坏引起土壤含水量的变化进而影响到土壤的可塑性、抗冲性和硬度等方面，如表 3-9 所示。

表 3-9 不同耕作机械对土力学性质的影响

机械类型	影　响
免耕机械	土壤团粒破坏少，表层完整，抗冲性好，但是由于机械的压实作用，增加了表土层硬度
深松机械	深松机械减少翻耕对土层的破坏，保护了土壤团粒结构，土壤抗冲性好，且增加土壤深层含水量，使土壤可塑性较好
浅松机械	疏松土壤表层，降低了表层土壤的抗冲性，降低表层土的紧实度
残茬及表土处理机械	增加表层土壤的腐殖质，增强土壤可塑性，降低表层土硬度
杂草及病虫害防治机械	对土壤的各项土力学性质影响较小，一定程度上增加了表层土硬度

（四）耕作机械对土壤耕性的影响

土壤耕性（soil tilth）指土壤对耕作活动的综合反应，不同机械对土壤耕性方面的影响（表 3-10）一般表现在对耕作难易程度、耕作质量和宜耕期长短的影响。其中，耕作难易程度指土壤在耕作时对农机具产生阻力的大小，它决定了对人力、物力和机械动力的消耗，直接影响机器的耗油量、损耗以及劳动效率；耕作质量好坏指耕后土壤表现的状态及其对作物生育产生的影响。

表 3-10 不同耕作机械对土壤耕性的影响

机械类型	影　响
免耕机械	由于地表作物残茬较多，耕作难度增加，但是由于对土壤水分影响小，宜耕期变化不大
深松机械	疏松了深层土壤，改善团粒结构，降低耕作阻力，耕作质量好，但是表层土水分降低，宜耕期可能缩短
浅松机械	疏松了表层土，降低了耕作阻力，耕作质量较好，宜耕期增加
残茬及表土处理机械	增加土壤腐殖质和秸秆数量，减小土壤容重，降低耕作难度，耕作质量较好
杂草及病虫害防治机械	对表层土壤理化性质造成细微影响

第三节 保护性耕作中的病虫害防治

与传统耕作方式相比，保护性耕作条件下的农田生态环境，特别是土壤环境发生了明显变化。土壤耕作的减少使得杂草数量增加，进而加剧了与作物对水、肥、光、热等资源的竞争；而且免耕、少耕及作物秸秆还田等措施的应用，也使作物病原微生物以及害虫种群密度和组成同翻耕种植相比出现了差异。

一、保护性耕作农田杂草发生特点

我国保护性耕作农田杂草种类与传统耕作农田差别不大，约有250种以上，主要危害杂草30余种。保护性耕作农田杂草的发生具有自身的特点。

（一）杂草发生时间提前

在传统耕作中，机械耕翻除去了作物出苗前的杂草，田间杂草与作物同时出土或晚于作物出土。采用保护性耕作后，免耕使作物出苗前出土的大部分杂草保存了下来，由于杂草先于作物出土，其在与作物早期生长的竞争中占有优势。

（二）在保护性耕作初期，杂草密度增加

杂草种子的生物学特性决定了其出苗集中在0～5cm土层，深层出苗很少。免耕使大部分杂草种子分布于表土层。免耕种植作物最初几年，在没有好的控草措施时，杂草发生程度加重，尤其是禾本科杂草的发生更为严重。

然而，国外多年定位试验研究资料显示，由于免耕促进了表土层草籽出土和深层草籽休眠，随着保护性耕作措施的持久实施和配合有效的杂草控制手段，如合理施用除草剂等，可以使土壤种子库的杂草种子总量较翻耕种植减少。而深翻会把深层的草籽带入表层，增加了杂草种子出苗的机会。因此，虽然在保护性耕作初期杂草控制难度较大，但该措施的长久实施对控制杂草危害是有利的。

（三）上下茬农田杂草重叠发生，生育期参差不齐

作物翻耕或旋耕种植时除去了作物出苗前出土的杂草，田间发生的只是与作物同时出苗或晚于作物出苗的杂草。作物免耕种植时，上茬作物田或上茬休闲地出苗的杂草，会“转嫁”到下茬农田，使田间出现上下茬杂草交替重叠发生的现象。

（四）多年生杂草危害加重，优势种变化

保护性耕作与传统耕作相比，由于取消了铧式犁翻耕处理杂草的手段，不利于切断杂草的地下繁殖器官，因此保护性耕作农田多年生杂草发生程度加重。另外，在保护性耕作制度下，作物自生苗的发生也将成为日益严重的问题。

（五）杂草控制更加依赖于化学药剂

保护性耕作农田由于杂草发生时间提前、杂草密度加大，多年生杂草发生频率增加、杂草出苗参差不齐等原因，必须采取一种省工、高效、快速的控草措施，而目前还没有哪一种除草方式能取代化学除草。因此保护性耕作农田的杂草防除会更依赖于化学药剂。

二、保护性耕作农田病虫害发生特点

保护性耕作不仅直接影响到农作物及其生态环境条件，也影响到田间生态系统中生物种群

结构和组成及其相互关系。与传统耕作方式相比，保护性耕作农田生态环境条件下农作物与杂草、害虫与天敌昆虫、有益微生物与病原微生物种群结构和组成的变化对病虫草害发生和危害的影响是双向的，即有利于部分病原菌生存、传播和侵染，增加病原菌基数，加重病害危害程度；另一方面，不利于部分病原菌、害虫的生存和繁殖，有利于农田有益微生物和害虫天敌生存、繁殖和传播，结果使部分病虫害的发生和危害程度减轻。受新耕作方式影响最大的是土壤环境以及土壤生物种群，包括地下害虫、土传病害原菌种群，特别是以秸秆为生存场所的害虫和病原菌的增加，可能导致一些病虫害种类增多、危害加重。

从宏观的角度分析，大范围地实现保护性耕作，对于迁飞性害虫如粘虫、蝗虫，气传病害如小麦锈病、白粉病、赤霉病等的发生均有促进作用，增加了重大病虫灾害发生的风险。

（一）有利于土传病害发生和危害

免耕、少耕和秸秆覆盖地表是保护性耕作技术体系中两个重要内容，秸秆覆盖地表使得那些在作物残体如秸秆、根茬上生存的病原菌得以存活和繁殖。这些病原菌寄生在植物组织上，当作物成熟后，作物残体作为这些病原菌的生存场所度过腐生阶段，侵染下茬作物，增加病原菌生存和侵染的时间。因此，以作物残体为生的病原菌数量增加，部分农作物病害，特别是土传病害发生的危害可能加重。

（二）有利于地下害虫发生和危害

农作物及其生存环境是害虫的生存基础。任何耕作制度、栽培技术以及管理措施的变动，不仅影响农作物生长发育，同时也必然影响到有害生物的营养状况和生存环境。深耕翻土等传统的耕作方法能够剧烈改变病虫害的生存环境，减少农田害虫的基数，因此是农业生产中最常用的病虫害防治方法。传统耕作方式的缺点是易造成土壤水蚀、风蚀，土壤质量下降。保护性耕作通过少耕、免耕和秸秆覆盖等措施能够克服传统耕作的缺点，同时也改善了害虫生存的环境，有利于部分地下虫害发生。

（三）可能造成原来次要病虫害变为主要病虫害，老病虫害严重回升

在国外，玉米灰斑病是第一个发现在保护性耕作农田明显加重的病害。河北省调查发现，大面积推行保护性耕作后，气传病害如小麦赤霉病、小麦枯叶病危害加重，发生面积明显增加。

三、保护性耕作农田杂草防治

在传统耕作中，除草剂的大量投入已经带来了诸如土壤环境污染及水资源污染、当茬及后茬作物药害、抗药性杂草出现、经济效益降低等一系列问题，有的已成为农业可持续发展的限制因素。保护性耕作更依赖于除草剂来有效地控制杂草。在保护性耕作制度实施过程中，如何在增加作物产量及经济效益的同时，减少除草剂对环境条件的压力，保持农业的持续稳定发展，是保护性耕作中杂草防除面临的新问题。国内外目前主要从以下方面开展工作。

（一）控制杂草种子传播

种子是杂草传播、蔓延和发生的重要基础。为防止危险性杂草种子从国外传入和国内扩散，应严格遵守杂草检疫制度，精选播种材料。凡属国内没有或尚未广为传播的杂草必须严格禁止输入或严加控制。同时，清除地边、路旁、灌渠的杂草以及用于秸秆覆盖的作物秸秆中夹

带的杂草植株，对保护性耕作农田减少侵染有很大帮助。最好在路边地头种上草皮和多年牧草等覆盖物，以减少杂草种子的来源。

（二）农作措施除草

利用农作措施除草是指通过耕作、栽培手段改善作物与杂草的关系，使杂草在与作物的竞争中处于劣势，从而达到控制杂草、提高产量的目的。常用的农作措施有轮作、种植覆盖物或用作物秸秆覆盖、肥料及施肥方式的选择、增加密植作物播种量、合理配置株行距等。

（三）生物除草

生物除草是指引入一些生物天敌或生物制剂进行杂草防除的方法。该措施具有不污染环境、不产生药害、投资少、经济效益高等优点，日益受到国内外研究者的重视。

（四）化学除草

目前，化学除草仍然是杂草防除的主要措施，而在保护性耕作制度下化学除草的作用更是不可取代。保护性耕作技术在农田除草剂的应用上，目前更趋向于由大剂量除草剂转向超高效除草剂、由主要应用土壤处理剂转向选择性茎叶处理剂。除草技术上的改进能起到降低除草剂用量的目的。在除草剂中加入助剂可以增加杂草对除草剂的吸收量、加速除草剂在杂草体内的传导，因此可以提高除草效果、降低除草剂的用量。

（五）培育抗除草剂作物品种

培育抗除草剂作物品种可以降低除草剂研制的成本、扩大对人畜低毒除草剂的施用范围。目前世界上已经有不少抗不同除草剂的基因被成功地转移到了敏感作物体内。

四、保护性耕作农田病虫害防治技术

与传统耕作方式相比，保护性耕作方式下农田环境条件的变化特别有利于某些病害和虫害的发生，这些病害和虫害可能成为保护性耕作条件下提高农作物产量和该项技术推广的主要限制因素。同时，以免耕、少耕播种和作物秸秆、残茬覆盖地表为核心的保护性耕作技术，不仅仅是耕作技术的变革，同时带来农作物栽培制度、农田管理措施等一系列的变化。在推广保护性耕作过程中，应贯彻“预防为主，综合防治”的植保工作方针，结合保护性耕作的技术特点，因地制宜，灵活运用现有病虫害防治新技术，在病虫害防治技术上和策略上应强调以下几点。

（一）病虫害综合防治

有效防治病虫害是实施保护性耕作的保障，综合防治是保护性耕作发展的必然选择。首先，保护性耕作是一项农机与农艺结合的技术，其耕作方式、秸秆覆盖、栽培制度、水肥管理等都会影响病虫害的发生与危害。其次，由于不同地区的气候条件、农作物种类、栽培方式复杂多样，实施保护性耕作必须因地制宜地利用不同地区生产条件和多种技术。因此，结合区域特点，充分利用各种技术防治病虫害的综合防治策略，完全符合保护性耕作技术的发展目标。

1. 综合防治的技术要求　“安全、有效、经济、简易”是保护性耕作制度下选择病虫害防治技术的要求。针对病虫害的防治目标，要把保护性耕作技术的免耕与少耕耕作、秸秆处理、栽培等环节与病虫害防治技术结合起来，综合考虑，不能只求一个而不考虑其他，但具体到某一项措施，也不能同时并重地要求面面俱到，应当因地制宜、有所侧重。安全是前提，有效是关键，经济和简易是在生产实践中平衡各种因素基础上通过改进而达到的目标。

2. 技术综合的原则 综合防治策略强调充分发挥农业生态系统中自然控制因素的作用，技术上以农业防治和生物防治为主，以化学防治为辅。因此，保护性耕作制度下的病虫害综合防治，应加强农机与农艺技术协调，综合利用农业防治、化学防治、生物防治和物理防治技术。根据“安全、有效、经济、简易”的要求，病虫害综合防治的技术组合首先要考虑的原则是：农机与农艺结合，包括农机与栽培制度、水肥管理、病虫害防治技术之间的协调，不同防治技术之间，如化学防治与生物防治、农业防治等的相互协调，减少不同技术间的矛盾；力求病虫害兼治，技术措施组合简单；发挥各种防治措施之间相辅相成的作用。

（二）化学防治

化学防治具有对防治对象高效、速效、操作方便，适应性广及经济效益显著等特点，因此，在有害生物的综合防治体系中占有重要地位。概括起来，其优点有：几乎任何一种有害生物都有相应的化学药剂可以控制，有些药剂还可以“一药多治”；见效快，特别适合于“抢救”式的速效防治，必要时还可选择残效期较长的品种，以延长控制时间；现代农药大都是人工合成、工厂化生产的化学制品，可以大量供应，成本较低，而且使用较方便。在秸秆覆盖地表和免耕播种情况下，利用化学农药及时控制田间病虫害流行和爆发，是保障农业丰产丰收的重要技术措施。

在保护性耕作条件下，根据不同病虫害发生规律，筛选出最佳药剂、确定使用时机和高效使用方法是非常重要的。筛选和使用对叶部病害和土传病害有兼治作用的杀菌剂，是防治秸秆传播病原菌引起病害的有效方法。种子处理是常用的防治方法，其好处在于用药明确、用药量少、农产品中农药残留少，随着内吸性种子处理药剂进行防治。由于新的杀菌剂、杀虫剂正在不断被开发出来，种子处理将成为保护性耕作方式下农田防治土传病害、地下害虫的重要方法。

（三）农业防治

农业防治是指在掌握作物、环境和病虫害相互关系的基础上，利用农业生产过程中耕作、栽培和田间管理措施，创造不利于病虫害发生、有利于农作物生长的环境条件，从而达到防治病虫害的方法。耕作制度和栽培措施对病虫草害的防治效果是间接性和预防性的，但是大面积应用后对防治病虫害具有持久的作用，同时也最易于与保护性耕作技术相结合，既充分发挥耕作、栽培、水肥管理的综合防治效果，也符合“预防为主，综合防治”的植保方针。

在保护性耕作农田开展轮作，对防治病虫草害均有较好的效果，而且易于实施。例如，在一年一茬地区，通过小麦与高粱轮作，使小麦栽培有一年的间隔可以有效防治褐斑病，而且也能完全控制小麦全蚀病。轮作过程中由于没有敏感作物，轮作就起到利用土壤本身为生物削弱和杀死以秸秆为生的病原菌的作用。

合理使用抗病（虫）品种是防治病虫害经济有效的方法，把抗病（虫）品种利用与轮作结合，对于保护性耕作农田防治病虫害是非常有效的方法。

（四）生物防治

生物防治是利用某些生物包括害虫天敌或生物农药控制病虫害的方法，一是利用微生物防治虫害、病害；二是利用天敌昆虫治虫；三是利用微生物代谢产物防治病虫害。其优点是利于维持农业生态系统平衡，减少或替代化学农药，保护环境和食品安全。

在保护性耕作技术中，利用拮抗微生物处理种子能达到保护植物的作用。对于秸秆残茬传播的病原菌，常用的方法是用拮抗微生物处理秸秆残茬，取代或抑制处于腐生阶段的病原微生物的活动，以达到防治病害的效果。

（五）物理防治

物理防治是根据有害生物的某些生物学特性，利用各种物理因子，如光、热、电、声、温湿度等对害虫的影响作用，并根据害虫的反应规律进行的防治。常用的方法有人工和简单机械捕杀、温度控制、诱杀、阻隔分离以及微波辐射等。

（六）选用抗病品种

使用抗病品种是防治土传病害的重要措施之一。由于相对经济，对环境友好使抗病品种筛选和应用成为最受欢迎的方法。但是，选育借助秸秆残茬传播、根部侵染病害的抗病品种，比获得叶部病害的抗病品种要困难得多。在美国堪萨斯地区就获得了由根部侵染而引发条斑病的小麦抗病品种，虽然这是一个中等抗病水平的品种，但是条斑病几乎得到完全的控制，在条斑地区连续种植这种中等抗病品种几年后，由于在作物秸秆上遗留下来的病原菌变少，使病害发生率降低到完全可以忽略的水平。这个成功的范例说明，在秸秆残茬传播的病害控制中，只要选用的品种抗病原性在原有的基础上略有提高，就能降低病原菌流行的概率，以秸秆残茬为传播介体的土传病害就能得到较好的防治。

第四节　保护性耕作技术的功能

保护性耕作技术的功能主要体现在保持水土、改善微生态环境、生物学效应、节本增效和提高水分利用率等方面。

一、保护性耕作的水土保持效应

保护性耕作的水土保持效应主要包括防治水蚀和防治风蚀两个方面。

（一）防治水蚀的作用

保护性耕作通过深松少耕、地表秸秆覆盖，保护土壤免受降水冲击，避免结皮产生，可以增加自然降水入渗，加之秸秆覆盖的阻流作用，故可大幅度地减少地表径流，从而也使土壤的流失量降低。表 3-11 是中国农业大学在山西素阳的试验结果。在 40mm 以上暴雨（1999 年）的情况下，保护性耕作可减少径流量 50%，传统耕作条件的土壤流失量每公顷为 73.65t，而免耕覆盖农地的土壤流失量每公顷仅为 14.5t，减少土蚀 80%；在没有暴雨（1998 年）的情况下，土壤流失量总体较少，传统耕作每公顷为 1.72t，而免耕覆盖的仅有 0.46t，减少土蚀 73%。

表 3-11　不同耕作与覆盖处理对土壤流失的影响

处　理	1998 年（无暴雨）			1999 年（有两次暴雨）		
	悬浮质/g	沉淀质/g	流失总量/(t/hm²)	悬浮质/g	沉淀质/g	流失总量/(t/hm²)
免耕覆盖，不压实（NTCN）	5.88	450.0	0.46	13992	569.3	14.50
免耕覆盖，压实（NTNC）	8.74	1140.0	1.15	36348	1386.1	37.70
传统耕作（CK）	227.30	1500.2	1.72	71734	1918.0	73.65
浅松覆盖，不压实（STCN）	0.31	745.2	0.80	21600	1325.0	22.99
浅松不覆盖，不压实（STNN）	687.94	1480.5	2.17	100166	1785.8	101.95

（二）防治风蚀的作用

保护性耕作中通过秸秆覆盖地表，不仅降低了风速，而且根茬可以固土，秸秆可以挡土，同时还能增加土壤水分，增强表层土壤之间的吸附力，改善团粒结构，使可风蚀的小颗粒含量减少，从而有效地减少农田扬尘。表 3-12 反映的是澳大利亚新南威士洲的风洞试验结果。说明秸秆覆盖可大大减少风蚀量。

表 3-12　保护性耕作（秸秆残茬覆盖）对减少风蚀的作用

土壤类型	农区壤土	农区沙土	干旱草原沙土
传统耕作（无覆盖）/[g/(m·s)]	10.9	60.9	154.4
保护性耕作（30%覆盖）/[g/(m·s)]	2.15	15.30	37.30
保护性耕作减少风蚀量/%	80	74	75

二、微生态环境效应

（一）对土壤水分的调控

保护性耕作通过深松耕和秸秆覆盖，既有利于降水入渗，又有利于保墒，夏闲地可将夏闲期的降水最大限度地蓄积并保存于土壤之中，增强抗旱节水能力。原西北农业大学 1986 在澄城县试验，秸秆覆盖深松耕夏闲末 2m 土体较传统耕作多蓄水 50.4mm；1996 年在陕西乾县试验，秸秆覆盖深松耕夏闲末 2m 土层内较传统耕作多蓄水 76.2mm，蓄水率达到 55%，较传统耕作提高了 57.2%；而秸秆覆盖免耕较传统耕作多蓄水 33.3mm，蓄水率为 45.0%，较传统耕作提高了 26.8%。原陕西省农业科学研究院在陕西合阳多年试验表明，留茬少耕秸秆全程覆盖可把自然降水保蓄率由传统耕法的 25%～36%提高到 50%～65%，每公顷可多蓄水 600～1200m³。又据中国农业大学在山西多年试验，夏闲地 1.5m 土层，碎秆覆盖深松较传统耕作多蓄水 38.3mm，增加了 19.8%；碎秆覆盖免耕较传统耕作多蓄水 32.7mm，增加了 16.9%。

蒸发是旱地土壤水分损失严重的一个重要原因。试验研究表明，保护性耕作的残茬（秸秆）覆盖在大气与土壤之间，形成隔离层，隔断蒸发层与下层土壤的毛管联系，减弱土壤空气与大气之间的乱流交换强度，有效地抑制土壤水分蒸发。同时，残茬（秸秆）覆盖可以阻挡日光直接暴晒地面，在春夏高温季节便能降低土壤温度、减缓土壤水分汽化速度、降低土壤水分散失，因而能够起到良好的保墒效果。据原西北农业大学试验，覆盖残茬（秸秆）的数量，不论是多还是少，也不论是夏季、冬季或春季，均有减少土壤水分蒸发的效果，即覆盖秸秆不同层的土壤含水量一般均高于不覆盖的；减少蒸发的效果随着残茬（秸秆）覆盖量的增加而越来越好。正是由于地面秸秆覆盖而使蒸发量和径流量减少，保护性耕作提高了土壤有效水分含量，增强了旱作农业区抗旱能力。

（二）对土壤温度的调控

采用保护性耕作的地面一般均有残茬（秸秆）覆盖。研究表明，残茬（秸秆）对光辐射吸收转化的热量传导均有影响。残茬（秸秆）覆盖地表，既可阻止太阳直接辐射，也可以减少土壤热量向大气中散发，同时还可以有效地反射长波辐射。因此，在残茬（秸秆）覆盖下，土壤温度年、日变化均趋缓和，低温时有"增温效应"，高温时又有"低温效应"，这两重效应对作物生长十分有利，能有效地缓解气温激变对作物的伤害。据原西北农业大学夏闲期测定，残茬（秸秆）覆盖不论是早晨、中午或下午，也不论是哪一层次，土壤温度均明显低于不覆盖的。一般是早晨差值较小，中午、下午差值较大，尤以中午 5cm 深处的差值最大，并随着土层深度的增加温差越来越小。每公顷覆盖 6000kg 麦秸的农地较没有覆盖的，其 0～15cm 土层土壤温度日均一般降低 2.2～2.8℃。温度的降低能减少土壤水分的蒸发，从而对保住地下墒非常有利。而在小麦越冬期测定，残茬（秸秆）覆盖中午和下午各层温度的变化均同于夏闲期，即残茬（秸秆）覆盖的土壤温度均低于不覆盖的，亦是随着土层深度的加深，温差越来越小。可是在早晨，残茬（秸秆）覆盖不同土层的土壤温度均高于不覆盖的，即每公顷覆盖麦秸 6000kg 比不覆盖的 0～15cm 土层一般高 1.1～1.6℃。说明残茬（秸秆）覆盖在冬季尚有一定的保温防寒效应，可以减轻小麦冻害，保证安全越冬。

同时，残茬（秸秆）覆盖在春季有调节麦田地温的滞后效应，可抗御"倒春寒"不利气候对小麦的危害，促进小麦个体和群体的协调发育。然而，残茬覆盖的"低温效应"却对春播作物有较大影响。例如，春玉米从冬闲期开始就进行残茬（秸秆）覆盖，将玉米种在有残茬（秸秆）覆盖的地上，会因残茬（秸秆）覆盖的"低温效应"，使土壤温度降低，而对玉米出苗、生长不利。据原西北农业大学试验观测证实，残茬（秸秆）覆盖与不覆盖相比，0～10cm 土层土壤日平均温度出苗期降低 1.5～2℃，幼苗期降低 2～2.5℃，因而玉米不仅出苗延迟 3～4 天，而且幼苗生长也受到严重影响，其表现是苗小、苗红、一个多月不发苗。但是，如果采取残茬（秸秆）与地膜两元覆盖模式，则可有效地克服残茬（秸秆）覆盖引起的"低温效应"缺点。

（三）对土壤理化性状的调控

保护性耕作把大量作物残茬（秸秆）通过覆盖的方式还田，可增加土壤有机质，改善土壤理化性质。据原西北农业大学试验，在夏闲地覆盖麦秸 6000kg/hm^2 与不覆盖麦秸相比，0～10cm 土壤容重降低了 0.13g/cm^3，10～20cm 覆盖麦秸与不覆盖麦秸相差不大，这样的环境也使蚯蚓数量增加。

（四）对土壤养分的影响

保护性耕作把大量秸秆通过覆盖的方式还田，直接增加土壤有机质含量。减少耕作，特别是取消翻耕，可以间接增加土壤有机质含量。作物残茬（秸秆）本身含有各种营养元素和丰富的有机质，是土壤养分和有机质的主要补给源。据测算，每 100kg 麦秸腐解后可提供 N 0.64kg、P_2O_5 0.20kg、KCl 1.07kg、有机质 81.2kg 和丰富的微量元素。因此，残茬（秸秆）覆盖后当年残茬（秸秆）在地表和以后翻耕入土自然能增加各种土壤养分和有机质含量，同时对土壤微量元素的补充也起着重要的作用。

此外，残茬（秸秆）覆盖还田后，在残茬（秸秆）腐解过程中，促进了土壤微生物的活动，提供了微生物所需的能源。

三、保护性耕作的生物学效应

（一）对作物生长发育的影响

保护性耕作由于水、肥、气、热微生态环境的变化，必然对农作物的生长发育产生显著影响。以秸秆覆盖深松耕技术种植的冬小麦为例，据原西北农业大学年试验，小麦生长状况除苗期幼苗生长不如传统耕作技术外，其他各生育时期植株生长状况均优于传统耕作技术。

（二）对作物产量构成因素及产量的影响

根据各地试验资料和收获时考察与产量构成有关的诸因素表明，一般地，采用保护性耕作技术的均优于传统耕作的，因而增产效果较明显，特别是加入地膜覆盖后的增产效果更加突出。

据美国德克萨斯州不同耕作技术种植高粱试验结果表明，采用铧式犁翻耕的每公顷产量2560kg，而实行免耕的每公顷产量高达3340kg，增产率达30.5%；澳大利亚昆士兰试验站对三种保护性耕作体系进行了长达15年的对比试验，覆盖耕作（深松、表土耕作、机械除草）、少耕（深松、表土耕作、化学除草）、免耕（免耕、化学除草）的谷物（小麦、高粱）平均每公顷产量分别为3320kg、3460kg和3640kg，传统（对照）则为2440kg，分别较传统（对照）增产36.1%、41.8%和49.2%。

四、节本增收效果

（一）减少投入的效果

我国旱作农区以铧式犁翻耕、耙耱、镇压、中耕为核心的传统耕作技术是我国传统旱作农业的主要内容，在解决温饱过程中作出了重大贡献。但传统旱作工序繁多，用工量大，能耗高，使主要农产品作业成本长期居高不下。例如，传统旱作玉米生产，需要灭茬、施肥、翻耕、耙碎、耱平、镇压、播种、中耕、田间管理、收获、秸秆拉运等11道工序，每公顷作业成本约1350～1500元，占每公顷产值的30%左右。而旱地玉米保护性耕作，一般只需要秸秆地表处理、深松（每3年松一次）、免耕施肥播种、除草、田间管理、收获等5～6道工序，与传统耕作方式相比，减少了5～6道工序。山西省的试验数据显示，一年一熟春玉米降低生产成本23.9%～28.3%；一年一熟冬小麦生产成本降低18.4%～22.1%；小麦、豆类、玉米两年三熟，生产成本比传统耕作减少11.4%～15.6%；小麦、玉米一年两熟，仅玉米收获后播种小麦，每公顷生产成本就减少600元左右。根据美国核算，采用保护性耕作技术，每公顷可以节省9加仑柴油和12.5美元农机损失，节省人工1.5h。

（二）增加收入的效果

由于生产成本的降低和农作物产量的提高，采用保护性耕作技术进行粮食生产的效益显著提高。据山西省按照1999年价格计算显示，保护性耕作农地每公顷纯收入比传统耕作约高1350～3000元，农民收入可增加20%～30%，这对增加农民收入具有十分重要的意义。

五、保护性耕作的水分利用效率

表 3-13 反映了中国农业大学 9 年来在临汾的保护性耕作试验区小麦水分利用效率、产量的试验结果。

表 3-13 临汾试验区不同年度土壤蓄水、水分利用效率及小麦产量

试验年度	年降雨量/mm	播种前（0～50cm 土层）蓄水量			水分利用效率			小麦产量		
		传统耕作/mm	保护性耕作/mm	增加率/%	传统耕作/[kg/(mm·hm²)]	保护性耕作/[kg/(mm·hm²)]	增加率/%	传统耕作/(kg/hm²)	保护性耕作/(kg/hm²)	增加率/%
1993（旱年）	469	69	75	9	8.1	11.1	37.0	1548	1985	28.2
1994（平水）	523	93	95	2	12.3	13.0	5.7	3002	3161	5.3
1995（旱年）	434	70	79	12	8.1	8.8	8.6	2342	2513	8.3
1996（平水）	534	123	128	4	19.1	22.8	19.4	3456	3867	11.9
1997（丰水）	574	125	130	4	15.3	16.3	6.5	3908	4142	5.99
1998（干旱）	359	93	118	27	10.2	11.5	12.7	2495	3060	22.6
1999（旱年）	421	82	104	27	12.6	15.2	20.6	2148	2645	23.1
2000（干旱）	328	74	95	28	10.8	18.4	79.6	1152	2078	80.3
2001（旱年）	443	74	95	28	13.4	16.9	36.1	2917	3814	30.7
平均	455	89.2	102.1	14.5	12.4* 12.2**	14.5* 15.0**	16.9* 23.0**	2727* 2552*	3148.4* 3029.4**	15.5* 18.7**

* 为不包括 2000 年数据的平均值；** 为包括 2000 年数据的平均值

从表 3-13 可知，保护性耕作休闲期的蓄水量明显高于传统耕作，特别是在比较干旱的 5 年，蓄水量高达 20.6%，对小麦在旱年出苗和根系生长非常有利。保护性耕作的水分利用效率平均高于传统耕作 16.9%，如加上 2000 年的特殊情况，水分利用效率平均则高达 23%，这是小麦增产的基础。多年平均小麦增产 15.5%，加上 2000 年数据，平均增产 18.7%。

当然，保护性耕作目前也存在着残茬（秸秆）覆盖后耕层温度降低、播种质量不能保证和农田杂草控制比较困难等问题，需要进一步研究解决。

思考题

1. 什么是保护性耕作？它主要包括了哪些类型？
2. 保护性耕作中的机械配置有何特点？
3. 保护性耕作中如何进行病、虫、草的防治？
4. 简述保护性耕作的作用。

第四章　作物栽培技术

【内容提要】　作物栽培是提高农田地面覆盖度的主要方式，因而也就成为水土保持农业技术的主要措施之一。作物栽培包括作物布局，抗旱品种筛选与保苗技术，间作、套种与混播，复种与轮作等技术，它通过提高地面覆盖程度来实现蓄水保土和增加作物产量。

第一节　作物布局

一、作物类型与生育期

广义的作物包括人类栽培利用的各种植物，一般分为农作物、园艺作物（包括果树、蔬菜和花卉）、林木三大类。狭义的作物只指农作物，如粮、棉、油、麻、烟、糖、茶等，也称大田作物或庄稼。

（一）作物分类

地球上记载的植物约有 39 万种，其中被人类栽培和利用的约有 2500 种，我国栽培的农作物有 90 多种，分属 20 多个科。各种作物还有数目繁多的类型和品种。这些农作物以用途和植物学系统相结合的方法分类，可分为三大部分十大类作物。

1. 粮食作物

1）谷类作物　　绝大部分属禾本科，主要有小麦、大麦、燕麦、黑麦、稻、玉米、谷子、高粱、黍、稷、龙爪稷、薏苡等。荞麦属蓼科，其籽粒可供食用，习惯上也列入此类。

2）豆类作物　　属豆科，常见的有大豆、豌豆、绿豆、小豆、蚕豆、红豆、菜豆、扁豆、蔓豆、鹰嘴豆等。

3）薯芋类作物　　也称根茎类作物，植物学上科属不一，主要提供淀粉类食物，有甘薯、马铃薯、木薯、豆薯、山药（薯蓣）、芋、魔芋、菊芋、蕉藕等。

2. 经济作物（也称工业原料作物）

1）纤维作物　　包括棉花、苎麻、大麻、亚麻、黄麻、红麻、苘麻、剑麻、蕉麻、菠萝麻和席草等。

2）油料作物　　包括大豆、花生、油菜、芝麻、向日葵、蓖麻、胡麻（油用亚麻）、油用大麻、棉籽、苏子、玉米等。

3）糖料作物　　包括甘蔗、甜菜、甜叶菊、芦粟等。

4）嗜好作物　　包括烟草、茶、薄荷、咖啡、可可、啤酒花等。

5）药用作物　　种类繁多，常见的有人参、枸杞、黄芪、黄连、三七、当归、党参、白术、贝母、天麻、红花、菊花、砂仁、颠茄、藿香、薄荷、穿心莲等。

6）香料作物　　薄荷、留兰香、香茅等。

3. 绿肥及饲料作物　　常见的有苜蓿、苕子、紫云英、草木樨、田菁、柽麻、三叶草、沙打旺、猪屎豆、马科豆、紫穗槐、胡枝子、水花生、水浮莲、水葫芦、绿萍、红萍、苏丹草、象草、雀麦草、鹅冠草、黑麦草、鸡脚草等。

上述分类并不是绝对的，有些作物有几种用途，可根据需要划分，如大豆，既可食用，又可榨油；玉米既可食用，也可榨油，又可作为青贮饲料等。

除上述分类外，生产上还有根据耕地类型、栽培季节、需用部位、生长年限、生产特点等进行分类的，如根据播种密度和田间管理可分为密植作物和中耕作物。

（二）作物的生育时期

生长（growing）是作物体积或重量的量变过程，是植株或器官由小到大、由轻到重的不可逆的数量增长过程，它是通过细胞分裂和伸长来完成的，作物的生长包括营养体（根、茎、叶）的生长和生殖体（花、果实、种子）的生长。发育（development）是指作物一生中，其结构、机能的质变过程，它的表现是细胞、组织和器官的分化，并最终导致植株根、茎、叶和花、果实、种子的形成。在作物一生中生长和发育是交织在一起进行的，没有生长便没有发育，没有发育也不会有进一步的生长。生长是发育的基础，种子的萌发，叶片的长大，茎秆的伸长增粗，根的伸长以及分化更多的叶片、侧根、分枝分蘖等，均为各器官的发育提供了物质基础。

在作物栽培实践中，作物从出苗到成熟之间的总天数即作物的一生，称为作物的生育期（crop growth period）。作物生育期的长短主要取决于作物的遗传特性和所处环境条件。同一作物的生育期因品种而异，有早熟、中熟、晚熟之分。生产上为了管理的方便，根据植株外部形态所呈现的显著变化，将作物一生划分为若干个生育时期。几种主要作物的生育时期如下：

1）禾谷类作物　出苗期、分蘖期、拔节期、孕穗期、抽穗期、开花期、成熟期。

2）豆类作物　出苗期、开花期、结荚期、成熟期。

3）棉花　出苗期、真叶期、现蕾期、开花期、吐絮期。

4）油菜　出苗期、现蕾期、抽薹期、开花期、成熟期。

5）麻类作物　出苗期、真叶期、现蕾期、开花期、工艺成熟期、种子成熟期。

6）马铃薯　出苗期、现蕾期、开花期、结薯期、薯块膨大期、成熟收获期。

7）甘薯　出苗期、采苗期、栽插期、分枝期、封垄期、落黄期、收获期。

8）甘蔗　发芽期、分蘖期、蔗茎伸长期、工艺成熟期。

二、作物布局

（一）作物布局的概念

作物布局（crop composition and distribution）是指一个地区或一个生产单位作物构成（包括种类、面积、比重）、熟制和田间配置的总称。合理的作物布局需要正确处理粮食作物、经济作物和饲料作物等不同作物门类之间以及各门类内部不同作物种类之间的比例，多熟制条件下各季作物之间的茬口衔接，以及商品性生产与自给性生产的比例、增加生产和增加收益的关系等。

作物布局受作物的生态适应性、气候、土壤等自然条件以及科学技术水平、社会需要和市场价格等社会经济条件的制约。合理的作物布局应有利于因地制宜，充分发挥生产潜力；有利于建立合理的耕作制度，实现用地与养地相结合、高产稳产、增产增收；有利于合理利用和保护自然资源和社会资源，保持生态平衡，促进农业多种经营和林业、畜牧业、渔业等的全面发展，使生产获得最佳的经济效益、社会效益和生态效益。

作物布局的范围可大可小，大到一个国家、地区，小到一个生产单位甚至农户；时间可长可短，长到五年、十年、二十年的作物布局规划，短到一年或一个生长季的作物种植安排。它是从宏观上、整体上、技术上安排作物种植的一项战略措施。

作物布局在农业生产上有两大意义。一是作物布局是种植业较佳方案的体现者。一个合理的作物布局方案应该综合平衡天、地、作物、畜禽、市场、价格、政策、交通及社会等各种因素。根据需要与可能条件，瞻前顾后，统筹兼顾，以便满足个人、集体与国家的需要，充分合理利用土地和其他自然与社会资源，通过最少的消耗（人、财、物的投入），获得最大的经济、社会与生态效益。因此，作物布局方案是在多重比较分析的基础上提出的。二是作物布局是农业生产布局的中心环节。农业生产布局是指农（种植业）、林、牧、副、渔各部门生产的结构和在地域上的分布。作物布局关系到增产稳产、资源的合理利用、农村建设、农林牧结合、多种经营、生态环境保护与改善农业发展的战略部署问题，作物布局也是农业区划的主要依据与组成部分。因此，作物布局是农业生产布局的中心环节。

（二）作物布局的原则

1. 要与市场要求有效对接　随着国内市场体制逐步完善和国际市场的一体化，农业正全面转向商品经济和市场农业状态。农产品的数量、品种和质量必须与市场要求有效对接，才能转变为商品。

2. 要与当地生态条件相吻合　作物布局时，一定要与当地生态条件（自然、气候、地理、土地等）相吻合，实行精准规划，精准布局，实现产品特色和成本最低的优势。

3. 要符合可持续发展的要求　我国人多地少，资源严重紧缺。因此，不仅要强调充分利用资源，提高资源利用率，而且还要强调合理利用和保护资源，保证可持续发展。

4. 要有利于农民收入的不断提高　农民收入是影响农民生产积极性的关键因素，也是决定农业生产条件改善、农民生活水平提高和农村经济发展的基础因素。所以在作物布局时，要把经济效益放在首位，要有利于农民收入的不断提高。

5. 要有利于人民生活质量的提高　在作物布局时，一定要研究人们的现代消费需求特点，要有利于人民生活质量的提高。要有前瞻性、超前性和战略远见。

（三）作物布局的步骤

1. 查清环境条件　包括自然条件和社会经济科学技术条件，主要有：①热量条件，包括≥0℃积温，≥10℃积温，年平均温度，最冷月平均温度，最热月平均温度，冬季最低温度，无霜期。②水分条件，包括年降水量与变率、各月降水量，干燥度，空气相对湿度，地表径流量，地下水储量，地下水位深度，水源，水质。③光照条件，包括全年与各月辐射量，年日照时数。④地貌，包括海拔高度，大地形（山、丘陵、河谷、盆地、平原、高原），小地形（平地、洼地、岗坡地），坡度，坡向。⑤土地条件，包括总面积，土地利用状况（农田、林地、草地、荒地等），耕地面积，水田、水浇地与旱地面积，人地比。⑥土壤条件，包括土壤类型，土层厚度，平坦度，质地，土壤 pH，土壤有机质含量，氮磷钾养分含量，土壤水分状况，土地整理与水土流失。⑦肥料条件，包括肥料种类、数量，亩施肥水平，养分平衡。⑧能源条件，包括燃油，电，煤，生物能源。⑨机械，包括拖拉机，排灌机具等。⑩植被，包括乔木，灌木，草。⑪作物，包括种类，面积，产量，生产力，品种，栽培技术。⑫现有种植制度及人口劳力。

⑬畜牧业，包括种类，数量。⑭灾害，包括旱，涝，病，虫。⑮产值收入，包括每人每年纯收入，农林牧副渔各业产值与收入，粮食与多种经营收入。⑯市场，包括国家收购，自由市场，外贸市场，交通条件。⑰价格，包括各种农产品收购价格与市场价格，各种生产资料价格。⑱政策，包括收购政策，奖励政策，商品流通政策，外贸政策等。⑲科学技术水平和文化水平。

2. 明确对产品的需要 包括自给性与商品性需要两大部分。要了解市场价格、对外贸易、交通、加工、贮藏以及农村政策等方面内容。

3. 农作物生态适应性的确定 生态适应性（ecologic fitness）指的是农作物的生物学特性及其对生态条件的要求与当地实际外界环境相适应的程度。例如，水稻在湿润温热地区生态适应性强，谷糜在干旱地区生态适应性强。生物学特性（biological property）是生物对环境要求的一种遗传特性，如水稻喜湿润暖热，它并不涉及自然环境是否能满足其需要的程度，而离开具体环境的生态适应性是不存在的。研究作物生态适应性的方法有：作物生物学特性与环境因素的平行分析法，地理播种法，地区间产量与产量变异系数比较法，产量、生长发育与生态因子的相关分析，生产力分析法等。通过研究，区分出各种作物生态适应性的程度。

4. 种植适宜区的划分 在确定作物生态适应性的基础上，可以划分作物的生态区划，从光、热、水、土等自然生态角度区分作物的生态最适宜区、适宜区、次适宜区与不适宜区。作物的生态区划是作物布局的内容之一，它提供了自然规律方面的可能范围。另一方面，为了生产应用的目的，单纯从自然角度划分或选择适生地是不够的，必须在社会经济和科学技术条件相结合的基础上，进一步确定作物的生态经济区划或适宜种植地区的选择。这就要在光、热、水、土的基础上考虑水利、肥料、劳力、交通、工业等条件。划分适宜区一般采取主导因素法，选择对该作物生长发育过程起主导和决定性作用的因素，如喜温作物一般以温度为主导因素，喜湿作物以水分状况作为主导因素。或将两、三个因素叠合，或用模糊数学等方法综合考虑几个因素后确定界限。作物的生态经济适宜区可划分为四级。

1）最适宜区 光、热、水、土以及水利、劳力等条件都很适宜，作物稳产高产，品质好，投资少而经济效益高。

2）适宜区 作物生态条件存在少量缺陷，但人为地采取某些措施（如灌溉，排水、改木、施肥）后容易得到弥补，作物生长与产量较好，产量变异系数小，投资有所增大，经济效益仍较好，但略低于最适宜区。

3）次适宜区 作物生态条件有较大缺陷，产量不够稳定，但通过人为措施可以弥补（如盐碱地植棉），或者投资较大，产量较低，但综合经济效益仍是有利的。

4）不适宜区 自然条件中有很大缺陷，技术措施难于改造，投资消费巨大，技术复杂。虽勉强可种，但产量上、经济上或生态上得不偿失。至于完全不能种植的地区，自不待言。

5. 作物生产基地和商品基地的确定 选定了适宜区和适生地，再结合历史生产状况和远景生产任务，大体上可以选出某种作物的集中产地。进一步在集中产地中选择商品生产基地。商品生产基地的条件是：有较大的生产规模，土地集中连片；生产技术条件较好，生态经济分区上属最适宜区或适宜区；生产水平较高；资源条件好，有较大发展潜力，包括目前经济落后，但发展有潜力的地区；作物产品的商品率较高。

6. 作物组成的确定 在单一的各个作物适宜区与适生地选择的基础上，确定各种作物间的比例数量关系。包括了种植业在农业中的比重，粮食作物与经济作物、饲料作物的比例，春夏收作物与秋收作物的比例，主导作物与辅助作物的比例，禾谷类与豆类的比例等。

7. 综合划分作物种植区划或配置 确定作物结构（同时考虑到复种、轮作和种植方式）后，进一步要把它配置到各种类型土地上去，即拟定种植区划，在较小规模上（如农户）则直接进行作物在各块土地上的配置。为此，按照相似性和差异性的原则，尽可能把相适应、相类似的作物划在一个种植区，划出作物现状分布图与计划（或远景）分布图。

8. 可行性鉴定 将作物结构与配置的初步方案进行下列各项可行性鉴定：①是否能满足各方面需要；②自然资源是否得到了合理利用与保护；③经济收入是否合理；④肥料、土壤肥力、水、资金、劳力是否平衡；⑤加工储藏、市场、贸易、交通等可行性；⑥科学技术、文化、教育、农民素质方面可行性；⑦是否促进农林牧、农工商综合发展等。

在作物布局拟定过程中，除了上述方法步骤外，可以采用数学模式进行综合设计。确定一个较小单位（如农户）作物结构与布局，其内容较为简化，自我调节能力强，主要涉及因素是自给性与商品性作物的比例。比例小或零散地块的商品作物，牵涉面小，主要看价格是否有利；大比例的商品作物则一方面要处理好家庭内部自给性与商品性作物的比例，另一方面要充分考虑市场容量、价格变化、加工贮藏、政策、交通以及竞争等因素。

第二节 抗旱品种筛选与保苗技术

风蚀、水蚀强烈的地区也多是干旱与季节性干旱的多发区。因而，这些地区的农业生产中，抗旱品种的选用和播种保苗技术等的运用就显得非常重要。其目的是力争平水年丰收，欠水年少减产，丰水年多增产，灾年生活有一定的保障。

一、抗旱品种特征

作物抗旱品种（drought resistance of crop strain）一般是指在丰产性和综合性状方面兼优的基础上，能够忍受一定干旱而受害最少、减产最少的品种，在正常年份和较干旱的年份，在不增加劳动和肥料的情况下能够获得较多的收成。

作物的抗旱性能是相当复杂的，它不仅受多基因的控制，还受到环境条件的影响。在经过自然和人工的多次选择后，作物品种对干旱的适应和抵抗的能力是不同的，方式也是多种多样的，归纳起来有以下几种方式：

植物对干旱的适应性
- 避旱型
- 抗旱型
  - 御旱
    - 节水
    - 耗水
  - 耐旱
    - 耐亏缺
    - 耐干化

避旱（drought avoidance）——早熟作物用缩短生育期来避开干旱季节。

抗旱（drought resistance）——在干旱条件下，作物可以不受或少受严重的伤害。

御旱（drought protection）——在干旱条件下，作物体内仍能保持一部分或吸收一部分水分，因而使作物不受伤害或少受伤害。

耐旱（drought tolerance）——在干旱条件下，作物耐干旱的能力强。即在脱水情况下作物具有受伤害最轻及遇水后又能恢复生理功能的能力。

抗旱性品种具有以下特征：首先有较发达的根系或发达的根系输导组织，因而有较强的水分吸收能力；其次，它们的旱生结构比较发达，如叶片有一层较厚的栅栏组织，对蒸腾作用的调节能力较强，能够更经济地利用水分；此外，抗旱性强的品种植株本身含水量一般较高，有利于干旱条件下保证原生质胶体化学特性的稳定，因而对干旱的忍耐力较强。了解这些特征，对抗旱品种的选用具有一定的指导意义。

二、抗旱能力鉴定的方法

（一）直接鉴定法

作物品种抗旱能力直接鉴定的方法包括以下三种。

1. 田间直接鉴定法　田间直接鉴定是在不同生态环境下进行异地多点试验。使供试品种处在不同土壤水分状况和大气干燥情况下进行生长发育直至成熟。最后比较不同气候条件下同一品种的产量，看其在干旱条件下不同品种减产的幅度，以此来评价品种的抗旱性。这种鉴定方法除收获品种外，还要进行生育期记载和其他形态指标观察，在有条件的地方，同一品种要进行水旱区试验。旱区产量与水区产量的比值称为抗旱系数（coefficient of drought resistance），抗旱系数大的品种比抗旱系数小的品种抗旱。这一方法由于受气候条件变化的影响较大，因而结果差异性大。

2. 旱棚、旱池、生长箱鉴定法　旱棚和旱池实验是人为控制土壤水分的一种抗旱性实验。作物在旱棚或旱池进行生长发育与大田的自然条件除在土壤水分上有差异外，其他条件基本一致。这种差异必然会反映在作物及品种上，故以旱棚或旱池的产量与大田自然的产量比较，就会看出其值大小的差异，据此就可以评价品种的抗旱性。

生长箱是人工模拟的气候箱。利用这种手段结合盆栽，可以进行大气干燥和土壤干旱试验，特别是利用人工气候箱进行干热风的鉴定，效果较好。

3. 反复干旱法　反复干旱法主要用于苗期抗旱性的鉴定。当幼苗处于永久萎蔫时，看其能否忍受干旱和具有快速恢复的能力，以苗的成活率多少来判断品种的抗旱性。其具体方法是：根据作物类型选择适当大小的花盆和栽培箱，如鉴定小麦可选用长 30cm×宽 15cm×高 10cm 的塑料盆。其中装肥土 3kg，播前灌水到田间持水量，然后将播种盆用塑料板隔成 9 个小格，每格播一个品种，每个品种播 25 粒萌动种子。当苗龄为三叶期时，大部分供试品种的植株叶片达到永久萎蔫时，土壤含水量在 6%左右。二三叶片呈锐角下垂，心叶卷曲呈弧形下垂，叶色发灰、无光泽，叶尖发黄，浇第一次水。浇水后两天调查品种的成活率。第二、三、四次浇水是在前一次浇水后 10 天左右，绝大部分品种的叶片处于永久萎蔫，土壤含水量在 4%左右，浇水后两天调查品种的成活率。根据其成活率，划分不同的干旱等级，成活率高者，为一级抗旱品种。根据 4 次反复干旱的结果，可以得知不同品种每次成活率下降的百分数差异很大，可分为四种类型，即稳定型、前慢后快型、缓慢型、快速型，如图 4-1 所示。

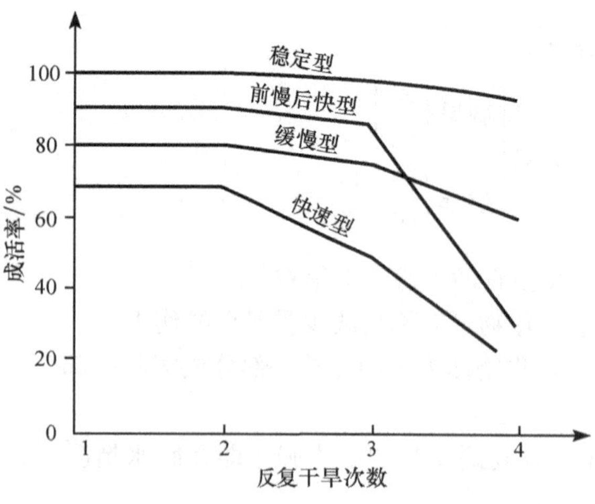

图 4-1　反复干旱后成活率下降的特点

苗期的抗旱性与后期的抗旱性并不完全一致，因此还必须进行后期的抗旱鉴定。小麦后期抗旱鉴定可用高 30cm、直径 10cm 的塑料硬筒进行，其中装土 1.5kg 左右，留苗 5 株，平时供水正常，后期进行干旱处理，最后以产量来评价品种的抗旱性。高粱、谷子、玉米可选择 40cm 高的塑料盆鉴定。

（二）实验室鉴定法

1. 用高渗溶液测定种子的萌发能力　在室内利用甘露醇溶液模拟不同水分胁迫的条件进行种子萌发，了解不同品种的抗旱能力。甘露醇数量计算公式如下：

$$g = P \cdot mv/RT \tag{4-1}$$

式中，P 为以大气压表示水分张力（Pa）；m 为甘露醇的物质的量（mol）；v 为容量（L）；R 为 0.08205；T 为绝对温度（270＋室温，℃）。

配制 0，6，9，12，15，18 个大气压水分张力的甘露醇溶液。

发芽方法：采用滤纸浸透相应浓度的甘露醇溶液放入直径为 12.5cm 的培养皿内，每个培养皿放 3 层滤纸（即种子下面垫两层，上面盖一层），注入相应浓度的甘露醇 30mL 于培养皿内。种子用 0.1%的西力生悬浮液浸泡 10min，每个培养皿内播 50 粒种子，然后盖上盖。缝口处用透明胶粘合起来，留 1cm 左右不粘合，以便通气。放在 20℃左右的黑暗处萌发，7 天后统计发芽数，发芽长 5mm 为发芽标准。抗旱品种发芽率常高些。

2. 测外渗液的电导率　用电导法测定植物抗逆性的原理是基于逆境（如干旱、低温、高温、盐碱、毒物污染等）具有改变植物细胞膜透性的效应。当植物受到逆境影响时，细胞膜透性发生不同程度的增大，选择通透性机制受到破坏，从而细胞内的电介质外渗量有不同程度的增加，电导率就有不同程度的加大。抗逆性强的品种细胞膜受害轻，膜透性变化不大，可以逆转，易于恢复正常。反之，抗逆性弱的品种细胞膜受害重，膜透性变化大，甚至不可逆转，直到死亡。具体测定方法是：在常温下育苗，当苗龄长到三叶期时，分为两组，一组进行干旱处理 7 天，另一组正常供水。每组取第二叶 4 片，分别剪成 0.5cm 长的小段。每个试管装 12 段叶片，试管中盛 10mL 蒸馏水。然后振荡 20min，用 DD11A 型电导率仪测定。伤害率的表示法如下：

$$伤害率(\%) = \frac{处理电导率}{煮沸电导率(对照电导率)} \times 100$$

3. 植物组织水势的测定　植物组织水势的测定常用压力室进行。压力室工作原理是在圆柱形的钢瓶内加压，将植物组织中的水压出来。植物组织开始出现水珠时的压力即为该组织的水势。具体测定方法是：取定位叶片或茎秆，放入压力室内，使叶片露出室外 1cm 左右，缓慢加压，当叶片切口处出现水珠时，停止加压，记录压力表的读数。水分亏缺严重的植株水势低。在同样水分条件下生长的植株，水分亏缺越严重，抗旱力越差。

4. 脯氨酸的测定　测定方法是取一定的鲜叶，将其剪成 1cm 长的小段。放入 20mL 的具塞试管内，加入 5mL 蒸馏水。在水浴锅上煮 60min，冷却后去渣。加入鲜重 1/5 的人造沸石，将试管置于冰箱中放置 24h，取出后加入 5mL 茚三酮、5mL 冰乙酸在水溶锅上 100℃加热 30min。冷却后加入苯 5mL，振荡 15min。静置分层，取上清液，于 515mm 波长处测定光密度。用蒸馏水按同样操作程序作对照，并从标准曲线上求出样品溶液中的脯氨酸量。

对品种的抗旱性除用以上方法鉴定外，在选用抗旱作物及品种时，还须注意：①一定要结合当地自然条件，尽可能使作物生育期与当地水、肥、气候条件相适应；②必须注意提纯复壮当地品种；③必须因地制宜调整作物布局，安排好轮作倒茬，以充分发挥抗旱作物和品种的作用。

三、抗旱播种保苗技术

农谚道“不怕无籽，单怕无苗”，有苗才能利用天然降水和土壤蓄水进行水分转化，才有可能提高水分转化效率。旱地农业播种时常会遇到水分不足的问题，所以应巧播种，提高播种质量。基本原则是：天旱不等雨，干播寄籽；有墒不等时，趁墒早播；墒差巧用水，争取前苗。

（一）坐水添墒播种

春播时，如遇气候干旱，土壤严重缺墒，则可利用一切可能的水源坐水穴播或沟播，这样水肥集中，可保全苗。浇水时如能加入适量的粪水，或施用湿润的有机肥料，则效果更好。

（二）秸秆造墒播种

具体方法（山西省西部丘陵山区）：将玉米秆或高粱秆碾压，并铡成 10～13cm 长的短节，捆成小把，浸泡在加水稀释的粪水中。浸泡 10～20 天，待秸秆发糟时即可使用，因其成把，所以又称为“把把”造墒播种。播种时，每穴放入一个“把把”，盖一薄层湿土，然后再点上浸过种的湿种子，随即覆土。

（三）打垄添墒，保墒播种

河北唐山等地常用此法，在早春土壤刚解冻能耕地时就进行。先用耠子耠沟施肥，然后用犁以两边向沟内翻土并培成一个 10～15cm 高的土垄，至播种时除去垄台上的干土，露出湿土，然后开沟或挖穴播入催芽后的种子，以缩短出土时间。

（四）沟浇渗墒播种

其方法是根据作物栽培的要求，先划好宽窄行，然后在窄行中间开沟浇水，待水渗入后，在沟的两边播种。或先按一定的宽窄行播种，然后在窄行中间开沟渗灌亦可。

（五）水耧播种

在耧上安装水斗，通过橡皮管或塑料管使水由斗经耧腿流到耧沟的土壤中，水量以能湿润干土并以接上湿土为度。在播种时把种子和水先后分别落入沟内。

（六）洞灌抗旱保苗法

具体做法是在幼苗根部附近用一直径 2～3cm 的尖头木棒，由地面斜向根部插一 20～30cm 深的洞穴，然后在洞内灌水 1～2kg。待水渗入后，用干土将洞口封闭，以减少蒸发。

（七）巧播促苗

巧播促苗主要指的是找墒播种（借墒播种、豁干种湿）、抢墒播种、提墒播种等。

第三节 间作、套种与混播

一、基本概念

（一）单作（sole cropping）

单作是指同一田地上种植同一种作物的种植方式，也称清种、净种，如大面积种植水稻、小麦、玉米等作物。这种方式作物群体结构单一，作物生长进程一致，耕作栽培技术单纯，便于统一管理。

（二）间作（row intercropping）

间作是指同一田地上种植两种或两种以上生育期相近作物的种植方式，如玉米间作大豆，记为“玉米‖大豆”，“‖”表示间作。所谓相间种植，有两种方式，一是隔行间作，即间作作物单行相间种植，如1行大豆和1行玉米间作；二是带状间作，即间作作物各有一定幅宽，多成带相间种植，如2行棉花间作4行甘薯，2行玉米间作4行大豆等。与隔行间作相比，作物分行或分带种植可以方便管理，易于操作，提高劳动工效。

（三）套作（relay intercropping）

套作是指在同一田地上于前季作物生长后期在其株、行间播种或移栽后季作物的种植方式，如小麦套作玉米，记为“小麦/玉米”，“/”表示套作。例如，每隔1楼小麦套种1行花生，或6行小麦套种2行棉花。套作比单作能够集约利用时间和空间资源。套作和间作都是集约化的种植方式，两者都有共生期。

（四）混作（mixed intercropping）

混作是指在同一田地上，同期混合种植两种或两种以上作物的种植方式，也称为混种，混作与间作属多作一熟型，是集约利用空间的种植方式。

（五）立体种植（multistorey cropping）

立体种植是指在同一田地上，两种或两种以上的作物（包括木本）从平面、时间、多层次地利用空间的种植方式。凡是立体种植都有多物种、多层次地立体利用资源种植的特点，都有构成复合群体的阶段。因此，实际上立体种植是间、混、套作的总称。它也包括山地、丘陵、河谷地带的不同作物沿垂直高度形成的梯度分层带状组合，如半湿润地区低山丘陵的山顶种树、山腰种果（草）、山底种粮（菜）等。

间作、套种与混播简称间混套作，它是增加土壤表面覆盖面积，提高单位面积作物的产量和保持水土、改良土壤的一项有效的农业栽培技术措施。

间混套作的各种作物，形态特征和生长习性各不相同，它们种在一起，在生态条件的利用方面有着互补与竞争的关系。合理的间混套作表现为互补为主，否则，会激化它们之间的矛盾。因此，分析和运用作物之间的关系，对于合理选配作物组合和发挥技术措施的调节作用，具有指导意义。

二、间混套作技术

间混套作（row or mixed intercropping）在农业生产中已得到广泛的应用，但如何选择好搭配作物，配置好田间结构，协调群体矛盾，仍然是间混套作技术的主要内容。

（一）作物与品种选配

栽培植物之间存在着相似性和差异性，在形态特征方面表现了大小、高低、形状和颜色等的异同；在生育特性方面表现了生育的快慢和迟早、需水需肥的多少和先后、需光的强弱和长短，以及对温度要求的高低等大体相似或者差异很大，这是事物矛盾的共性和个性在生物中的表现。根据这些方面的差异，合理选择和搭配作物及其品种，是间混套作的关键技术之一。

1. 生态适应性的选配——大同小异 在间混套作复合群体中，根据其竞争排斥原理，必须选择生态位有差异性的作物及其品种。具体来说，就是在生产中应根据生态适应性来选择作物及其品种进行合理搭配。要求间混套作的作物对环境条件的适应性在共生期间要大体相同，否则，它们根本就不可能生长在一起。东北喜凉的甜菜与广东喜温的甘蔗，天南地北，对光热的适应性相差甚远，且前者耐旱后者耐涝，不能生长在一起；水稻、水花生和绿萍等离不开水的喜水作物与芝麻、谷子和甘薯等怕淹忌水作物，对水分的适应性存在很大差异，不能在一起种植；其他如对土壤质地要求不同的花生、沙打旺与莲藕、水稻，对土壤酸碱度要求不同的向日葵、甜菜与茶树、烟草都不能实行间混套作。虽然生态适应性大同的作物有生长在一起的可能性，但是还不一定就适合间混套作。如果它们种在一起，激烈地互相竞争，结果都不会长好，产量也要降低。因此，在生态适应性大同的前提下，还要生态适应性小异，即适应的程度又有不同。譬如，小麦与豌豆对于氮素、玉米与甘薯对于磷和钾以及棉花与生姜对于光照，在需要的程度上都不尽相同，它们种在一起趋利避害，各取所需，能较充分地利用生态条件。

2. 特征特性——对应互补 所选择作物的植株特征和生育特性，在有关的部分或方面要相互补充。例如，植株高度要高低搭配，株型要紧凑与松散对应，叶子要大小尖圆互补，根系要深浅密疏结合，生育期要长短前后交错。正如农民群众总结的“一高一矮，一胖一瘦，一圆一尖，一深一浅，一长一短，一早一晚”。只有间混套作的作物特征特性对应互补，才能充分利用空间和时间，利用光、热、水、肥、气等生活资料，增加生物产量和经济产量。

3. 注重综合效益 农业生产也要求低成本，高产出，能取得较大的经济效益。因此，间混套作选择的作物是否合适，在增产情况下，也得看其经济效益高低，这也是间混套作应用推广的关键。

（二）复合群体田间结构的配置

作物群体在田间组合、空间分布及其相互关系，构成作物的田间结构。间混套作的田间结构属于复合群体结构，它具有垂直结构和水平结构。垂直结构是群体在田间的垂直分布，是植物群落的成层现象在田间的表现，层次的多少由作物种类所决定。一般间混套作的作物种类不多，因而垂直结构也比较简单。水平结构是作物群体在田间的横向排列，由于作物是根生，固定在土壤中，吸收一定范围内的水分和养分，所以水平结构就显得复杂而重要，对于作物的生长发育和产量形成具有十分重要的意义。间混套作的水平结构主要受制于作物密度、顺序、带宽、幅宽、行数、间距、行距和株距等。它们配合协调就能够充分利用自然资源和社会资源，促进作物生长发育，提高产量；否则，就加剧了竞争，激化了作物之间的矛盾。

1. 密度　密度是指单位面积或单位空间内植物的个体数。提高种植密度（planting density），增加叶面积系数和光照叶面积系数是间混套作增产的中心环节。确定密度的原则是基本上不减少或稍减少主作物密度，或两种间作的作物密度比单作时减少，但总密度都是增加的。套作则要求两种作物的密度和产量皆高于每种作物单作时的产量，或者其中之一因减少密度，而保证另一种作物的密度，增产补偿有余。当高秆作物和矮秆作物间混套作时，高秆作物或主作物一般都应适当加大密度，以充分利用矮秆作物为高秆作物改善了的通风透光条件，发挥密度的增产潜力。一般情况下，其密度与单作基本相同。必要时也可适当减少主作物密度，但不能减少过多，并保证主作物的产量。而矮秆作物的密度，一般较单作时略低一些，这是由其所处环境条件较差决定的。国外研究表明，理想配置的稀密程度是高秆作物不超过两行。为了达到上述要求，在生产实践中主要是采用宽窄行带状条播，宽行密植。

2. 幅宽　幅宽（drilling width）指的是带状间套作的作物两边行相距的宽度，即等于行距与行数减一之积。幅宽直接关系着各作物的面积和产量，如果幅宽过窄，虽然对生长旺盛的高秆作物有利，但对不耐阴的低秆作物不利，如果幅宽过大，对高秆作物增产不一定明显，幅宽应在不影响播种任务和适合现有农机具的前提下，根据作物的边际效应来确定。

3. 行数和行株距　在间混套作作物的幅宽大体确定后，再进一步调整各作物的行数和行株距，行数可用行比来表示，即各作物行数的实际数之比，如 2 行玉米间作 2 行大豆，其行比为 2∶2，6 行小麦与 2 行棉花套作，其行比为 6∶2。行距（row spacing）和株距（plant spacing）实际上是密度问题，配合得好坏，对于各作物的产量和品质关系很大。间混套作的行数，也要根据边际效应来确定，不同作物的边际效应不仅表现为边际优势或劣势，影响着幅宽，并涉及行数的多寡。根据调查，棉花与甘薯相邻 66cm 左右的情况下，棉花边际优势可达 4 行，边行 1～4 行分别比 5～10 行的平均单株铃数依次增加 67.6%、22.64%、10.64%和 10.71%，四行以后结铃虽有多少之分，但相差不大；甘薯的边际劣势可达 3 行，1～3 行分别比 4～6 行边行平均单株产量依次减产 34.05%、10.81%和 0.65%。麦棉套作，在行距 17～23cm 的情况下，小麦边际优势也达 3 行；玉米大豆间作，大豆受玉米的影响则涉及 2～3 行。因此不同作物组合，其边际效应范围和影响行数都不相同。为了发挥边际优势和减缓劣势的不良效应，在确定行数时，一般高秆作物不可多于低秆作物，而低秆作物不少于边际效应所影响的行数的 2 倍，如以上几种作物每带的行数，棉花可达 8 行，小麦可达 6 行，行数越少增产越显著，甘薯和大豆行数要在 4～6 行以上，越多减产越轻。在实际运用时，根据具体情况要求增减，也要与现有机械配合起来。行株距的大小，本着确定单作密度的原则，掌握高秆作物比单作适当小些，低秆作物比单作适当大些，以充分利用光热条件。

4. 间距　间距（planting distance）是相邻两作物边行的距离。在这里，间混套作的作物边行靠近，甚至枝叶根部也都可能接触交叉，成为争夺生活条件最激烈的地方。间距过大则减少作物行数，浪费土地；过小则加剧作物间矛盾。在水肥条件不足的情况下，两边行矛盾激化，甚至达到你死我活的地步。在光照条件差或都达到旺盛生长期时，互相争光，严重影响处于低层的作物生长发育和产量。在生产中，各种组合的间混套作的间距一般都容易过小，不会过大。在充分利用土地的前提下，主要照顾到低层作物，以不影响其生长发育为原则。具体确定间距时，一般可以根据两作物行距一半之和进行调整。在肥水光照充足的情况下，可适当窄些；相反，在差的情况下可宽些，以保证作物的正常生长。

表 4-1 给出的几种作物间作的间距可供生产中参考。

表 4-1 某些作物间混套作适宜的间距（cm）

作物组合	麦/棉	小麦/玉米		玉米与不同作物间作			
		共生期长	共生期短	大豆	甘薯	谷子	高粱
间距	33～40	20～27	不限	50	50～67	67～77	77～90

5. 带宽 带宽（strip width）是间混套作的各种作物顺序种植一遍所占地面的宽度。包括各个作物的幅宽和间距。一方面幅宽、间距、行数和行距都是在带宽以内进行调整的；另一方面它又将田块划分成若干条带，也就是间混套作的最基本单元，每个条带配合得合适与否，整个田块，甚至采用这种方式的所有田块都要受到全面的影响。基本单元合理，整体结构才能协调。因此，在相当程度上，带宽对于田间结构具有决定性的意义。各种类型的间混套作，在不同条件下，都有一个相对适宜的带宽使其更好地发挥增产作用。不然，安排过窄，间作作物互相影响，特别是低秆作物减产更多；安排过宽，减少了边行，高秆作物增产就不明显，而低秆作物过多又影响总产。根据河南省玉米高、稳、低研究与推广协作组的试验，以夏播玉米为主的玉米大豆间作，行比为 4∶2 的 2.67m 带宽和 2∶2 的带宽比较，过宽或过窄增产极不显著。确定间混套作的带宽涉及许多因素，一般可根据作物品种特性、土壤肥力以及农机具来确定。喜光的高秆作物占种植计划的比例大而低秆作物又不甚耐阴，两者都需要大的幅宽时，采用宽带种植；喜光的高秆作物比例小且低秆作物又耐阴，可以窄带种植。株型高大的作物品种或肥力高的土地，行距和间距都大，带宽要加宽；反之，应缩小。此外，机械化程度高的地区一般采用宽带状间混套作。中型农机具作业带宽要宽，小型农机具作业可窄些。

（三）生长发育调控技术

应用化学调控技术也能对复合群体条件下的作物生长发育进行调节和控制。这一技术具有控上（高层作物）促下（低层作物）、协调各种作物正常生育、塑造理想株型、促进发育成熟等一系列综合效益。例如，麦棉套作，用缩节胺喷施营养钵棉苗，可缩短移栽后缓苗期 5～7 天；用 802 灌棵，可促使棉苗快长快发，迅速搭好丰产架子；吐絮期喷施乙烯利，有利于晚桃提前开裂，早熟 7～10 天，品质优，并为后作作物适时播种早腾茬提供了条件。这样，运用植物生长调节剂进行调节，可协调各种作物个体发育与群体生长矛盾，促进复合群体条件下高产与稳产。

（四）田间管理技术

根据间混套作的效应原理，要发挥复合群体的互补优势，必须造成时间、空间和营养等方面生态位分离，在间套作技术上，常用以下措施来实现。

1. 适时播种 为了保证全苗，间混套作的播种时期与单作相比，更具有特殊的意义。因此，间作时更需要考虑到不同间作作物的适宜播种期，使它们的各生长阶段都能处在适宜的时期。秋播作物的播种比单作要求更加严格，特别是前作成熟过晚，要采取促进早熟的措施，不得已晚播时，要加强冬前管理，保全苗促壮苗。春播作物一般在冬闲地上播种，除了保证直播播种质量外，为了全苗和提早成熟，还可以采用育苗移栽或地膜覆盖栽培。育苗移栽可以提早育苗，培育壮苗，并缩短间混套作作物的共生期，保证全苗。地膜覆盖能够提高地温，保蓄水分，对于壮苗早发有着良好作用。这些保苗措施，均可根据实际情况适当采用。夏播作物生长期短，播种期越早越好，并且注意保持土壤墒情，防治地下害虫，以保证间混套作物的全苗。

2. 水肥管理 间混套作的作物由于竞争，往往生长缓慢，因此需要加强管理，促进生长发育。在间混套作的田间，因为增加植株密度，容易水肥不足，应加强追肥和灌水。在套作田共生期间，低层作物受到抑制，光照差，苗弱苗细，易形成高脚苗。要注意及早增施磷钾肥，如不是过于干旱，不要急于灌水。并贯彻促进高秆作物成熟的措施，待收获后，加紧管理，水肥猛促，以补共生期间所受亏损。

3. 防治病虫 间混套作可以减少一些病虫害，也可增添或加重某些病虫害。玉米谷子间作，粟秆螟加剧；玉米棉花间作，加重玉米螟、红蜘蛛危害；麦棉套种容易促使红蜘蛛和小麦丛矮病发生；棉花马铃薯间作有助于黄萎病菌繁殖。针对各种组合所发生的病虫害，对症下药，认真防治，特别要贯彻防重于治，不使其发生起来。不然，那些共同的病虫害发生了，比单作田更会严重，也难消除。虫害实行综合性防治，除物理和化学的方法外，注意运用群落规律，实行生物防治，并使三者协调起来，有事半功倍的效果。

4. 早熟早收 间混套作的作物生长在一起，低层作物受高层作物的遮盖和争夺营养物质，光、热、水、肥条件均差，生长缓慢，迟熟晚发。多熟间混套作，更需要争取时间，在霜冻以前成熟，所以早熟早收的措施是非常重要的。秋播作物与春播作物套作，要在夏收前控制水肥，催熟抢收；春播作物前期促早发，夏收后加强管理，抢灭茬，抢追肥，抢灌水，抢治虫，尽快促进生长，防止早衰。夏播作物间混套作在供给充足的水肥同时，也要促进早熟，特别在后期如果贪青晚熟，可推株并垄，深锄断根，以防止晚熟减产和降低品质。

应该指出，在进行农作物间混套种的时候，必须结合水土保持耕作技术措施，如垄沟耕作、水平犁沟、横坡耕作等，以提高作物产量。

三、间作主要类型和方式

（一）禾豆间作

禾本科与豆科作物间作在我国历史悠久、分布广泛。禾本科作物主要为玉米，其次为高粱、谷子等；豆科作物主要为大豆，其次为花生，少量为绿豆、赤豆、黑豆、豇豆、菜豆、蚕豆等。禾豆间作主要分布在东北以及辽宁南部—华北各省—湖北西部—四川东部—贵州—云南一线的玉米种植区，其他玉米种植区域也有零星分布。

1. 玉米与大豆间作 玉米大豆间作是禾本科与豆科作物间作中典型的组配类型。玉米属于禾本科作物，须根系，植株高，叶片窄长而上冲，为需肥多的 C_4 植物，较喜光；而大豆属于豆科作物，直根系，植株矮，叶片圆小而平展，为需磷钾多的 C_3 植物，较耐阴。两种作物共处，除密植效应外，兼有营养异质效应、边行优势、补偿效应、正对应效应，能全面体现间作复合群体的各种互补关系，增产增收效果好。其田间配置，过去多采用窄行比，如 1∶1、2∶1。随着生产条件的改善和玉米单产的提高，为减少玉米对大豆的不良影响，提高全田总产量，已向宽行比发展。

以玉米为主时，理论模式是玉米密度不减，增种大豆。玉米与大豆的行比为（2～6）∶（2～3），这样，玉米行数不超过玉米可以发挥边行优势的范围。玉米的行距应比单作缩小，具体需根据玉米大部分根系向四周伸展的宽度而定，一般为 17～23cm，而且已有试验结果表明，距玉米植株水平距离 0～20cm 内的根系可吸收的磷量占玉米总吸收量的 90%以上；在 10～20cm 处为最主要的吸收养分区域，所以行距宜在 40cm 左右。行数少，行距宜偏小；行数多，可偏大。玉米的株距可缩小，但以不妨碍地上部植株生长为度，据生产上当前推广的紧凑型与松散型两类玉米品种，可缩小到13～20cm。大豆如为2行，行距比单作略小，以利于加大两种作物的间距，减少玉米对其不良影响；如为3行，行距与单作相同，间距一般为33～50cm。

以大豆为主时，要求在保证大豆丰产的基础上增种玉米。技术的关键是：因地制宜，掌握间作玉米的密度，至少要在大于玉米株高的大豆地面宽度处种植玉米。种植2行，窄行（30～40cm）密株；或种植1行密株玉米。玉米株距依水肥条件而定，水肥条件有保证时，株距可缩小到13～20cm；水肥条件较差时，株距可加大到30cm左右。另外，种植玉米也可采用一穴多株的方式。必须保证玉米所需要的水肥，做到以株定施肥量。

2. 玉米与花生间作　该间作类型主要分布在黄淮流域及长江流域的花生产区，如四川的玉米花生间作面积占花生总面积的90%以上。间作时，一般多以花生为主，玉米、花生的行比为2∶6或2∶8。与玉米大豆间作不同，花生要求的水肥条件相对较高，同时耐阴力较弱，要求较好的光照条件。两者间作时，玉米应选用早熟中矮秆株型品种。为了提高土壤肥力，可采取挖沟填高的办法，台面加厚种花生，沟底深刨种玉米，既可以增强花生的抗涝能力，防止烂果，又可以防止玉米根系过多而影响花生的正常生长。

（二）禾薯间作

禾本科作物与薯类作物间作也是比较典型的配合。禾本科作物大多数高秆、根深、叶长、喜光、喜温、需氮肥较多；而薯类作物株矮、叶小、根浅、地下结薯，需要磷钾肥较多，并且马铃薯耐阴而需冷凉的气候。禾薯间作可以减少竞争，彼此互补，收到增产的效果。

1. 玉米与甘薯间作　玉米甘薯间作，以山东和河北两省面积较大，一般以甘薯为主时，按甘薯既定行株距每隔2～4行种1行玉米，如果想多收玉米，可按4∶2或6∶2行比。带宽2.6m，甘薯宽行83cm，窄行50cm，间距41.7cm。玉米株距可适当放宽到76.7cm，以减轻对甘薯遮阴。玉米甘薯间作，玉米以早、中熟丰产品种为宜；甘薯选短蔓耐阴品种，以免玉米影响甘薯时间过长过重。在有条件进行水肥高投入的情况下，可隔6行甘薯空1行，在空行的面积上挖丰产沟种植2行窄行距的玉米。据田间调查，甘薯种植6行时，受玉米遮阴影响不显著。为减少甘薯薯块膨大期与玉米的争光矛盾，玉米应选用早、中熟种，适时早播，以在甘薯薯块迅速膨大期之前收获为宜。

2. 玉米与马铃薯间作　马铃薯较耐阴，玉米与马铃薯间作的行比可为（1～2）∶2，马铃薯的行距与单作相同，玉米行距40cm，株距依品种和肥力条件而定。两种作物的间距适宜田间操作即可。玉米马铃薯间作可采用1.33m带宽，行比2∶2，马铃薯行距40cm，玉米行距40cm，间距27cm；或者马铃薯行距60cm，每隔2行间作1行玉米。玉米马铃薯间作，玉米选用中、晚熟高产品种，马铃薯选用植株紧凑、结薯集中、早熟丰产品种。这些高产作物相互间作，需水需肥都多，玉米要注意增施基肥和追肥，马铃薯增施磷、钾肥。

除上述间作类型外，粮菜、棉菜、桐农和果农等间作类型在农村经济发展中也起到了积极的推动作用。

四、套作主要类型和方式

套作具有充分利用时间和空间的双重意义，在生产中起着更明显的增产作用。在华北地区的套作类型有麦棉套作、小麦玉米套作、小麦花生套作、粮肥套作、棉肥套作、麦豆套作、麦薯套作、麦烟套作等；并且还有三茬、四茬套种，如北京的三种三收，山东的小畦大背（二、四畦)，河南的油菜、小麦、玉米、大豆四茬套种。现介绍几种主要的类型。

（一）小麦玉米套作

小麦套作玉米在华北地区很普遍，约占夏玉米面积的 75%。两种作物虽然都是禾本科作物，但它们的植株高矮、叶片大小、根系分布和生育期上存在着相当大的差异，可以起到互补作用。播种小麦时所预留的空行，有利于通风透光，表现出边际优势。据测定，2.5m 带宽的套作小麦比单作的植株中部透光率高 25.8%，距地面 20cm 处风速高 1.5 倍；1～2m 带宽的套作小麦比单作穗粒数增加 0.7～1.7 个，千粒重增加 1.3～2.4g；套作玉米比单作穗粒数增加 62.2 粒，千粒重增加 12.13g。小麦套作玉米全年粮食产量 14016kg/hm^2，比小麦接茬复种玉米增产 13.69%。

小麦玉米套作一般有两种方式，一种为窄背套作（图 4-2），带宽 67～73cm，种 3 行小麦和 1 行玉米，小麦行距 20cm，间距 13.5～16.5cm，即所谓的“三密一稀”，这种方式小麦基本不减产而增加玉米产量，一般增产 10.9%～15%；另一种为宽背套种（图 4-3），带宽 2～2.07m、种 8 行小麦，2 行玉米，小麦行距 20cm，玉米行距 33～40cm，间距 13.5cm，小麦收后种 2 行大豆，即所谓的“二四畦”，又称为“三种三收”。

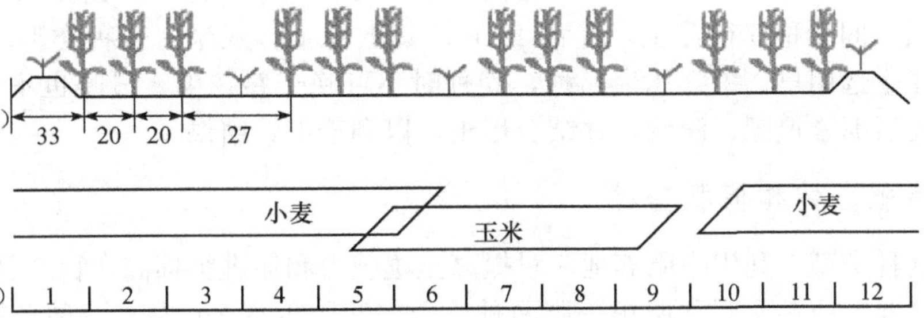

图 4-2 窄背套作示意图

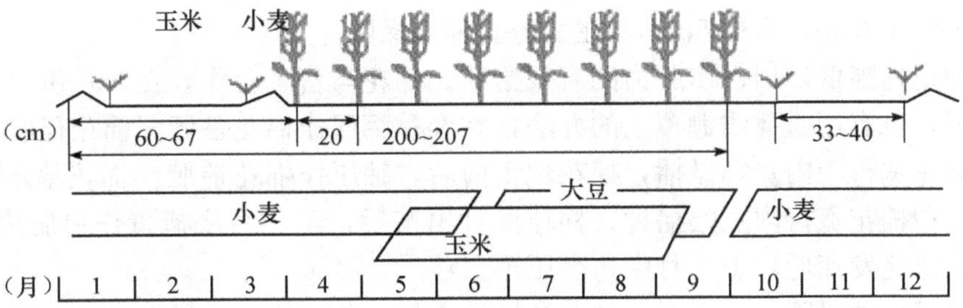

图 4-3 宽背套作示意图

（二）麦棉套作

麦棉套作是我国主要棉区的重要种植方式。棉花喜温喜光，春季播种，晚秋拔秸。而小麦喜凉耐寒，秋种夏收。麦棉套作后，一高一低，一前一后，它们的株高和生育期互补，小麦利用了冬季和早春棉花所不能利用的时间、空间和光、热、水、肥条件。以河南省为例，在 5 个月的冬闲季节里，日照 750～940h，>0℃的积温 4600～7500℃，其中至少有 45%～60%为套作小麦所利用；并且在带状套作的情况下，改变了田间光照条件，具有明显的边际效益。麦高棉低，多方面对小麦有利，但也并非对棉花完全不利。在减少光照和温度的同时，当寒流侵袭时，可以受到小麦保护，蚜虫发生较轻。并且所受损失，在麦收后，通过加强管理和采取一些有效措施，尚有很长时间可以进行补救。这样，在棉花少减产或平产的情况下，收到增产小麦和提高经济效益的效果。根据麦棉套作的边际效应，小麦每带以 3～6 行为宜，棉花每带以 1～2 行为宜，麦棉间距 33cm 左右效果最好。

麦棉套作的主要方式：带宽 1.5m，行比 3∶2，种 1 耧小麦，行距 20cm，占地 40cm，预留空档 110cm，翌年种棉花 2 行，窄行 40～50cm，麦收后，棉花宽行距为 1.5～1.6m，间距 30～33cm。

（三）小麦花生套作

小麦花生套作在华北的花生产区极为普遍，一年二熟的花生几乎全部为麦垄花生所代替。花生为豆科作物，具有共生固氮能力，蔓生或低矮丛生，生长期由春到秋，与小麦形成恰当的互补关系。

小麦花生套作的方法，一般是 2 行小麦，行距 16.7cm，留 26.7cm 空档，套种 1 行花生，间距 13cm。各地也有采用大沟麦套花生，带宽 87cm，3 行麦，2 行花生，小麦行距 13cm，花生行距 33cm，间距 13cm。还有小麦、花生、玉米三者间作套种，带宽 2.07m，6 行小麦，幅宽 1.67m，其行间套种 5 行花生，畦背 40cm，其上种 1 行玉米。这种类型小麦品种要早熟、低秆抗倒，花生选用早、中熟丛生品种，套种时不可晚于春花生、最晚也不要晚于收麦前 20 天套种。收麦后抓紧追肥、深锄，并结合培土，以利于下针结果。

（四）粮肥套种和棉肥套种

这两种套种类型，利用绿肥养地，对提高土壤肥力和促进粮棉高产稳产具有重要意义。粮肥套种方法主要有两粮两肥和两粮一肥两种。两粮两肥带宽 2m 左右，种 2 耧小麦，留 80cm 左右种苕子，春季掩青后，套 2 行玉米，小麦收后套种田菁或柽麻等；两粮一肥，带宽 1.67～2m，小麦套种春玉米，小麦收后套种夏绿肥。也有小麦收后夏播夏玉米，玉米宽窄行种植，宽行 80～100cm，窄行 50cm，在宽行套种夏绿肥。

棉肥套种是提高低产田棉田肥力的有效措施。棉花与苕子套作，在 8 月份，于棉花宽行内套种 2 行苕子，也有用撒播浅锄覆土的办法，在春季翻压作棉花基肥。棉花柽麻套种是在棉花播种后，在棉花宽行距内宽幅撒播，棉花现蕾前后，翻压作棉花追肥。棉花草木樨套种，在 3 月上旬，预先在棉花宽行内宽幅播种，棉花播种出苗后，于 5 月底掩青作追肥用。也可收割、沤制、追施，留茬发芽后，于 7 月中旬翻压第二茬。

棉田和粮田套种绿肥，要注意播种期和播种质量，务必使全苗早发，生长期必须当成一季作物加强管理，追施磷肥，以磷换氮，并及时翻压。天气干旱时，一定要灌水，以加速腐烂。

第四节 复种与轮作

一、复种

（一）复种及其相关的概念

复种（sequential cropping）是我国一些地区普遍采用的种植方式，是我国及其他人多地少国家传统农业精耕细作、集约种植的重要组成部分，可以有效地提高土地等资源的利用效率。复种是指在同一田地上一年内接连种植二季或二季以上作物的种植方式。一年种植二季作物称为一年二熟，如冬小麦—夏玉米（符号“—”表示年内复种）；一年种植三季作物称为一年三熟，如小麦（油菜或绿肥）—早稻—晚稻；两年内种植三季作物，称为两年三熟，如春玉米→冬小麦—夏甘薯（符号“→”表示年间作物接茬播种）。

复种方法有多种，可在上茬作物收获后直接播种下茬作物，也可在上茬作物收获前将下茬作物套种在上茬作物的株、行间，即套作，还可以采用育苗移栽。此外，再生也可以实现复种。在农业生产中，与复种有关的概念如下：

1. 种植指数（cropping index） 它是指某一生产单位全年作物种植的总面积占总耕地面积的百分比。种植指数的含义与复种指数相似，它是衡量耕地有无休闲或撂荒的指标，是国际上通用的算法。

$$\text{耕地种植指数}(\%)=\frac{\text{作物总种植面积}}{\text{总耕地面积}}\times 100 \tag{4-2}$$

2. 复种指数（multi-cropping index） 它是指某一生产单位全年作物总收获面积占总耕地面积的百分比。它是衡量耕地复种程度的高低。

$$\text{耕地复种指数}(\%)=\frac{\text{作物总收获面积}}{\text{总耕地面积}}\times 100 \tag{4-3}$$

计算复种指数时，套作作为复种的一种方式，计入复种指数，而间作混作则不计入。

“作物总收获面积”包括粮食作物、经济作物以及青饲、绿肥等饲料作物的收获面积。实际应用中，既可以计算某一生产单位全部作物或全部耕地的复种指数，也可以计算某种作物或某种类型耕地的复种指数。

3. 熟制（mature system） 它是指同一块耕地上一年内收获作物的季数。熟制是对耕地利用程度的另一种表示方法，它以年为单位表示作物收获的季数。例如，一年三熟、一年二熟、两年三熟、一年一熟等，都称为熟制，其中对播种面积大于耕地面积的熟制，如前三种，又统称为多熟制。

4. 多熟种植（multiple cropping） 是指在一年内，于同一田地上前后种植两季或两季以上的作物。它既包括复种、套作，也包括间作和混作。多熟种植是国际上常用的概念，是作物生产在时间和空间上的集约种植。

5. 休闲（fallow） 休闲是指耕地在可种作物的季节只耕不种或不耕不种的方式。在农业生产中对耕地进行休闲，其目的主要是使耕地得到短暂休息，减少水分、养分的消耗，并蓄积雨水，消灭杂草，促进土壤潜在养分转化，为以后作物生长创造良好的土壤条件。在休闲期间，自然生长的植物还田，有助于培肥地力。休闲的不利方面是不能将光、热、水、土等自然资源转化为作物产品，易加剧水土流失，加快土壤潜在肥力的矿化，对土壤有机质积累不利。

根据休闲时间的长短，可分为全年休闲和季节休闲。季节休闲又分为冬闲、夏闲和秋闲。

6. 撂荒（shifting cultivation） 是指荒地开垦种植几年后，较长时期弃而不种，待地力恢复时再行开垦种植的一种土地利用方式。生产实践中，当休闲年限在两年以上并占到整个轮作周期的 2/3 以上时，也称为撂荒。

通常情况下，特别是在人口多耕地少时，采用复种有利于增加作物播种面积，提高作物产量；有利于缓和粮、经、饲、果、菜等作物争地的矛盾，实现全面增产；有利于抗御自然灾害，实现稳产高产；有利于增强系统韧性，改善农业生产环境。

复种既能集约利用光能、热量、水资源和地力等，又能增加地面覆盖，减小溅蚀、面蚀发生。因此，其产量高、经济效益好。

（二）复种的条件

生产中是否能进行复种以及复种程度的高低，主要取决于自然条件（热量与降水量）和生产条件（劳力、畜力、机械化程度和肥力条件）。

1. 复种的热量条件 热量是决定当地能否进行复种和复种程度高低的首要条件。

1）热量指标 在热量条件中，与复种有关的指标主要有积温、生长期和界限温度。

（1）积温。积温（cumulative temperature）是衡量作物能否复种的重要指标，不同作物对积温的要求不同（表4-2和表4-3）。复种所要求的积温，不仅是复种方式中各种作物本身所需积温（喜凉作物以≥0℃积温计，喜温作物以≥10℃积温计）的相加，而且应在此基础上有所增减。例如，在前茬作物收获后再复种后季作物，应加上前、后两茬作物之间农耗期的积温；套种则应减去上、下茬作物共生期间的一种作物的积温；如果是移栽，则应减去该作物移栽前的积温。

表4-2 不同喜温作物对≥0℃积温的要求

作　物	早熟种	中熟种	晚熟种
冬小麦	1700～2000	2000～2200	2200～2400
春小麦	1700～2100	2100～2300	～
油菜（直播）	1700～1900	1900～2100	2100～2300
油菜（移栽）	1400～1600	1600～1800	1800～2000
马铃薯	1600～1800	1800～2000	2000～2300

表4-3 不同喜温作物对≥10℃积温的要求

作　物	早熟种	中熟种	晚熟种
玉米	2000～2200	2200～2800	2800～3000
谷子	1700～1800	2200～2400	2400～2600
高粱	2100～2400	2500～2800	>300
水稻	2400～2500	2800～3200	
大豆	2000～2200	2200～2500	2500～2900
糜子	1350～1400	1650	
荞麦	1000～1200	1300	
甘薯	1600～2100	2500～3000	3500～4000
棉花	3200～4000	4000～4500	>4500
花生	2200～2400	3200	>3400

（2）生长期。各种农作物从播种、出苗到开花结实，都需要一定的时间及一定的光温条件，表现为一定的生长期（growth grade）。生长期常用>0℃或>10℃的日数表示。>0℃的日数是喜凉作物与喜温作物复种都能利用的生长期。在我国，一般>10℃日数少于180天的地区多为一年一熟，复种极少；180～250天范围内，可实行一年二熟；250天以上可实行一年三熟。华北地区，越冬作物主要有冬小麦，所以也可以麦收至日平均气温为15℃（喜温作物正常生长的下限温度）的终止期来考虑复种。由于有些秋收作物的终止生育指标为初霜期，因而有的以麦收至初霜（或最低气温2℃）期间日数作为生长期，一般60～75天的，以冬小麦—糜子为宜；75～89天以冬小麦—早熟大豆或谷子为宜；85天以上的才可种植冬小麦—早、中熟玉米。

(3) 界限温度。界限温度（critical temperature）是指作物各生育时期（包括播种、发芽、开花、灌浆及成熟等）的起点温度、生育关键时期的下限温度以及作物生长停止的温度等。例如，冬季最低温－22～－20℃为冬小麦越冬的界限温度；夏季的高温要满足喜温作物抽穗开花的需要，一般最热月均温 18℃为喜温作物分布的下限。华北地区冬季最低温度平均为－22～－20℃，最热月为 25～26℃，9 月为 20～22℃，小麦基本能安全越冬，喜温作物能正常生长。

2) *作物及复种方式对温度的要求*　不同作物及品种对温度的要求不同。复种时，要根据热量资源和作物品种的要求，合理安排不同的复种类型和作物组合，使各茬作物都能在适宜的季节播种，在适宜的温度条件下生长发育，并能安全成熟。表 4-4 是几种主要作物的一些复种方式对积温的要求。

表 4-4　不同类型作物的复种方式对≥10℃积温的要求

作物及复种方式	≥10℃积温/℃	
	早熟种	中熟种
小麦—玉米	≥4100	≥4800
小麦—水稻	≥4600	≥5000
小麦—大豆	≥4100	≥4300
小麦—棉花		5000～5500
小麦—甘薯		≥5000
稻—稻—小麦		5900～6100

3) *复种总积温的计算*　计算熟制所需积温时，要在保证主要作物对热量要求的前提下，确定适宜的复种方式和作物品种。一年二熟积温的计算，如冬小麦—玉米、冬小麦—水稻的积温计算见表 4-5。二年三熟积温的计算，以春玉米—冬小麦—早玉米为例，两年为一个周期，第一年是春玉米积温（与一年一熟春玉米的积温相同），加上玉米收获到种冬小麦时的农耗积温，再加上冬小麦播种至停止生长所需积温，即：春玉米 2900℃＋农耗 100℃＋冬小麦越冬前 550℃＝3550℃。

第二年所需积温是冬小麦返青至成熟 1600℃，加上农耗积温 100℃，再加上夏播玉米需积温 2200℃，总计 3900℃。

表 4-5　一年二熟制所需的积温（℃）

上茬			农耗积温	下茬			农耗积温	越冬前		总积温
作物	品种	返青至成熟所需积温		作物	品种	积温		作物	播种至停止生长所需积温	
冬小麦	农大 139	1600	100	玉米	京黄	2200	100	冬小麦	550	4550
冬小麦	农大 139	1600	100	水稻	早丰	2100	100	冬小麦	550	4450

2. 复种的水分条件　在热量条件能满足复种的地区，能否实行复种，就要看水分条件，即热量条件是复种可行性的首要条件，水分条件则是复种可行性的关键因素。

实行复种在一年内种植作物的次数增多，耗水量增加，但在复种时，上下茬作物有共同使用水分的时期。例如，小麦—玉米一年二熟方式中，小麦的麦黄水可作为夏玉米的底墒水或套种夏玉米的播种水；玉米的攻粒水可作为小麦的底墒水等。因此，各种多熟制和不同复种方式所耗用的水量，一般比一年一熟多，但比复种中各季作物所耗水量的累加数量要少。

影响复种的水分条件，主要有降水量、降水分布规律、地上地下水资源、蒸腾量、农田基本建设等。从降水量看，我国一般年降水量600mm的地区，相应的热量可实行一年二熟；但水分不能满足二熟要求，复种时要进行灌溉；年降水量大于800mm的地区，如秦岭淮河以南，长江以北，可以有较大面积的稻麦两熟；年降水量小于800mm的地区，有灌溉条件才能播种水稻；种植双季稻或三熟制则要求降水量大于1000mm。

3. 复种的肥力条件 在光、热、水条件具备的情况下，肥力水平往往成为复种产量高低的主要矛盾。提高复种指数，需要增施肥料，才能保证复种高产增加；肥料少，地力不足，往往出现两茬不如一茬的现象。生产中有“二三得六，不如一七得七”及“三三见九，不如一十得十”的说法。

4. 复种的劳力、畜力、机械条件 复种主要是从时间上充分利用光热和地力的措施，需要在作物收获、播种的大忙季节，能在短时间内及时并保质保量地完成上茬作物收获、下茬作物播种以及田间管理工作。所以，有无充足的劳力、畜力和机械化条件也是事关复种成败的一个重要问题。

（三）复种的农业技术

复种后，作物种植由一年一季改为一年多季，在季节、茬口、劳力等方面出现许多新的矛盾。因此，需要采取相应的技术措施加以解决。

1. 作物组合技术 选择适宜的作物组合，是复种能否成功在技术上要解决的首要问题。为了确定适宜的作物组合，首先要根据当地的自然条件确定当地的熟制，然后根据熟制与所处地区的热量和水肥条件的矛盾以及对自然条件的适应程度再确定作物组合。

2. 品种搭配技术 选择适宜的品种是在作物组合确定后，进一步协调复种与热量条件紧张矛盾的重要措施。一般来说，生育期长的品种比生育期短的增产潜力大。但在复种情况下，不能仅考虑一季作物的高产，必须从全年高产，以整个复种方式全面增产着眼，使上下茬作物的生长季节彼此协调。

3. 避开不可抗拒的气候灾害 作物的品种熟期安排应有利于避灾保收。例如，贵州东部、四川东部生育季节长，但伏旱严重，麦稻、油稻两熟的水稻品种以早、中熟品种为主，便于避开伏旱的威胁。在春旱严重的云南，烤烟在雨季来后移栽成活率才高，应选用耐迟栽的品种。沿海台风频繁，抽穗开花期倒伏减产4～5成，乳熟期倒伏减产3成左右，黄熟期倒伏损失1～2成。晚稻应选用矮秆、在抽穗开花期能避开台风的品种。

4. 争时技术 在生长期一定的条件下，实施复种后必然导致不同作物对生长期占据之间的矛盾，为了保证复种的作物正常成熟，协调好不同作物争夺生育季节的矛盾，充分利用生长期，复种必须采取相应的争时技术，如育苗移栽、套作和地膜覆盖等。

5. 田间管理技术 田间管理技术包括了：①后作及时播种，减少农耗期；②前作及时收获；③合理施肥等。此外，还可应用生长发育调控技术。

（四）复种的类型与方式

1. 一年二熟 一年二熟制（double cropping system）主要分布在≥10℃积温在3500～4500℃的暖温带旱作区域，如黄淮海平原、汾渭谷地。稻麦两熟及部分双季稻则主要分布在≥10℃积温在4500～5300℃的北亚热带地区，如江淮丘陵平原、西南地区。其中旱作区域以麦(油菜、蚕豆、绿豆)—玉米、麦—甘薯、麦—棉两熟为主，主要方式有：

1）**麦田两熟**（wheat double cropping） 小麦、玉米分别是我国播种面积占第二位和第三位的作物。小麦常年播种面积4.4亿亩，玉米（2.8～3）亿亩。暖温带冬小麦区以一年二熟为主，麦后复种作物面积最大的是玉米，其次为大豆、花生、棉花、甘薯、烤烟，组成了多种复种形式。

（1）麦玉两熟。小麦—夏玉米是一种高产、互补效益好的复种形式。黄淮海地区既是小麦高产带，又是玉米适宜的气候带，两种作物都有较好的气候生态适应性，在播期上有较好的互补效应。小麦对播期要求不严格，河北省在9月下旬至10月下旬播种均可高产，山东烟台地区已成功地研究出10月20日迟播小麦产7500kg/hm² 的配套技术。夏玉米对播期要求严格，早播增产显著，尤其是生育期长的品种较生育期短的品种增产显著。河北省农业科学院研究，小麦—玉米的一体化栽培技术体系为：①小麦迟播，玉米早播。河北低洼平原区小麦为10月5日至10月15日播种，夏玉米尽量早播。②品种搭配。小麦水浇地用高产早熟耐迟播品种，如冀麦26、冀麦711等，玉米以紧凑型掖单系统为佳。③增加玉米密度。据山东省相关部门研究，紧凑型玉米一般宜67500～82500株/hm²。④增加施肥量。小麦重施有机肥，施N 135kg/hm²，P 135kg/hm²，追肥以N120～150kg、P 90～120kg计，分拔节、大喇叭口两次施用。据中国农业科学院土壤肥料研究所研究，玉米产7500kg/hm²，需施N 210kg，P 70.5kg。⑤合理灌溉。

（2）小麦—大豆两熟。主要分布于黄淮海平原与江淮丘陵的大豆集中产区。

（3）小麦—棉花两熟。麦棉两熟制占全国棉田的60%。长江流域棉区90%麦棉套作，华北棉区过去为一熟春棉区，20世纪80年代后随水肥条件改善和土地集约经营的提高，麦棉套作两熟有较大的发展，目前已占50%以上。四川棉区以麦棉套作为主，长江以南棉区有少量麦—棉两熟。

（4）小麦—花生两熟。我国花生主产区是山东、广东、河南、河北等省。黄淮海平原过去为一熟春花生，近年小麦—花生两熟有发展。热量较充裕的地区以麦茬复种花生为主。

（5）小麦—甘薯两熟。主要分布在水肥条件和热量条件较好的旱地或丘陵坡地上，以山东、河南、河北、四川、广西及江苏北部为多。甘薯吸氮量较低，但生物量大，要提高小麦甘薯的年产量，需要提高施肥管理水平。

（6）小麦—烤烟两熟。我国主要烟区过去以一熟春烟为主，麦烟套作两熟面积包括以油菜代替小麦位置的油烟两熟烟田正在迅速扩大。河南、山东麦烟套作已成为两熟的主要形式。山东的方式一般带宽140cm，种麦时预留行宽40cm，麦收前10～20天套栽1行烤烟。贵州烟区两熟烟为油菜—烤烟两熟，麦套烟正在发展中。云南、湖南烟田多为麦烟两熟或烟稻两熟。

2）**稻田两熟**（rice double cropping）

（1）冬作单季稻两熟。麦稻两熟集中分布在江淮丘陵与西南地区汉中盆地，冬作有小麦、大麦、油菜、蚕豆等。以麦稻两熟为代表，麦稻两熟的技术要点是：小麦精细整地，播种或免耕稻茬播麦，开好排水沟，提高播种质量；水稻选用生长期较长，一般以150～170天以上的丰产性好的品种为主，如杂交水稻等；按两季作物产量水平及土壤供肥力，施足肥料。

（2）马铃薯—水稻两熟。在西南山区、广西山区有种植。马铃薯产量较高，茎叶还田是很好的肥料。马铃薯既是粮食又是蔬菜，也可作饲料，不影响水稻插秧，水稻产量较高。由于马铃薯不耐贮藏，需求量受到限制。这种形式常作为搭配形式，不能成为一个地区的主体耕作制度。

（3）水稻—大豆两熟。有早稻—秋大豆、春大豆—晚稻两种形式。近年湖南稻区豆稻两熟制有少量发展，其作用在于改良潜育化稻田，增加大豆产量。

（4）烟稻两熟。湖南、郑州地区、云南玉溪地区，种植春烟后再种一季中稻或晚稻。中稻或晚稻在适宜农时内插秧，水稻一般表现为增产。烤烟施肥较多，旱作期土壤潜在肥力的分解使肥力较高，加之烤烟经济价值较高，是一种粮经兼顾、经济效益较高的复种形式。

（5）南亚热带的其他复种形式。主要是受降水、水利、肥料、劳力等限制下的稻田二熟制，如玉米—水稻、早稻—晚甘薯、花生—晚稻、早稻—秋花生、早稻—甘蔗、早稻—黄麻等。

3）**二年三熟**　二年三熟制（two-year-three-crop system）是一年一熟制与一年二熟制的过渡类型，指的是在同一块地上两年内收获三季作物。例如，第一年种春玉米，秋季种麦，翌年6～7月小麦收割后，再种一季短生育期的夏玉米或谷子。主要分布于暖温带北部一季有余两季不足、≥10℃积温在3000～3500℃的地区。主要形式有：①春玉米→冬小麦—夏大豆；②春玉米→冬小麦—夏甘薯；③冬小麦—夏大豆（或绿豆、糜谷）→冬小麦—夏闲；④春甘薯→小麦或大麦—夏芝麻或夏大豆或夏花生；⑤春高粱→小麦—夏大豆；⑥小麦→小麦—夏玉米。

4）**一年三熟制**　稻田三熟是以双季稻为基础的三熟制（triple cropping system），主要分布在中亚热带以南的湿润气候区域，北亚热带有少量分布。

（1）冬作双季稻三熟制。包括麦—稻—稻、油菜—稻—稻、蚕豆（豌豆）—稻—稻、绿肥—稻—稻等4种形式。分布在上海、浙江、江西、湖南、湖北、安徽南部、江苏南部及华南各省，西南地区在河谷低地有少量插花性分布，以四川泸州地区较为集中。

（2）小麦（或大麦、元麦）—双季稻。是双季稻三熟制的主体形式，主要分布于浙江杭嘉湖、宁绍地区，上海市，在湖南、湖北、江西、福建、广东均有一定比例的种植。这种形式粮食生产潜力大，年产11250～13500kg/hm^2，高产田可达15000～18000kg/hm^2。20世纪70年代后期陈永康创造了22897.5kg/hm^{2}的高产纪录。

（3）两旱一水三熟制。在两旱一水三熟制的地区，由于水源的限制，或调整饲料结构的需要，常采用两旱一水三熟制，如小麦/玉米—水稻（皖南、川、苏南、湘）；小麦—大豆或花生—稻（福建、广东）；伏旱严重地区采用小麦—早稻—泥豆（湖南、江西、浙江西部山区）；小麦—稻—花生（福建、广东）。小麦套玉米还可小麦间绿肥、玉米行间套夏季绿肥，形成两肥三粮制。

（4）热三熟制。在≥10℃积温7000℃以上的地区，冬季无霜，可种植冬甘薯、冬花生，形成甘薯—稻—稻、花生—稻—稻等全为喜温作物的三熟制。

（5）旱地三熟制。在南方丘陵旱地，水分成为三熟制实施的主要限制因子，因此多实施小麦—玉米—甘薯为主的旱地三熟制。

二、轮作

（一）轮作

轮作（crop rotation）是在同一块田地上有顺序地在季节间和年度间轮换种植不同作物或复种组合的种植方式，如一年一熟条件下的大豆→小麦→玉米三年轮作，这是在年间进行的单一作物的轮作。在多熟条件下既有年间的轮作，也有年内的换茬，如我国南方传统的绿肥—水稻—水稻→油菜—水稻—水稻→小麦—水稻—水稻轮作，现行的小麦—烤烟→蔬菜—水稻→蚕豆—水稻轮作，这样的轮作由不同的复种方式组成，称为复种轮作。轮作包含时间因素和空间因素，时间上的轮作，相对于田块而言，指在同一田块上于不同时间种植不同的作物或不同复种方式，目的在于调节地力，减轻病、虫、草害；空间上的轮作，指将不同的作物或复种方式于不同的时间种植于不同的田块，目的在于力求将某一作物或复种方式总是种植在最适宜的土壤环境条件下，以获得平衡的产量和保持稳定的品质。

轮作是用地养地相结合的一种生物学措施。有利于均衡利用土壤养分和防治病、虫、草害，能有效地改善土壤的理化性状，调节土壤肥力。轮作因采用的方式不同，分为定区轮作和非定区轮作。轮作的命名决定于该轮作中的主要作物构成，被命名的作物群应占轮作区的1/3以上。常见的有禾谷类轮作、禾豆轮作、粮食和经济作物轮作、水旱轮作、草田轮作等。

与轮作相反的是连作（continuous cropping）。它是指在同一块田地上连年种植相同作物或相同复种组合的种植方式。在同一块田地上连年种植同一种作物的复种方式称为复种连作，如一熟地区的玉米→玉米→玉米，多熟地区的小麦—烤烟→小麦—烤烟→小麦—烤烟。连作的合理应用可以满足人们对某些农产品的大量需求。

生产上把轮作中的前作作物称为前茬，后作作物称为后茬，将前后作物的轮换称为换茬或倒茬。连作也叫“重茬”。

换茬（crop change）是指在同一田地上一种作物收获以后换种另一种作物；重茬是指在同一田地上一种作物收获以后接连种植同一种作物。换茬式轮作（不定区轮作）的作物组成、轮换顺序、年限等都比较灵活。换茬的时限比较严格，但没有地块的轮换；定区轮作是将地块分成若干个轮作田区，每个轮作田区按照预定的作物轮换顺序逐年轮作不同作物。通常要求年区相等，即完成一个轮作周期需要的年限和轮作的田区数目相同。

合理的轮作能调养地力，减轻病、虫、草危害，合理利用农业资源等。其次，合理的轮作也能防治水土流失。

（二）主要轮作类型

1. 旱地轮作（upland rotation）

1）旱粮轮作　几乎全部由旱粮作物组成。在土壤比较瘠薄地区，豆科作物及绿肥常被引入轮作中，且占有较大比例，而在土壤肥沃或水浇地，豆类作物比重则相对减少，需水需肥多且高产的作物相应增加。在南方低山或丘陵地区，多采用多熟间套轮作方式，既可提高复种指数，又可减轻春夏多雨季节的水土流失和伏旱秋旱危害，从而提高单位面积产量。常见轮作模式有：

(1) 春麦区（一年一熟）：

大豆→高粱（或玉米）→粟（东北）

大豆→玉米→春小麦（或高粱）→春小麦（东北）

春小麦→马铃薯→大麦→春小麦（甘肃武威灌溉区）

春小麦→豌豆→燕麦→休闲（青海湟源）

豌豆→春小麦→荞麦（或燕麦）→马铃薯→糜谷（甘肃中部）

豌豆→春小麦→芝麻→油菜→蚕豆（青海西宁）

春小麦→燕麦→黑豆（山西静乐）

(2) 冬麦区（二年三熟至一年二熟）：

小麦→粟（或高粱）‖大豆→春玉米‖大豆（河北、山西）

小麦—玉米‖大豆→高粱‖大豆→小麦（河北、山西）

甘薯→小麦—大豆→小麦—芝麻→春玉米→小麦—玉米（陕西韩城）

小麦—粟谷→春玉米→小麦—绿豆（山西）

小麦—绿豆（或大豆）→春甘薯→小麦-芝麻（安徽淮北）

（3）南方丘陵（一年二至三熟）：

小麦—甘薯→蚕豆—玉米（湖北咸宁）

小麦/玉米/甘薯→小麦/玉米/花生（西南丘陵）

小麦—甘薯→冬绿肥—玉米—秋绿肥（分带）（西南丘陵）

大麦/大豆/芝麻→油菜-绿豆—甘薯（江西、湖北）

大麦/玉米‖大豆（或花生）/甘薯

玉米—大豆→花生—玉米→小麦—甘薯（福建南部）

2）经济作物轮作　我国经济作物种类繁多，大多种在旱地上，与旱粮作物轮换种植。在南方，稻田面积占有较大比例，经济作物也有一定面积种于稻田，与水稻实行水旱轮作。棉花较耐连作，但仍以轮作为好，禾谷类作物、豆类作物及饲草是其良好前茬，既利于防病，又利于养地。烟草、麻类（大麻较耐连作）、油料和糖料作物均不耐连作，禾谷类作物、薯类作物一般为其良好前茬。

（1）棉花：

棉→棉→棉→玉米→高粱→大豆（辽宁）

棉→玉米→春小麦（新疆吐鲁番）

棉→棉→粟谷→小麦—玉米（河北保定）

棉→棉→小麦/玉米→小麦—甘薯（河北石门）

棉（3～5年）→高粱（或玉米、粟）→小麦—大豆（山东高密）

小麦/棉（3年）→小麦—粟谷（河南洛阳）

紫苜蓿（5～10年）→小麦（1～2年）→棉（3～5年）（山西南部）

小麦/棉→棉→蚕豆—高粱→小麦—大豆（陕西南部）

小麦→甘薯‖玉米→蚕豆（或豌豆）/棉（江苏南通）

小麦（或元麦、大麦）/棉→蚕豆—玉米‖大豆、赤豆（江苏南部）

小麦/棉→蚕豆/棉→小麦—高粱（或芝麻）（湖北枣阳）

小麦/棉（2～3年）→大麦/大豆/粟（或芝麻）（湖北天门）

小麦/棉→小麦/棉→小麦/棉→蚕豆（江汉平原）

油菜/棉→草籽留种—棉→大麦/棉（湖南北部）

（2）烟草：

春烟→大麦—玉米（或芝麻）→小麦—甘薯（河南中部）

春烟→小麦→甘薯→油菜—夏粟（河南中部）

春烟→高粱→小麦—玉米→小麦—绿豆（安徽凤阳）

大麦—夏烟→小麦—玉米→小麦—绿豆（安徽凤阳）

春烟→小麦—玉米→油菜—玉米（贵州）

小麦/夏烟→豌豆—玉米→小麦；春烟→玉米→玉米（贵州）

春烟→小麦—玉米→小麦—大豆（云南）

（3）麻类作物：

大麻→大麻→大麻→大麦—糜子（山西临县）

大麻→大麻→陆稻→小麦—高粱（河北玉田）
亚麻→春小麦→春小麦→春小麦→豌豆→春小麦（山西北部）
亚麻→荞麦→燕麦→豌豆→春小麦（甘肃中部）
黄麻→花生→菜→芋头（广东）
（4）油料作物：
小麦—甘薯→春芝麻（淮北平原）
小麦—夏芝麻→小麦—大豆（淮北平原）
春花生→小麦—甘薯（或玉米）（河北）
小麦—花生→高粱→小麦—甘薯（河南开封）
小麦/花生→小麦—杂豆→甘薯（湖北北部）
油菜（或大麦）/花生→小麦—甘薯（四川中部）
春花生—秋甘薯或陆稻→麦类→大豆（或粟）—秋甘薯（广东、广西、福建、台湾）
春花生—小麦—甘薯→冬闲—大豆—甘薯（福建、广西）
（5）糖料作物：
春小麦→甜菜→春小麦（或粟）→大豆（东北）
春小麦（或大麦）→甜菜→春小麦→玉米（或粟谷、马铃薯）（内蒙古）
春甘薯—秋花生→冬甘薯/甘蔗→甘蔗—甘蔗（广东、广西、福建）
春花生/黄麻→甘薯→甘蔗→甘蔗（广东、广西）
春花生—秋甘薯→玉米—大豆→甘蔗→甘蔗（广东、福建）

2. 稻田轮作（rice rotation） 我国的稻田轮作大致可分为3种类型：

1）季节型水旱轮作 冬季旱作物轮换—夏季连年水稻或短期旱作物与水稻轮换，应用于我国南方一年二熟或三熟稻田。例如：

大麦/早大豆（或玉米‖大豆）—晚稻→油菜—双季稻/绿肥—双季稻（长江中下游）
油菜—早稻/秋大豆→小麦—早、中稻—秋杂粮（或秋菜）（河北、湖南、江西）
绿肥—双季稻（2～3年）→春花生—晚稻（湖北）
大麦/西瓜—晚稻→冬作（或绿肥）—双季稻（3～5年）（长江中下游）
冬闲（或冬作）—双季稻（2～3年）→玉米‖大豆—晚稻（1～2年）（广西、湖南、浙江）
春烟—晚稻/绿肥—双季稻（3～5年）（贵州、湖南）
蚕豆—早稻—甘薯→大小麦/玉米—晚稻（华南）
春花生—晚稻→冬甘薯（或小麦、油菜）—双季稻→蚕豆（或豌豆）—双季稻（华南）
早稻—秋花生→蚕豆（或冬甘薯）—双季稻（广东）
冬作—双季稻（2～3年）→大麦/春大豆（或花生）—晚甘薯‖大豆（华南）

2）周年型水旱轮作 冬季旱作物轮换或不轮换或冬闲—夏季周年水稻与周年旱作物轮换，具有显著的改土、防病、灭草和增产增收的作用。例如：

水稻（2年）—春小麦→糜谷或豆类作物（西北）
水稻→玉米（或高粱或豆类）→春小麦（西北）
水稻（3～5年）→大豆（或玉米‖大豆）→小麦—高粱（或玉米‖大豆）（华北）
冬小麦—豆类（1～2年）→冬小麦—中稻（1～2年）（淮北）
冬小麦/棉花→冬小麦—中稻（1～2年）（江淮）
绿肥或油菜、小麦—中稻（或双季稻）（2～3年）→麦类/棉花（2～3年）（南方棉区）

油菜—黄麻—萝卜→绿肥—双季稻（2～3 年）（浙江、湖南）

油菜—辣椒—萝卜→绿肥—双季稻（2～3 年）（湖南）

小麦/甘蔗‖豆类→宿根蔗‖大豆—豌豆—双季稻→大麦—花生—晚稻（广东、福建）

3）*水生作物轮换*　这里所谓的水生作物，是指有水层栽培的作物，包括水稻、莲藕、席草、荸荠、芋头、慈姑等，还可以养鱼苗或成鱼，形成稻经鱼轮作。例如：

早稻秧田/早藕‖早稻—藕→冬闲—双季稻（1～2 年）（湖北天门）

绿肥—早稻—荸荠→冬闲—双季稻（1 至多年）（长江以南各省）

绿肥（或油菜）—单季稻→席草—晚稻（浙江）

冬闲—水稻（多年）→芋头或慈姑（华南）

冬鱼—夏鱼—晚稻→冬鱼（或冬闲冬作）—双季稻（广东）

早秧田—双季稻→冬鱼—慈姑（广东）

3. 草田轮作（grass-crop rotation）　草田轮作就是采用牧草与农作物轮换种植的轮作方式，是积极恢复和提高土壤肥力、合理利用土地、用地与养地结合、农业与牧业紧密配合、省工省肥、粮草兼收的好方法，同时也是保持水土的一项有效措施。

1）*以农为主的草田轮作*　轮作牧草主要为改土效果快、作用显著的 1～2 年生豆科牧草，少数为多年生牧草，轮作年限一般为 2～5 年，部分为 6～10 年。主要形式有：

冬小麦/毛苕子（或箭筈豌豆）—冬小麦/玉米（或洋芋）（两年三熟区或高山区）

野豌豆→莜麦（或谷子）→红薯（或洋芋）

野豌豆→红薯→小麦

箭筈豌豆→玉米（或甘薯）→冬小麦

兰花苕子→玉米→洋芋

冬小麦‖草木樨→草木樨—冬小麦→冬小麦（高山地区）

冬小麦‖红三叶→红三叶→冬小麦→冬小麦（南方高山区）

冬小麦（或油菜）‖草木樨→油菜‖草木樨→冬小麦—荞麦→玉米

冬小麦‖红三叶→玉米‖红三叶→冬小麦—红薯→冬小麦

冬小麦—谷子（荞麦）‖苜蓿→苜蓿（2～3 年）→冬小麦（3 年）

冬小麦/玉米—大豆→红三叶‖黑麦草（3 年）→冬小麦/玉米—大豆→冬小麦/玉米→冬小麦/玉米—大豆

小麦—田菁→小麦—田菁

小麦—草木樨→玉米（或高粱 1～2 年）

苕子—棉花→苕子—棉花

苕子—水稻→油菜—水稻→小麦—水稻

2）*半农半牧的草田轮作*　轮作牧草为二年生和多年生，轮作年限较长，一般为 4～8 年。适用于一年一熟的半农半牧区，也适用于南方部分山区的半农半牧区。

草木樨（2 年）→谷子→黑豆

草木樨（2 年）→红薯→谷子

草木樨（2 年）→裸燕麦→豌豆

红三叶‖黑麦草（2 年）→冬小麦‖玉米（2 年）

青稞（或燕麦、谷子）‖苜蓿→苜蓿（3 年）→糜子（谷子）→芝麻（或洋芋、谷子、黑豆）

谷子‖苜蓿→苜蓿（4 年）→糜子→洋芋→玉米（或高粱）‖豆类

玉米‖洋芋→红三叶‖黑麦草（4年）—玉米‖洋芋→高粱‖洋芋→玉米（或冬小麦）

苜蓿（3～5年）→棉花（3～5年）

苜蓿（3～5年）→芝麻或谷子→小麦（2年)→小麦—谷子/苜蓿

3）以牧为主的草田轮作（牧地草田轮作） 以牧为主的草田轮作，轮作牧草主要为产量高、改土作用大的多年生豆科牧草或豆科与禾本科混播牧草，有时也采用二年生牧草。轮作年限长，一般为7～10年，也有10年以上的。适用于一年一熟的牧区或以牧为主的半农半牧区(包括南方山区)。

燕麦（或大麦、谷子)‖草木樨→草木樨—胡萝卜（或其他根菜类、叶菜类）→洋芋—豆类（或荞麦）→洋芋（或春麦、豌豆）→小谷子（或荞麦）‖草木樨→草木樨—胡萝卜等根菜类或叶菜类→玉米（或高粱)‖豆类→洋芋—胡萝卜等根菜或叶菜类。

荞麦（或谷子、青稞)‖苜蓿→苜蓿（6年）→糜子（或谷子）→洋芋—根菜类（胡萝卜、甘蓝等）→谷子或糜子→高粱（或玉米)‖豆类

秋甘蓝—莴苣—甘薯→春甘蓝—西瓜‖玉米—秋甘蓝

春甘蓝—南瓜‖玉米—胡萝卜→春甘蓝—甘薯

苜蓿（5年）→谷子→玉米→小麦（3年）

红豆草（3年）→小麦（3年）

苜蓿（4年）→玉米或谷子→小麦→马铃薯→谷子→高粱

思 考 题

1. 怎样进行作物布局？
2. 如何进行抗旱品种的筛选？
3. 什么是间作、套作与混作？在生产中怎样设计的？
4. 简述主要轮作类型。

第五章　土壤改良与培肥

【内容提要】 土壤是人类赖以生存的物质基础，但由于水土流失、矿产资源开发和人类对土地的不合理利用等，造成了耕地数量减少、质量降低。本章针对这些问题，重点介绍对了土地复垦技术、土壤盐渍化和污染防治技术、梯田和中低产田土壤培肥技术，以及坡耕地平衡施肥技术等内容。

土壤改良（soil improvement）是针对土壤的不良性状和障碍因素，采取相应的物理和化学措施，改善土壤性状，提高土壤肥力，增加作物产量，以及改善人类生存的土壤环境的过程。它可分为保土和改土两个阶段。保土主要是采取工程或生物措施，使土壤流失量控制在容许流失量范围内；而改土则是增加土壤有机质和养分含量，改良土壤性状，提高土壤肥力。

土壤改良一般应根据当地的自然、经济条件，因地制宜地制定切实可行的规划，逐步实施，以实现改善土壤生产性状和环境条件的目的。

第一节　土地复垦技术

一、土地复垦的概念及现状

英国矿业与环境委员会将土地复垦（land reclamation）定义为将废弃的场地改作某种用途。而美国俄亥俄州将土地复垦定义为恢复采煤影响的土地作林地、草地、农地、娱乐场所、野生动物栖息地或其他高于或相当于采前生产力水平的用途，而采取的回填、平整、土壤重构、植被及其他工作。俄罗斯则将土地复垦解释为恢复被破坏土地的生产效能及以改善环境条件为目标的各项工作之总和。由此可见，各国各地区对土地复垦概念有不同的理解。

在我国，一般认为广义的土地复垦是指对被破坏或退化土地的再生利用及其生态系统恢复的综合性技术过程。由于采矿业是破坏土地最严重的行业，因此狭义地讲“土地复垦”是专指对工矿业用地的再生利用和生态系统的恢复。我国的《土地复垦规定》第二条明确提出：“本规定所称土地复垦，是指对生产建设过程中，因挖损、塌陷、压占等造成破坏的土地，采取整治措施，使其恢复到可供利用状态的活动”。目前，这一定义得到社会普遍认同。

美国和德国是最早开始土地复垦的国家。但美国土地复垦研究的重点是露天矿的复垦（特别是煤矿）和采矿废弃地复垦，尤其关注复垦的长期效果和可持续性。德国主要是露天煤矿复垦，并且复垦的主要目标为林业和农业用地。英国土地复垦的重点是污染土地的修复和矿山废弃地的复垦。

我国土地复垦工作始于20世纪50年代末，但多处于一种自然状态。1989年国务院颁布的《土地复垦规定》标志着我国土地复垦走向了法制化的轨道。我国土地复垦工作虽起步晚，但发展较快，全国已累计复垦利用各类废弃土地10万hm^2，占废弃土地总量的8%左右。复垦的相关法规也在不断完善，建立了一批各种不同类型的土地复垦试点和示范区，也取得了一些成功的经验。据粗略估计，全国各类矿山、燃煤发电和砖瓦厂的生产建设中所破坏的土地累计已达133万～200万hm^2，特别是近几年来，国家和地方的基础建设和大型煤矿基地的建设，破坏面积每年以 2 万～2.7 万 hm^2 的速度增加。由此可见，我国土地复垦的工作是任重而道远。

二、土地复垦对象与标准

（一）土地复垦对象

由煤炭开发、工矿交通建设引起的土地问题主要表现为两个方面：一是占用农业用地，包括工业矿场、堆矸场、灰渣堆放场、露天开采剥离占压土地，以及交通与生活设施等占用地等；二是破坏土地，主要是开矿形成的采空区及其波及的地表变形、塌陷、裂缝，以及由此引起的水土流失、土壤污染和土地质量退化等问题。这些均是土地复垦的研究对象。在生产中依据它们的特征进行分类（表 5-1），以便更好地指导工作。

表 5-1 黄土高原土地复垦对象分类表

土地复垦类型	土地复垦亚类
1. 煤炭坑采破坏土地类	11. 工业广场余土埋压的土地
	12. 堆放煤矸石的土地
	13. 煤矿废水浸泡的土地
	14. 职工生活废弃物品堆放埋压的土地
	15. 运煤铁路专线或公路专线两侧破坏的土地
	16. 塌陷的土地
2. 煤炭露采破坏土地类	21. 露采堆土场用地
	22. 露采回填后矿坑地
	23. 煤矿废水浸泡、淹没的土地
	24. 堆放煤矸石的土地
	25. 职工生活废弃物品堆放埋压的土地
	26. 铁路专线或公路专线两侧破坏的土地
3. 油气开采破坏土地类	31. 废弃井周围的废地
	32. 运原油、气道路废弃的土地
	33. 采油、气工棚废地
4. 烧砖破坏土地类	41. 烧砖取土坑用地
	42. 土坯生产废弃广场
	43. 运土、运土坯、运砖道路废弃的土地
	44. 烧砖工棚废弃地
5. 道路建设破坏地类	51. 取土石坑用地
	52. 堆土场占地
	53. 机具碾压破坏的土地
	54. 油渣烧炼坑灶废弃的土地
	55. 工棚废弃地
6. 火电厂建设与生产破坏土地类	61. 火电厂工业广场余土埋压的土地
	62. 灰渣堆放埋压的土地
	63. 废水排放淹没、浸泡的土地
	64. 职工生活废弃物品堆放埋压的土地
7. 矿区城镇建设破坏土地类	71. 建筑取土石坑用地
	72. 非建筑用土堆放用地
	73. 居民废弃物品堆放埋压的土地

资料来源：中国科学院黄土高原综合科学考察队，1991

（二）土地复垦标准

被破坏或退化的土地经过复垦以后能达到什么样的可利用程度，是整个土地复垦工作的一个核心问题，也是拟订复垦规划的基本依据。

1. 接近破坏前的自然适宜性和土地生产力水平 一般来说，任何一种土地资源被破坏以后，很难使其绝对地恢复成原有的状况，而只能通过尽量地减少由于破坏所造成的后果，使其接近原有的适宜性和生产力。实际上，这是土地复垦所能达到的最高标准。对于人多地少、经济相对发达的地区来讲，只要复垦技术能够可行，都要求达到这一标准，即首先要使破坏土地恢复其原有的第一性生产力。这样，在制定土地复垦标准时，需要分析待复垦土地适宜性和生产力；此外，考虑到破坏前土地的多宜性情况，而复垦后往往使多宜性降低，但又对某一类的适宜性程度有所增加，故在拟定具体标准时，要考虑复垦对象的地域差异和复垦的性质差异。

2. 复垦改造为具有新适宜性的另一种土地资源 考虑到有些待垦土地的破坏形式和程度，诸如电厂废灰渣堆放地、煤矿场陷地等复垦对象，一般很难使其达到前一种复垦标准，往往只能拟定适宜所在地环境条件下的新适宜性、新生产力和潜力水平的复垦标准。目前，在国内外，还有一种观点认为，原土地可作为大农业（垦种）用地，由于建设的需要，不是使破坏地复垦，而是改造为其他非农业用地。例如，在我国徐州淮北矿区，一般塌陷地，经过各种充填，通过建筑物沉降试验，可作为不同标准的建筑用地，从而缓解了煤矿居民生活用地的矛盾。但是，当前土地复垦，除在无法恢复垦种的条件下，一般应以农业复垦为主要目标。

3. 恢复植被，保持其生态功能 对于某些地区来说，由于经济实力制约或复垦工程的难度，或者由于破坏土地的区位、工程地质，或应用机械的可能性等条件的限制，或者是一些人少地多的边远地区，土地垦复的目标主要是让其恢复生态系统、减少水土流失、防止土地质量的进一步退化即可。

三、土地复垦技术体系

土地复垦技术体系主要指针对废弃土地所采取的一系列工程技术措施的总称。由于废弃土地的类型不同，其复垦后的用途要求不同，所以采用的复垦技术也不一样。这里介绍几种废弃土地的复垦技术。

1. 砖瓦窑取土坑的复垦 砖瓦窑是破坏土地、侵占耕地的大户。砖瓦行业的原料是土壤，取土制砖瓦留下了大坑。其复垦方式有两种，一是利用其蓄水作为水塘或鱼塘；二是将其垫平或复土种植植物或压实作为建筑基地。充填取土坑的物料可用无毒无害的固体废弃物，如粉煤灰、矿山废渣、城市垃圾等。如复垦后用于种植作物，一般要在其上覆盖至少 50cm 厚的土壤；如用做绿化地，则复土厚度可小些。取土坑充填后若作为建筑地基必须经过一段时期的沉降，并经过压实或夯实后，才可开槽施工。

2. 煤矿塌陷区的复垦 在煤矿开采区常出现塌陷，特别在平原区，塌陷深度大，塌陷面广，造成严重的土地破坏。煤矿塌陷区的复垦分为充填复垦和非充填复垦两种。充填复垦的物料有煤矸石、坑口电厂的粉煤灰以及矿区的生活垃圾和建筑垃圾等。一般矿区固体废弃物只能充填约 1/4 的塌陷区，因此，煤矿塌陷区的复垦技术最常用的还是非充填复垦，通过蓄水将其用于水产养殖或作为矿山城市公园水域。

3. 煤矸石堆场的复垦 煤矿开采区不仅有塌陷区，而且有煤矸石堆场，煤矸石堆场压占了大片土地。煤矸石堆场复垦有两种途径：一种是清除煤矸石后复垦土地；一种是在煤矸石堆上覆土植树造林。清除煤矸石不但可以空出土地复垦，而且可以利用煤矸石充填塌陷地，具有一举两得、事半功倍之效。在煤矸石堆上覆土造林，可以为矿山城市增添绿地，特别在平原上可以增添人工山水景色。

4. 城市垃圾场的复垦 城市垃圾场复垦有两个步骤，首先是清除垃圾，然后是复垦垃圾堆占的土地。清除垃圾要找到垃圾填埋地，而且要避免垃圾污染地下水。垃圾填埋地一般选在地下径流的下游，最好是封闭洼地；或者用熟土衬底填埋坑，以防污物渗入地下水。垃圾填埋地可以覆土用以植树造林，甚至复垦为农田。

5. 污染地的复垦 污染地的复垦办法一般是将污染的土挖走，然后填上新土。这种办法在转移污染土壤时，要避免二次污染，最好是将污染土堆放在不引起污染扩散的地点。另一种复垦办法是通过栽种抗污染的树木，让植物吸收毒素或微生物慢慢降解毒素。

6. 建筑地基的复垦 旧建筑地基可以直接用于建设。在建设用地审批时，要充分利用闲置的旧地基。这里所谓建筑地基的复垦是指将其复垦为农用地。当前，为了加强农村现代化建设，各地开展了“拆小村，并大村”和农村城市化的工作，腾出的旧宅基地急需复垦。旧建筑地基一般经过夯实，如果直接耕翻种地，根系难以下扎。因此，建筑地基的复垦必须先将上部夯实板结的土壤起走，然后覆填上肥沃松软的新土。也可以采取分垄深翻的措施，并通过灌水冻融松土。无论是起土覆盖，还是深翻，其深度必须至少达到 50cm，以满足作物根系活动要求。

四、土地复垦规划

土地复垦规划就是根据社会经济和自然资源现状，重新确定生产建设中因挖损、塌陷、压占等被破坏土地资源的最佳利用方向，并在空间和时间上进行改造利用的科学安排。土地复垦规划是土地利用总体规划的一部分，属专项规划范畴。

（一）土地复垦规划的内容

1. 前言 简述土地复垦规划的目的、任务、依据和规划期限。一般前言部分还包括编制规划的简要过程、基础数据来源和其他需要说明的问题。

2. 复垦土地的概况描述 复垦土地的类型、特性和面积，所在地理位置、区域气候、地形、地质和水文条件，原来土地的状况和用途，土地权属状况等。

3. 复垦土地的适宜性评价 通过对待复垦土地的性状、区域自然条件和技术经济条件的分析，对待复垦土地进行技术经济评价，评价其对农、林、牧、建设等各行业用地的适宜性和适宜程度，并说明采取什么技术措施才能使复垦后的土地达到所需的用途。

4. 复垦土地的用途规划 在待复垦土地适宜性评价的基础上，根据当地国民经济各行业对土地的需求，确定复垦后的利用方案，并有不同规划方案在技术经济方面的比较。

5. 土地复垦技术措施 根据确定的用途和待复垦土地的性状以及复垦条件，提出将待复垦土地复垦为确定用途土地必须采取的复垦技术和措施。

6. 实施计划和经费预算 根据复垦土地的难度、面积和所采取的技术措施，计算需要投入的人力和物力，并将其折算为资金，编制分阶段具体实施计划和所需经费、物资预算。

（二）土地复垦规划的原则

1. 因地制宜的原则 确定废弃地复垦后的用途，应本着经济合理、因地制宜的原则，宜农则农，宜林则林，宜牧则牧，宜渔则渔，宜建则建，有的还可以开辟成游览娱乐场地等。

不见得复垦后的土地一律作为耕地或其他农用地。

2. 系统工程，统筹考虑的原则 土地复垦不能“头疼医头，脚疼医脚”。要将土地复垦当做一个系统工程看待，全面考虑。例如，复垦煤矿塌陷地要和复垦煤矸石堆场相结合，煤矸石正好充填塌陷地；甚至在开采煤炭时就计划好，将煤矸石排放在预测的塌陷区。再如，复垦砖瓦窑取土坑要和复垦城市垃圾堆场相结合，垃圾正好充填取土坑；甚至选择取土坑作为垃圾堆放地，直接将垃圾运到取土坑填埋。

3. 土地复垦规划和土地利用规划相结合 土地复垦规划必须与土地利用规划相协调，即在制定土地利用规划时就确定废弃地复垦后的用途，并在制定复垦规划时给予详细规划。一般来说，土地复垦规划要符合土地利用总体规划的要求，在城市规划区内要符合城市规划的要求。

4. 将土地复垦规划与土地整理相结合 土地复垦不但要改变废弃地的形态与性质，确定复垦后的用途，而且要处理好复垦后的权属，做到公正和公平。

（三）土地复垦规划的程序

编制土地复垦规划一般分四个阶段。

1. 待复垦土地的勘测和综合调查 首先要对复垦区的各种已有的成果资料或原始资料，包括破坏前后情况和各种图纸资料等进行收集。其次对复垦区土地进行勘测，绘制较大比例尺的基础图件。

2. 待复垦土地的适宜性评价 通过对待复垦土地的性质、自然条件、社会经济技术等条件进行分析，对待复垦土地进行用地适宜性及适宜度评价。

3. 土地复垦规划 根据经济、社会、自然及生态条件规划复垦土地用途，制订复垦地段内的详细规划，并编制具体实施计划和所需经费、物资预算。

4. 实施阶段 根据土地复垦规划，将规划设计的项目，按时准确地落实到地面，付诸实施。土地复垦的途径和形式有两种，一是由破坏土地的企业和个人自行复垦，二是由其他有条件的单位或个人承包复垦，土地复垦费用由破坏土地的企业或个人承担。

第二节 土壤盐渍化防治技术

盐渍化（saline soil）土壤是指对各种盐化土壤、盐土、碱化土壤和碱土的统称，一般简称为盐碱土（saline-sodic soil）。这些土壤含有可溶性盐的数量过多或碱性过重，以致对大多数作物都有不同程度的危害。

一、盐渍土的分布

据统计，我国盐渍土的面积有2500万hm^2，其中耕地近670万hm^2，广泛分布在长江以北的广大内陆地区和北起辽宁、南至广西的滨海地带，台湾、海南岛的沿海地带，也有呈带状分布的盐渍土。

在我国北方广大内陆地区中，盐渍土主要分布在淮河以北、西北及青藏高原等内陆干旱、半干旱地区的河流冲积平原、盆地和湖泊沼泽地区，如东北的松嫩平原、松辽平原，华北的黄淮海平原，内蒙古的前后套平原，大西北的宁夏、银川平原，河西走廊，山西南北盆地，甘肃和新疆的各河流沿岸阶地、山前平原和吐鲁番盆地、塔里木盆地、准喀尔盆地、哈密倾斜平原，以及青藏高原的柴达木盆地和湟水流域，西藏雅鲁藏布江流域等，都有各种盐渍土分布。

盐渍土对农业生产的危害主要表现在：高浓度盐分引起植物“生理干旱”，干扰作物对养分的正常摄取和代谢，强碱性降低养分的有效性，恶化土壤的理化性质和生物学性质等。

二、盐渍土的形成条件

盐渍土的形成过程，实际上是各种可溶性盐在土壤表层或土体中逐渐积累的过程。盐分在土壤中的积累，一般是由下列各种不利因素综合作用的结果。

（一）气候

盐渍土主要集中在雨水稀少的干旱、半干旱和半湿润地区。在这些地区，由于降雨少、蒸发量大，成土母质风化释放出的可溶性盐，无法淋溶，只能随水搬运至排水不畅的低平地区，在蒸发过程中，盐分便聚积于表层土壤内，导致土壤盐渍化。

（二）地形

地势低平、排水不畅是盐渍土形成的主要地形条件。在干旱、半干旱地区，盐类随地表水和地下水从高处往低处迁移的过程中，由于水分逐渐蒸发，盐溶液逐渐浓缩，盐类则按其溶解度的不同而逐渐分离，并沉淀在不同的地形部位上。最先沉淀的是碳酸钙，其次是硫酸钙，再次为碳酸钠、氯化钠和硫酸镁等。很明显，在地势较高和地下径流通畅的条件下，气候虽然干旱，土壤也可能不发生盐渍化，只有在排水不良或径流不畅的大中地形（如内陆盆地、山间洼地、宽广平坦排水不良的平原地区等）条件下，才有可能产生积盐过程。从小地形来看，在低平地区的局部高处，由于蒸发快，盐分可由低处往高处迁移，则积盐较重。这样往往在相距几十米或几米，高差仅为十几厘米的地方，高处的盐分含量可比低处高出几倍，成为斑状盐渍土的形成条件。

（三）母质

母质对盐渍土形成的影响，主要决定于母质本身含盐的程度。含盐重的母质，有的是某个地质历史时期积聚下来的盐分，形成古盐土含盐地层、盐岩或盐层。在环境极端干旱的条件下，盐分得以残留下来，成为目前的残积盐土。有的内陆盐土，则是岩浆岩或变质岩就地风化释放大量可溶性盐而来。有些含盐母质则是海滨或盐湖的新沉积物，由于受海水和盐湖盐水的浸渍而含盐，滨海盐渍土就是在这种母质上形成的。

（四）生物

在干旱的荒漠草原或荒漠区，深根性植物或盐生植物从土层深处及地下水中吸收水分和盐分，将盐分累积于植物体中，当植物死亡后，有机残体分解时又将盐分返回土壤中，从而加速土壤的盐渍化。新疆盐渍土上生长的红柳和胡杨等都具有这种作用。另外，某些盐生植物在生长过程中能够把体内盐分分泌出来，有时叫它们泌盐植物。它们分泌出来的盐分，就地累积于植株的附近，日积月累大大地增加了土壤表层中的盐分。但是，生物的这种积盐作用同潜水迁移、蒸发所引起的土壤盐渍化的作用比较起来是微不足道的。据前苏联学者计算，在荒漠地区，由于潜水迁移及其蒸发，每年自潜水中进入盐分土的可溶性盐高达 500～1000t/hm²，而植物平均每年自 1hm² 土壤中所吸收的各种盐的总量仅 0.5t。

（五）地下水位

盐渍土中的盐分，是水分通过毛管作用带到土壤中来的。所以在干旱地区，地下水位的深浅和矿化度的大小，密切地影响着土壤盐渍化的程度。地下水位越高，含盐地下水越易通过毛管上升至地表，水分蒸发后，便将盐分遗留在土壤表层。

在干旱季节，不至于引起表层土壤积盐的最浅地下水埋藏深度，称为地下水临界深度，它是设计排水沟深度的重要依据。临界深度并非一个常数，因具体条件不同而异。影响临界深度的主要因素有：气候、土壤、地下水矿化度和人为措施。一般来说，气候越干旱，蒸发量和降雨量的比率越高，临界深度就越大；地下水矿化度越高，临界深度也越大。

土壤对临界深度的影响，主要取决于土壤的毛管性能，如毛管水的上升高度和速度。凡毛管水上升高度大，上升速度快的土壤，一般都易于盐化。

（六）人为活动

人类的灌溉活动对盐土的形成有很大影响。正确的灌溉可以达到改良盐土的目的；反之，不正确的灌溉方式（如灌水量过大、灌溉水质不好）可导致潜水位升高，引起土壤盐渍化。由于人类不合理的生产措施而发生的盐渍化，称为次生盐渍化（secondary salinization），由此形成的盐土，称为次生盐土（secondary saline soil）。例如，灌排系统不配套，有灌无排或排水不畅，使大量的灌溉水补给了地下水；大水漫灌、串灌，渠道渗漏，平原蓄水不当，水稻插花种植等都是引起土壤次生盐渍化的因素。

三、盐渍土的特征

盐渍土可分为盐化土壤与盐土、碱化土壤与碱土，现分述如下：

（一）盐化土壤（saline affected soil）与盐土（saline soil）

1. 盐化土壤与盐土含有大量的可溶性盐 盐化土壤和盐土就是按照含盐量来划分的，当土壤含盐量高至开始影响作物生育时，为盐化土壤，如盐化草甸土、盐化潮土等。它们还可以根据对作物生育影响的程度划分出不同含盐量等级。土壤含盐量高至使作物不能生长时，称为盐土（表 5-2）。

表 5-2 土壤盐化程度分级指标（占总盐量的百分率，%）

盐分组成	非盐化土壤	轻盐化土壤	中盐化土壤	强盐化土壤	盐 土
苏打类型	<0.1	0.1～0.3	0.3～0.5	0.5～0.7	>0.7
氯化物类型	<0.1	0.1～0.2	0.2～0.4	0.4～0.6	>0.6
硫酸盐氯化物类型	<0.2	0.2～0.4	0.4～0.6	0.6～1.0	>1.0
氯化物硫酸盐类型	<0.3	0.3～0.5	0.5～0.7	0.7～1.2	>1.2
硫酸盐类型	<0.3	0.3～0.6	0.6～1.0	1.0～2.0	>2.0
中等耐盐作物的生育情况	不缺苗 生长良好 产量正常	缺苗减产 稍受抑制 减产 10%～30%	缺苗减产 中度抑制 减产 30%～50%	缺苗减产 严重抑制 减产 50%～80%	个别植株成活 无收成

2. 不同地区的盐化土壤和盐土含盐种类也不相同 滨海地区以氯化物为主，硫酸盐次之，碱性盐很少；内陆地区则不一定，有的以硫酸盐或氯化物为主，有的含有较多的碱性盐，个别土壤还含有较多的硝酸盐。

3. 土壤酸碱性视含盐种类而异 以中性盐为主的土壤，pH 为 7～8.5，中性至微碱性；含有较多碱性盐时（尤其是碳酸钠），pH 在 8.5 以上，甚至达到 10，为碱性至强碱性。

4. 土壤有机质含量不高 约 1%左右，只有沼泽盐土可高达 2%～4%。

5. 土壤母质不均一 土壤的母质大都是河流沉积物、湖积物或洪积物，土层深厚，质地粗细不等，视当地的沉积条件及河流夹带物而定，有的上下比较均一，有的粗粘相间，这对盐渍土壤的改良难易及应采取的改良措施有直接关系。

6. 地下水位较高 除漠境盐土外，其他盐化土壤或盐土地下水位均高，土壤常有返潮及夜潮现象，土壤冷浆，开垦种植时不发小苗，在心土或底土层中出现锈斑或铁锰结核，有时还出现潜育层。

7. 含大量的碳酸钙 在干旱漠境地区的盐土中，土壤一般还含有大量的碳酸钙，有时可达 20%～30%。在硫酸盐含量高的土壤中，有时还含有石膏，其含量高者可达 10%或以上。

（二）碱化土壤（alkali affected soil）与碱土（sodic soil）

1. 土壤呈强碱性反应 pH 达 8.5 以上，往往达到 9～10。

2. 硅、铁、铝易产生分离 在碱性条件下，粘土矿物易发生水解，产生二氧化硅，呈白色的粉末状分散在土壤层中，而铁、铝等氧化物则向心土沉积。

3. 交换性钠含量高 土壤胶体吸附有一定数量的钠离子，当交换性钠离子占阳离子交换量的 5%以上时，即出现碱化特征，当碱化度>15%时，就可能变成了碱土。

4. 土壤胶体易分散 土壤胶体因吸附大量的钠离子而被分散，导致粘粒及碳酸钙随水下移淀积，出现紧实致密的土层，又由于湿胀干缩而产生垂直裂隙，形成柱状结构的碱化层。另一方面，使土壤中的腐殖质溶解，随水下移，使上层土壤形成较厚的暗灰色层次。

5. 盐分剖面分布产生分异 在淋溶作用下，碱土中的易溶性盐下移明显，表层的易溶性盐含量不高，总盐量为 0.1%～0.4%，但以碳酸钠及碳酸氢钠占绝对优势，这就是淋溶层，下面有碳酸钙淀积层，再下常常有盐分聚积层，含盐量可达 1%左右。盐分的这种分布，是碱土和盐土的重要区别。

我国典型的碱土很少，一般都是碱化土壤，如碱化草甸土、碱化盐土、碱化潮土、碱化砂姜黑土等。

四、盐渍土的改良措施

利用、改良盐渍土的措施主要有：水利措施，包括排水、灌溉洗盐、引洪放淤；农业技术措施，包括平整土地、耕作、客土、施肥等；生物措施，包括植树造林、种植牧草、绿肥等；化学改良措施，包括施用石膏及其他化学改良物质。

1. 明渠排水 土壤中聚积的可溶性盐碱，在灌溉或降雨时即随水下淋。这些下淋的含盐水分，必须采取排水措施来排走，才能不使土壤重新返盐而达到淡化土壤的效果。此外，排水不仅能降低地下水位，防止含盐地下水向地表运行，引起土壤积盐和地表返盐，而且还能及时排出随水带来的盐分，以免造成沥涝灾害。所以，排水在改良盐渍土和防止土壤盐渍化方面是一项根本性的措施。由于自然条件和地形部位的不同，防治土壤盐渍化所应采取的排水措施也有所不同。

在旱季，地下水埋藏较深、水质较好的冲积平原的中、上部，一般无盐渍化或只有轻微盐渍化。在这些地区，排盐任务不大，只需建立稀疏的骨干排水深沟，以控制雨季时地下水位上升即可。在有洪涝威胁的地区，为了及时排除洪涝，防止土壤盐渍化，则应健全排水系统，在田间增设浅沟。至于在地下径流不太通畅、水质较差、盐碱较重且有洪涝危害的平原地区的坡地及二坡地上，为了兼顾排洪排涝、排盐排水和控制地下水位，就更需健全以干、支、斗、农、毛配套的深沟排水系统。在土壤含盐量较高、透水性较差的干旱地区，为了冲洗盐碱，需要灌排配套，有灌有排，以加速洗盐水的排除，促进土壤脱盐。

在地下水位高、矿化度大、地势低洼、排水困难的盐碱地，除了修建干、支、斗、农、毛各级排水设施外，还应修筑台田。台田实际上是把毛沟加宽、加深，把从沟中挖出的土垫于田面，形成较高的台田，从而相对降低了地下水位，有利于土壤脱盐和防止返盐。

盐碱土地区一般都采用明沟排水，也有些地区在地下水计划深度处埋放暗管或修建暗渠排水的，效果良好。暗管排水不占耕地面积，还可避免塌坡淤积、保证排水通畅，但施工复杂，投资大，而且还不能排除地面水，目前在生产上还未能普遍应用。

2. 竖井排水、灌排结合，井沟渠结合 近年来，在我国北方盐碱土地区中，有些地方如山东禹城、河北曲周及山西等地先后采用了竖井排水。盐渍化地区打井是为了抽取地下水进行灌溉和洗盐，既淋洗了土壤表层的盐分，同时也降低了地下水位，起到了灌溉排水排盐的作用。有的地方还在汛期到来之前，抽排矿化度较高的地下水，腾出地下库容，既能防止汛期因雨水补给而抬高地下水位，又能加速地下水淡化。目前已把单纯的井灌、井排发展到与沟、渠和坑塘相结合的灌排体系，实行地上水、土壤水和地下水统一调节与控制，成为综合治理旱、涝、盐、碱、咸的一项有效措施，在农业增产中起到了良好的作用。

3. 洗盐排水 洗盐就是把水灌到盐碱地里，使土壤盐分溶解，通过下渗把表土层中的可溶性盐碱淋洗出去，再侧渗入排水沟加以排除。

1）*盐碱荒地开垦前的冲洗* 用大定额冲洗水进行冲洗，把1m土层的含盐量降低到作物能正常生长的允许范围内；其充分程度可依土壤盐分组成、作物种类及生育时期不同而定；由于作物苗期的耐盐能力最低，因此冲洗脱盐应以此为根据。在华北、滨海半湿润地区，以氯化物为主的盐土，冲洗脱盐标准一般采用0.2%～0.3%；以硫酸盐为主的盐土，采用0.3%～0.4%。在西北干旱地区，氯化物盐土采用0.5%～0.7%，硫酸盐盐土采用0.7%～1%，盐化碱土采用0.3%。另外，为达到冲洗脱盐标准所需单位面积的洗盐水量，称为洗盐定额。洗盐定额因土壤原始含盐量、盐分组成、土壤质地等而异。一般来说，原始含盐量越高，土壤质地越粘，洗盐定额越大。

2）*盐碱耕地的灌溉冲洗* 既要满足作物对水分的要求，又要淋洗土壤的盐分，调节土壤溶液浓度，使土壤水盐动态向稳定脱盐方向发展，并结合农业技术措施，巩固和提高土壤脱盐效果。

灌溉洗盐要因地制宜。早春灌溉洗盐应及早进行，以免影响春播。对于越冬作物如冬小麦，则视土壤墒情而定，墒情不好、苗情较差的也应早灌（返青水）；墒情良好、苗情正常的，则可以推迟到晚春灌水（拔节水）。这样都能起到压盐补墒的作用。华北地区的“一茬麦”地，可在麦收后灌溉冲洗，或伏耕晒垡后灌溉冲洗，此时盐分积聚在土垡表面冲洗最为有利。这时灌溉冲洗后，土壤水分充足，盐分含量低，气温下降，不易返盐，春季墒情也好，利于冬小麦越冬和返青。

无论是荒地或耕地的灌溉洗盐都必须有排水工程，用以排除土壤中含盐水分和降低地下水位。另外，还必须加强田间耕作管理，防止返盐。

4. 放淤改碱 放淤是把含有泥沙的洪水引入筑好的畦块，畦块四周有围堰和进、退水口，洪水流入畦块后堵闭退水口使泥沙沉降下来，形成一层淤泥层。这一措施在引黄灌溉的盐碱土地区被大量采用。通过放淤既形成新的淡土层，又冲洗了原有土壤中的盐碱，连年淤灌抬高地面，使地下水位相对降低，抑制土壤返盐。此外淤泥层养分丰富，群众说："淤厚二三寸，顶施十车粪"，有利于作物生育，提高了作物产量。

放淤改碱首先要修建灌排系统和配套工程，筑好畦田围堰，畦田大小视地形平坦程度决定，一般 20～50 亩一块。放淤的时间应选择河流水量丰富、泥沙总量大的夏季伏汛期，或春季的桃汛期。放淤的方法应采取动水、静水相结合的办法，动水放淤相当于串灌，淤地快，但质量差；静水放淤时间长、省工、省水、放淤质量好。两者相结合是以动水漫灌放淤至接近完成计划层厚时，堵闭进水口，改由出水口进水，淤灌至计划水层时，停止进水，待静水沉积 3～5 天，再泄出清水。此法速度快，质量也好。淤层厚度一般宜在 0.3～0.5m，淤成的土地应进一步完善排水系统，平整田面，培肥地力，以巩固放淤效果，防止土壤返盐。

5. 种稻改良 "碱地生效，开沟种稻"，有淡水水源可供利用，又有良好排灌条件配合下，低洼易涝的盐碱地种稻，是边利用、边改良，改良与利用相结合，收效较快的措施。

种稻改良盐碱地的作用是很明显的。种稻过程中需要大量水分，田间要保持水层，这样就能使土壤中的盐分不断受到淋洗。随着种稻年限的延长，土壤脱盐程度就不断增加。据黄淮海各地经验，即使含盐量达 0.6%～1%的盐碱土，种植水稻一年以后 1m 土层中的盐分即可降到 0.1%～0.3%。同时，由于淹灌水层的压力作用，下渗的淡水还能使原来高矿化度的地下水逐渐淡化，形成淡水层，如河北滨海盐土地区，有的稻田原来地下水矿化度为 30～35g/L，种稻一年后，矿化度降低到 3～9.8g/L。

盐碱地上种稻，既要高产，又要有较高的改土效果。因此，应注意：①健全灌排系统。种稻不仅需要灌水，要有健全的灌溉系统，而且必须有通畅的排水系统。这不仅能排除土壤盐碱和高矿化的地下水，以及雨季可能出现的田间沥水，还能使稻田在短时期内落干，地下水位迅速降低以满足机收机耕的需要。②泡田洗碱，适当排灌。种稻前要泡田洗碱，使土壤耕层含盐量降低到对稻苗无害的限度内。泡田洗盐对土壤脱盐的作用十分显著。泡田洗盐用水定额，因土壤含盐量、盐分组成、土壤质地、地下水位、排水条件而异。一般来说，土壤含盐量越高，土壤渗水性越差，排灌间距要求越密，冲洗定额要求也越大，如表 5-3 所示。插秧后，应根据情况适时排灌，以保证既节约用水，又不使田间水层盐分过高。③水旱轮作，合理换茬。盐碱地上水稻用水量大，每亩在 $1000m^3$ 以上。盐碱土大部分分布于北方干旱地区，春旱严重，正当水稻育苗栽秧时，往往水源不足，影响水稻生长和改盐效果。为了扩大种稻改盐效果，可以进行水旱轮作。这样既可以充分利用水源，扩大种稻改碱面积，又能在旱作时改善土壤通气状况，促进土壤中有机质的分解，利于养分的积累和转化，轮种绿肥更有利于增加土壤中有机质和氮素。这样既可改善土壤肥力，还能消灭杂草，减轻病虫害和调节劳力、畜力。

表 5-3 滨海地区盐碱地冲洗定额及土壤脱盐关系

盐碱程度	1m 土层土壤含盐量/%	渗水性能	排毛间距/m	冲洗定额/(m^3/亩)	冲洗次数	冲洗后 20cm 土中含盐量/%
重盐碱地	0.5～0.7	较好	50	150	2	0.1
盐碱荒地	0.7～1.5	差	50	150～200	2～3	0.1
盐碱荒地	2.0～2.5	很差	25	200～300	3	0.2
光板地	2.5	较差	12.5	300	4	0.25

资料来源：河北省农垦科学研究所，1990

6. 耕作，施肥改良

1）*平整土地* 平整土地可以消灭局部洼坡积盐的不利因素，使水分均匀下渗，提高降水淋盐和灌溉洗盐效果，有效防治土壤斑状盐渍化。

平整土地应结合整个农田基本建设，如排、灌、路、林、田等进行统一规划，土地划方后，做到大方粗平，小方细平，垫填结合，逐步整平。方法视地形起伏而定，起伏大的可以用抽槽法、方格法；起伏小的可以结合耕翻进行，或在高处插花挖土起高垫低。

2）*深耕深翻* 深耕深翻有疏松耕作层、破除犁底层、降低毛管作用，并能提高土壤透水保水性能。盐碱地经过深耕深翻后，可以加速土壤淋盐、防止表土返盐。

3）*适时耕耙* 适时合理耕耙，可疏松耕作层，抑制土壤水和地下水的蒸发，防止底层盐分向上运行，导致表层积盐。盐碱地区群众在适时耕耙上的经验是：浅春耕、抢伏耕、早秋耕、耕干不耕湿。盐碱地区一般春季干旱风大，蒸发强烈，浅春耕有利于保墒防盐。抢伏耕是在夏季伏雨来临之前，抢时间进行中耕，破除地面板结，减缓地面径流，以便有更多的雨水入渗，增强淋盐效果。早秋耕是指在雨季后，向下淋移的盐分尚未返盐以前，及早耕作，以切断毛管，抑制盐分上升。秋耕晒垡后，适时耙地，才能创造和保持大小适宜的坷垃，达到保墒防盐的目的。春播地，秋耕后一般不进行耙耱、在次年早春顶凌耙耱、耙碎坷垃，以严密覆盖地面、抑制蒸发、防止返盐。

4）*增施有机肥，合理施用化肥，以肥改碱* 施用有机肥料是增加土壤有机质以达到改良和培肥盐碱土的重要措施。这不仅可以改善土壤的结构，提高土壤的通透性和保蓄性，减少土壤蒸发，促进淋盐，抑制返盐，加速脱盐。特别是有机质分解过程产生的有机酸，既能中和碱性，又能使土壤中的钙活化，这些都能减轻或消除碱害。从而可以使盐碱地的“盐、碱、瘦、死、板、冷”等不良特性得到改良，逐步变成高产稳产农田。

盐碱土施用磷肥有良好的效果。施磷肥可以防治水稻的“稻缩苗”或“红苗病”。旱田冷凉，不发小苗，施用磷肥可以壮苗。

此外，在干旱和半干旱地区的盐渍土上，施用氯化物肥料，如氯化钾、氯化铵等，有加重氯离子的危险，应该注意少施或不施。

7. 植树造林，广种绿肥，进行生物改良 植树造林对改良盐碱土有良好的作用。林带可以改善农田小气候，降低风速，增加空气湿度，从而减少地表蒸发，抑制返盐。林木根系不断自土壤深层吸收水分，消耗于叶面蒸腾，可以明显降低地下水位。据测定，5～6 年生的柳树，每年每亩的蒸腾量可达 1360m^3，起到竖井排水作用，加上树冠还能截留降雨，防止径流，使大部雨水能渗入土壤，起到淋盐和淡化地下水的作用。这都极有利于改良盐碱土。盐碱地上造林，应选择耐盐树种，乔木有洋槐、杨、柳、榆、臭椿、桑、沙枣等。灌木有紫穗槐、柽柳、杞柳、白蜡条、酸刺、宁夏枸杞等。种植时还要因地制宜，如高栽刺槐、洼栽柳、平坦地上栽榆树。杨树选择弱碱性，重碱沟坡栽柽柳。造树同时，还需结合改土整地。

绿肥牧草对盐碱土的改良也有很好的作用，因为它们有茂密的茎叶覆盖地面，可减弱地面水分蒸发，抑制土壤返盐；又由于根系强大，大量吸收水分，经叶面蒸腾，使地下水位下降，从而有效地防止土壤盐分向表土层积累。据测定，新疆地区紫花苜蓿整个生长期叶面蒸腾达每亩 395m^3，约占总耗水量的 67%，种植紫花苜蓿 3 年，地下水位下降 0.9m，土壤脱盐率也大有提高。

8. 化学改良　碱化土壤或碱土中含有大量苏打及代换性钠，致使土粒分散，增强碱性，物理性质恶化，作物难以正常生长。改良这类土壤除了消除多余的盐分外，主要应降低土壤胶体上过多的代换性 Na 和碱性。这样，在采取水利和农业技术措施的同时，施用一些化学改良剂，如石膏、硫酸亚铁（黑矾）、硫酸、硫黄、腐殖酸肥料等，将有更好的改良效果。这些物质通过化学作用，可降低土壤碱性，减轻和消除碱金属碳酸盐及重碳酸盐对作物的毒害，同时调节、改善土壤的理化及生物学特性，达到改良和提高肥力的目的；但其缺点是用量大，投资多。

第三节　土壤污染防治技术

一、土壤污染

当外界污染物质在土壤中积累量达到一定程度，超过了土壤自净能力的限度或者超过了土壤环境基准或土壤环境标准时，导致了土壤生产力的下降、破坏，构成了对植物和人体直接或间接的危害就称之为土壤污染（soil pollution）。围绕着土壤污染的指标判定有以下 3 种方法，即生物-土壤系统法、化学法和环境背景值法。

（一）生物-土壤系统法

植物从土壤中吸收污染物后，其可食部分污染物含量达到食品卫生标准或产量因污染而减少 10%时的土壤污染物浓度为土壤污染的临界值（critical value of soil pollution），低于该值为无污染土壤，超过该值时为污染土壤。此方法是将生物与土壤视为一个有机的整体，较为科学合理；不足之处在于不同的植物在不同的土壤上，各种污染物的临界值各不相同，难以建立一个统一的指标。

（二）化学法

化学法（chemical method）是在土壤-生物系统的基础上建立起来的，它是利用“土壤污染临界值”的概念，直接取其“临界值”的测定方法与指标，判断土壤是否受污染。在这种方法中，原来土壤临界值浓度由于延用生物-土壤系统法，一直以土壤污染物的全量为指标值。但是新近大量的研究结果表明，采用有效态的形式作为指示值，能够反映植物可吸收的数量。西南农业大学在研究土壤重金属毒性的临界值时发现，土壤重金属的有效浓度能够反映植物吸收与生态危害状况，且中毒时的浓度水平较为统一，从而具有临界指示意义。大量研究证明，采用“有效性”作为指标，有可能对一定范围的土壤与作物取得统一标准。例如，土壤中 Cu、As、Pb、Cr 等元素的临界浓度因作物、土壤类型而异（表 5-4），作物生长在不同土壤中，产生中毒时土壤毒质成分的金属浓度差异很大，而有效浓度数值却相当接近的这一事实说明，采用有效浓度作为判断土壤是否污染的标准，具有实践上的统一性。

表 5-4 土壤元素在植物中毒时的全量与有效浓度的比较（mg/kg）

元素	作物	土壤	中毒时的土壤含量	中毒时的土壤有效浓度
Cu	莴苣	酸性土	20	0.50
		中性土	130	0.45
		石灰性土	>300	—
	辣椒	酸性土	80	2.60
		中性土	150	2.50
		石灰性土	940	2.70
	水稻	酸性土	50	31.00
		中性土	85	32.50
		石灰性土	120	35.00
As	小白菜	酸性土	27	1.70
		中性土	10	1.05
		石灰性土	9	1.26
Pb	萝卜	酸性土	13	0.82
		中性土	10	1.29
		石灰性土	9	1.26
	水稻	酸性土	230.5	71.90
		中性土	411.8	126.70
		石灰性土	407.0	102.70
Cr	莴苣	酸性土	182	5.70
		中性土	1011	5.80
		石灰性土	354	4.50

（三）环境背景值法

土壤环境背景值（soil environmental background value）又称土壤本底值，是指在未受到或少受人类活动（特别是人为污染）影响下，土壤环境本身化学元素和化合物的含量。运用背景值法来判断土壤是否污染是目前应用最广泛的一种方法。

1. 背景值研究现状 我国土壤背景值的研究始于 20 世纪 70 年代中期。首先由中国科学院土壤研究所等单位开展了部分城市及地区（如北京、南京等地）的土壤背景值调查研究，1982、1986 年两次将土壤环境背景值研究列为重要科技攻关课题，研究范围包括除台湾省以外的 30 个省（直辖市、自治区）的所有土壤类型，分析元素达 30 多种（表 5-5），并于 1990 年出版了《中国土壤元素背景值》专著。

表 5-5 全国土壤（A 层①）背景值（μg/kg）

元素	算术		几何		95%置信度范围值	元素	算术		几何		95%置信度范围值
	均值	标准差	均值	标准差			均值	标准差	均值	标准差	
As	11.2	7.86	9.2	1.91	2.5～33.5	K	1.86	0.463	1.79	1.342	0.94～2.97
Cd	0.097	0.079	0.074	2.118	0.017～0.333	Ag	0.13	0.098	0.105	1.973	0.027～0.409
Co	12.7	6.40	11.2	1.67	4.0～31.2	Be	1.95	0.731	1.82	1.466	0.85～3.91
Cr	61.0	31.07	53.9	1.67	19.3～150.2	Mg	0.78	0.433	0.63	2.080	0.02～1.64
Cu	22.6	11.41	20.0	1.66	7.3～55.1	Ca	1.54	1.633	0.71	4.409	0.01～4.80
F	478	197.7	440	1.50	191～1012	Ba	469	134.7	450	1.30	251～809

续表

元素	算术		几何		95%置信度范围值	元素	算术		几何		95%置信度范围值
	均值	标准差	均值	标准差			均值	标准差	均值	标准差	
Hg	0.065	0.080	0.040	2.602	0.006～0.272	B	47.8	32.55	38.7	1.98	9.9～151.3
Mn	583	362.8	482	1.90	130～1786	Al	6.62	1.626	6.41	1.307	3.37～9.87
Ni	26.9	14.36	23.4	1.74	7.7～71.0	Ge	1.70	0.30	1.70	1.19	1.20～2.40
Pb	26.0	12.37	23.6	1.54	10.0～56.1	Sn	2.60	1.54	2.30	1.71	0.80～6.70
Se	0.290	0.255	0.215	2.146	0.047～0.993	Sb	1.21	0.676	1.06	1.676	0.38～2.98
V	82.4	32.68	76.4	1.48	34.8～168.2	Bi	0.37	0.211	0.32	1.674	0.12～0.88
Zn	74.2	32.78	67.7	1.54	28.4～161.1	Mo	2.0	2.54	1.20	2.86	0.10～9.60
Li	32.5	15.48	29.1	16.2	11.1～76.4	I	3.76	4.443	2.38	2.485	0.39～14.71
Na	1.02	0.626	0.68	3.186	0.01～2.27	Fe	2.94	0.984	2.73	1.602	1.05～4.84

资料来源：中国环境监测总站，1990；①A层指土壤表层或耕层

2. 背景值的表示法　常用的表示方法有3种：用土壤样品平均值（X）表示；用平均值加减一个或两个标准差（S）表示；用几何平均值（M）加减一个标准差表示。

3. 污染指标判定　土壤污染临界值＝背景值（算术平均值）$+2S$，此方法对于土壤污染评价、认可有一定的合理性，因为它是建立在环境背景值的基础上的，其缺点是不能反映出生物适应能力对土壤环境容量的影响。

二、土壤污染的途径

土壤污染主要来自工业和农业生产，根据土壤污染途径的不同，可分以下5种。

（一）水质污染

水质污染是由污水（包括工业污水与生活污水）灌溉而引起的土壤污染。我国1998年污水排放量为368亿t，污灌面积130万hm^2左右，污水灌区发展到30多个，但是污水有85%以上未经处理，或仅经过一级处理而直接排入水体。污水中含有多种的重金属离子以及有害物质，大大超过了农田灌溉水质标准。我国农田灌溉水质国家标准如表5-6所示。北方省区污灌面积大、污染严重。例如，沈阳张士灌区曾年排镉量多达10t，污水镉230μg/L，造成严重的镉污染。

表5-6　2005年颁布的农田灌溉水质标准（mg/L）

标准值项目	水　作	旱　作	蔬　菜
五日生化需氧量（BOD_5）≤	60	100	40^a，15^b
化学需氧量（COD_{Cr}）≤	150	200	100^a，60^b
悬浮物≤	80	100	60^a，15^b
阳离子表面活性剂（LAS）≤	5	8	5
凯氏氮≤	1	30	30
总磷（以P计分）≤	5	10	10
水温/℃≤		15	
pH≤		5.5～8.5	
全盐量≤		1000（非盐碱土地区），2000（盐碱土地区）有条件的地区可以适当放宽	

续表

标准值项目	水 作	旱 作	蔬 菜
氯化物≤		350	
硫化量≤		1	
总汞≤		0.001	
总镉≤		0.01	
总砷≤	0.05	0.1	0.05
铬（六价）≤		0.2	
总铅≤		0.1	
总铜≤		1	
总锌≤		2	
总硒≤		0.02	
氟化物≤		2（高氟区） 3（一般地区）	
氰化物≤		0.5	
石油类≤	5	10	1
挥发酚≤		1	
苯≤		2.5	
三氯乙醛≤	1	0.5	0.5
丙烯醛≤		0.5	
硼≤	1（对硼敏感作物，如马铃薯、笋瓜、韭菜、洋葱、柑橘等） 2（对硼耐受性较强的作物，如小麦、玉米、青椒、小白菜、葱等） 3（对硼耐受性强的作物，如水稻、萝卜、甘蓝等）		
粪大肠菌群数/(个/L) ≤	4000	4000	1000[a]，2000[b]
蛔虫卵数/(个/L) ≤	2		2[a]，1[b]

注：a. 加工、烹调及去皮蔬菜；b. 生食类蔬菜、瓜类和草本水果

（二）大气污染

大气污染即工业废气、家庭燃气以及汽车尾气对土壤造成的污染。据估计，工业和家庭烧煤所产生排放标准每月为 18t/km^2，但几乎所有城市都超过了以上标准，一般都在 30～40t，有的高达数百吨至上千吨。工业废气中最常见的是含二氧化硫或氟化氢的工厂排气，它们分别以硫酸和氢氟酸随降水进入土壤，前者可形成酸雨，导致土壤不同程度的酸化，从而破坏土壤的理化性质，后者则使土壤中可溶性氟含量增高，有害于人体健康。

（三）固体废弃物污染

固体废弃物污染包括工业废弃物、城市生活垃圾以及污泥等。

1. 工业废弃物对土壤的污染 20 世纪 70 年代以来，我国每年的工业废弃物排放量在 5 亿～6 亿 t，至 1992 年，累计存量达 66 亿 t。这些废渣据统计累计占地 554km^2，其中占农田约 357hm^2。工业废弃物不仅占用了大片土地，而且还造成了很严重的土壤污染。研究表明，固体废弃物在堆放或处置地点和处理过程中会引起污染物迁移，造成环境污染，这主要包括重金属污染、有毒化学物质污染和生物污染。某冶炼厂用硫化锌矿石炼锌的过程中排出的主要含

Zn、Cd的废渣，于1971年开始露天堆放在一个低洼地，其浸出液中Zn、Cd的含量分别达6.60×10^3mg/L和7.5×10mg/L，为Zn、Cd总含量的5%。

2. 城市生活垃圾 城市生活垃圾是城市家庭生活和社会生活所产生的固体废弃物，我国1980年人均垃圾产出量0.8kg，20世纪80年代中期为0.85kg，进入90年代超过1kg。据有关部门统计，我国垃圾产量年增长率为10%，2000年城市垃圾生产量已超过1.5亿t。如此多的垃圾不仅占用了城郊土地，而且污染了土壤。垃圾对土壤的污染主要包括生物污染和重金属污染，根据环卫部门监测，生活垃圾填埋渗出液中，COD、BOD等指标均大大超过国家排放指标。哈尔滨市垃圾堆放场及周围100m以内的土壤都受到了严重的重金属污染（表5-7）。

表5-7 哈尔滨市韩家洼子垃圾场下部土壤（4～7m）遭受重金属的污染情况

	重金属含量/(mg/kg)				
	Zn	Pb	Cu	Cd	Hg
土壤中含量	158.83	44.24	35.56	0.21	0.26
背景值	50.43	19.41	17.09	0.04	0.03
污染指数	3.15	2.28	2.14	4.57	8.49

3. 污泥污染 污泥作为污水处理的产品，其数量随着城市污水处理厂的增加而不断增多，我国截至2009年9月已建有1792个污水处理厂，估计污泥产量在2200万t以上，由于污泥中的重金属含量较高以及其中含有大量的细菌虫卵等，对土壤的环境质量构成了很大的威胁，特别是多环芳烃的普遍存在，可严重地致癌致畸，以苯并芘作为其代表性的一种，在工业污泥中含量惊人，超过国家标准数倍以上。

4. 农业污染 包括化肥和农药对土壤的污染。化肥对我国的农业生产作出了巨大的贡献，新中国成立以来粮食总产量以及单产的提高一直是伴随着化肥投入的增加而实现的。但是化肥中的各种有害物质也不容忽视，由于原料、矿石本身的性质以及生产工艺流程的污染，化肥中常常含有不等量的杂质，它们分别是重金属元素、有毒化合物以及放射性物质。这些物质随肥料进入土壤后，可发生一定程度的积累，导致土壤的污染。如磷肥中常含有较多的镉与氟，过量施用，会造成土壤与作物污染。过量施用氮肥，会引起硝酸盐积累，含硝酸盐过高的饲料可引起牲畜疾病或死亡，人食用硝酸盐含量高的农产品，可在体内形成亚硝酸盐，生成致癌物质。大量施用石灰氮（氰氨化钙），可产生双氰胺、氰酸等有毒物质污染土壤。

化学农药是土壤主要的有机污染物。有机氯农药和含汞、砷、铅等重金属农药由于分解慢、残留时间长，对土壤污染较重。据有关资料分析，DDT在土壤中分解95%所需的时间长达4～30年，六六六为3～20年，狄氏剂为5～25年，这些残留在土壤中的农药不仅对土壤微生物生长活动产生了抑制，而且还可以产生某些致癌物质。农药还可影响土壤动物的数量和种类，如每公顷施用4.5～9kg西玛津时，土壤的无脊椎动物数目减少32%～50%。

（四）其他途径的污染

1. 石油污染 随着工业和交通运输业的发展，石油作为重要能源被大量采用，并作为化工原料被广泛利用，致使石油烃类物质引起土壤污染不断加剧，石油污染主要由污灌、大气污染、溢油事故及车辆尾气等几种途径来污染土壤。

2. 放射性物质污染 存在于土壤本底值的放射性元素很多，但是只有^{90}Sr和^{137}Cs两种放射性元素在土壤中有极大的稳定性，半衰期分别为28年和30年，土壤中天然存在的放射性原料对土壤的污染并不严重。只有当在核试验、核反应、核电站发生核泄漏事件，以及铀、钍矿的开采和冶炼时，才会发生高放射性物质污染。当然，近年来放射性同位素的生产与应用也是一个不可忽视的途径。

三、土壤污染的治理

我国宪法中规定“国家保护和改善生活环境和生态环境，防治污染和其他公害”，并制定了“全面规划，合理布局，综合利用，化害为利，依靠群众，大家动手，保护环境，造福人民”的方针。有关土壤污染的防治必须以防为主，彻底清除污染源，对于已经污染的土壤，应采取必要有效的措施加以改良。

（一）土壤质量调查与监测

开展土壤污染的调查与监测，制定土壤污染标准，是评定土壤质量、防止污染发生的一项基础工作。土壤污染调查（soil pollution investigation）主要是指区域土壤污染状况调查和污染程度的分级评价。目前，一般以区域土壤的背景值为评价标准，根据区域土壤中有毒元素或化合物的平均含量超过背景值的程度来划分污染的等级，评价土壤质量。土壤监测（soil monitoring）是在代表性地区定期采样或在固定点安置仪器，进行物理化学以及生物学的测定，以观察污染状况的动态变化。只有在土壤监测的基础上，才能够提出预防和治理的有效措施。

（二）消除污染源

1. “三废”的排放必须符合标准 查明“三废”（three wastes）是否符合排放的标准，在生产中产生的“三废”应在厂内进行回收处理，变废为宝，化害为利，对于目前还不能再利用的“三废”务必实行净化处理，使之达到国家标准。

2. 污水净化后再用于灌溉 污水只有符合国家环境保护局2005年制定的农田灌溉水质的标准，方可进行灌溉，否则必须进行净化处理。对于其处理后的产物污泥，我国已经制定了农用污泥中污染物控制标准，应严格按照此标准执行，对符合条件的污泥进行堆沤处理，从而实现其农用资源化。

3. 严格执行科学的施肥制度 为解决化肥的污染应严格执行科学的施肥制度，并大力发展新型肥料如复合肥和可控释放型肥料等，以提高肥料的利用率。为解决农药的土壤残留问题，应积极发展高效、低毒、低残留的新品种，以取代高毒、高残留品种。

（三）工程措施

常见的方法有客土、换土、去表土、翻土。客土法就是向污染土壤中加入大量的干净土壤，在表层混匀，使污染物浓度降到临界浓度以下。换土就是把污染土壤拿走，换入干净的土壤，据中国科学院生态研究所在张士灌区的调查试验，铲除表土15～30cm，可使其中的镉下降50%左右。除了上述方法外，工程措施还包括隔离法、清洗法、热处理法以及电化法。工程措施治理土壤污染效果最彻底，是一种治本措施，但投资较大。

（四）生物措施

生物措施就是利用某些特定的动、植物和微生物较快地吸走或降低土壤中的污染物。据研究，蚯蚓及某些鼠类能降解土壤中的一些农药，吸走土壤或污泥中的重金属。一些野生植物也能吸收大量重金属，如羊齿类铁角蕨属的一种植物对土壤镉的吸收能力很强，但应注意收割植物时因根系通常含有较高的重金属，应尽量连根收走，而那些运用分子生物学、分子遗传学和基因工程等新技术分离与培育的微生物对污染物具有更高的分解能力。

(五) 改良剂措施

施用改良剂抑制的作用可以降低土壤污染物的水溶性、扩散和生物有效性。如在某些重金属污染的土中加入石灰性物质，提高了土壤 pH，从而使重金属生成氢氧化物沉淀。加入膨润土、沸石等铝硅酸盐可使土壤中如镉等重金属钝化。改良剂措施适于中度污染区。

(六) 农业措施

1. 增施有机肥提高土壤环境容量　增施有机肥可提高土壤的吸附能力，还原能力，促进微生物和酶的活性，从而提高了土壤的自净能力。

2. 控制土壤水分　通过控制土壤水分，可调节土壤的氧化-还原状况从而降低污染物的危害，如水稻从抽穗到成熟，减少落干、保持淹水可减少水稻籽实中镉、锌、铜、铅的含量。

3. 选择抗污染的农作物品种　研究表明，同一种作物的不同品种对污染物的吸收累积量不同，因此可以筛选出抗污染的品种。

4. 改变耕作制度或改为非农用地　将中、重度污染区作为良好繁育基地或改种非食用植物，如张士灌区污染严重地片改作水稻、玉米良种基地，收获的糙米不用作商品粮，而作种子，秋后糙米镉含量小于 0.1mg/kg，每公顷产上万公斤以上，效益显著。农业措施投资少，无副作用，但治理效果差，周期长，应与其他措施配合使用。

第四节　土壤培肥技术

一、高产肥沃土壤的特征

我国土壤资源极为丰富，农业利用方式十分复杂，因此高产稳产肥沃土壤的性状也不尽相同。肥沃土壤的性状既有共性，也有因不同土壤类型而具有其特殊性。但比较起来，高度肥沃土壤与同地区一般土壤相比，具有以下特征：

(一) 良好的土体构造

土体构造（soil structure）是指土壤在 1m 深度内上下土层的垂直结构，它包括土层厚度、质地和层次组合。高度肥沃的旱地土壤一般都具有上虚下实的土体构造，即耕作层疏松、深厚（一般在 30cm 左右），质地较轻；心土层较紧实，质地较粘。既有利于通气、透水、增温、促进养分分解，又有利于保水保肥。上下土层密切配合，使整个土体成为能协调供应作物高产所需要的水、肥、气、热等条件的良好构型。

肥力高的水稻土一般都具有松软肥厚的耕作层（厚度一般为 18cm 左右），既滞水又透水、发育良好的犁底层（厚度 10cm 左右），通气透水性好的斑纹层（心土层、潴育层），以及埋藏较深、保水性较强的底土层（又叫淀积层或青泥层）。各层互相依存，互相协调，既有利于养分释放和供应，又可促进根系的活动，且肥效稳长，易于调节管理，从而收到高产稳产的效果。

（二）适量协调的土壤养分

肥沃土壤的养分含量不在于越多越好，而要适量协调，达到一定的水平。北方高产旱作土壤，有机质含量一般在15～20g/kg以上，全氮含量达1～1.5g/kg，速效磷含量10mg/kg以上，速效钾含量150～200mg/kg以上，阳离子交换量20cmol（+）/kg以上。

肥沃水稻土的适量有机质含量为20～40g/kg，全氮量为1.3～2.3g/kg，全磷和全钾量分别为1～15g/kg以上，阳离子交换量一般为10～25cmol（+）/kg。

（三）良好的物理性质

肥沃土壤一般都具有良好的物理性质，诸如质地适中，耕性好，有较多的水稳性团聚体，大小孔隙比例1∶(2～4)，土壤容重1.1～1.25g/cm^3，土壤总孔度50%或稍大于50%，其中通气孔度一般在10%以上，因而有良好的水、气、热状况。此外，肥沃水稻土必须有适度的渗漏性质。一般肥沃水稻土多为爽水田，日渗漏量为9～15mL。漏水田渗漏量太大，漏水漏肥。囊水田渗漏性极差，水分多空气少，常因有毒物质过多累积而抑制水稻的生长。

上述指标既可作为土壤肥力高低的判别依据，又可间接推断作物产量的高低。因此，在中低产田识别中具有重要的作用。

二、新修梯田改土培肥措施

（一）新修梯田的土壤肥力特点

黄土高原坡耕地修建水平梯田，耕层表土多不予保留，特别是机械化修梯田，地面表层几乎全为生土覆盖。在内侧挖方部位，坚硬母质露于地表，肥力急剧下降。新修梯田（1～4年）存在如下不利于作物产量提高的因素。

1. 土壤肥力下降 山西离石水土保持研究所的研究表明，新修梯田由于表土深埋，生土裸露，表层0～30cm土壤有机质、全氮、碱解氮的含量很低，分别为3.1g/kg、0.3g/kg和155mg/kg，依次比坡耕地减少29.5%、30.2%和23.2%。甘肃定西新修梯田0～30cm土层，全氮含量降低10%，碱解氮含量降低6.3%，速效磷含量降低21.5%，速效钾含量下降10.5%，有机质含量下降12.1%。

2. 土壤水分亏缺，土壤物理性状变劣 由于修建梯田过程中，土体受到翻动和转移，土壤水分损失。甘肃定西新修梯田0～30cm土层含水量为31.6mm，而坡地则为41.6mm。在未降大雨之前，山西新修梯田0～40cm土层土壤水分明显低于原坡地，6月底前土壤含水率平均为11.1%，比坡耕地降低了1.1%。同时，由于田坎侧面蒸发，土壤水分散失加快。新修梯田受到机械碾压，田面土壤紧实，耕层土壤容重增大，孔隙度和入渗速率减少，内侧挖方更甚。

3. 土壤微生物量减少 在梯田修筑过程中，由于地表富含微生物的原耕层熟土深埋，0～20cm土层内的真菌、细菌等微生物量显著减少，直接影响有机质和养分的分解和释放。

采取有效措施改土培肥，使新修梯田当年不减产，或比坡地略增产，是梯田建设技术中的重要环节。

（二）新修梯田改土培肥措施

1. 深耕松土 新修梯田耕层土壤生土裸露，切土部位土壤紧实，立即采用人工或机具深耕 20～30cm，耙耱 2～3 遍，使土壤疏松，促进生土熟化。

2. 增施有机肥料 据陈乃政等对晋西黄土高原新修梯田增施有机肥对作物产量影响的调查结果表明，马铃薯、谷子、高粱、玉米在新修梯田施用有机肥 28.5t/hm^2 情况下，产量可达 3000kg/hm^2；在同样施肥量情况下，糜子、莜麦的产量为 1425kg/hm^2，已达到或高于坡地产量。新修梯田施用有机肥的肥效以马铃薯最好，其次为谷子、高粱、玉米，糜子和莜麦的肥效较低（表 5-8）。在每公顷施用有机肥 75t 范围内，作物产量随施肥量增加而提高，一般以 37.5t/hm^2 施用量较为经济合理。

表 5-8 新修梯田不同作物有机肥施用量与产量

作物	有机肥施用量/(t/hm^2)				3 年平均产量/(kg/hm^2)	每 100kg 肥料产量/kg
	1987 年	1988 年	1989 年	平均		
马铃薯	28.7	18.8	24.2	23.9	3345.0	13.9
谷子	30.8	26.2	30.3	29.0	2674.0	9.3
高粱	—	26.2	45.0	35.6	3240.0	9.1
玉米	—	—	45.0	45.0	2760.0	6.1
糜子	26.0	—	32.3	29.2	1648.5	5.6
莜麦	—	—	22.5	22.5	1185.0	5.3
平均	28.2	26.6	33.2	29.3	2476.5	8.4

注：马铃薯每 5kg 折粮食 1kg

3. 有机肥配合增施化肥 黄土高原新修梯田土壤更具有岩性土特征，肥力极低。在有机肥施用基础上，配合增施氮肥和磷肥，培肥和增产效果更好。据王晓泉等有机肥配施化肥试验表明，土壤有机质增加了 20.2%～21.2%，水解氮增加了 18.3%～22.3%，阳离子代换量提高了 33.3%。每公顷施 P_2O_5 150kg，土壤速效磷由 6mg/kg 增至 18.4mg/kg。在另一个综施培肥试验中，由于施用了各种肥料，平均提高率为全氮 29.1%，全磷 24.2%，有机质 23.0%，水解氮 20.6%，速效磷 25%，速效钾 50.4%，阳离子代换量 16.7%，脲酶 113.6%（表 5-9）。配合施用有机无机肥料，可达到显著增产效果。表 5-10 指出，单施氮肥仅增产 6.6%，而氮肥配合土粪增产 89.5%，氮磷化肥配合土粪增产 148.6%。土粪与磷肥在新修梯田上增产效果高于其他农田。研究表明，单施氮素化肥效果不好，除水解氮有明显增加外，其他养分和有机质均没有增加，增产效应也不明显，4 年平均增产 6.6%，低于有机肥和磷肥配施效果。因此，施磷肥和土粪是新修梯田培肥的重要措施。

表 5-9 施肥对土壤养分的影响（1988～1990 年的平均值）

试验名称	处理	全氮/(g/kg)	全磷（P_2O_5）/(g/kg)	有机质/(g/kg)	水解氮/(mg/kg)	速效磷/(mg/kg)	速效钾/(mg/kg)
有机配合无机试验	无肥对照	0.96	1.33	11.40	54.6	6.0	145
	氮	0.85	1.31	11.98	64.7	5.9	141
	氮+土粪	0.99	1.36	13.70	64.6	7.3	155
	土粪+氮+磷	1.03	1.43	13.82	66.8	18.4	152
综合措施培肥试验	1. 无肥对照	0.98	1.22	14.59	60.2	13.0	120
	2. 土粪	1.16	1.37	15.14	67.5	13.5	138
	3. 土粪+磷矿粉	1.20	1.55	15.90	69.3	15.3	152
	4. 处理 3+秸秆	1.20	1.58	16.16	71.7	14.7	198
	5. 处理 4+草灰	1.19	1.54	15.64	68.3	15.3	210
	6. 处理 5+绿肥	1.37	1.66	15.43	77.7	19.0	223

表 5-10 施肥对小麦产量的影响

试验名称	处 理	1988 年/(kg/hm²)	1989 年/(kg/hm²)	1990 年/(kg/hm²)	1991 年/(kg/hm²)	平均产量/(kg/hm²)	产量百分比/%
有机配合无机试验	无肥对照	1417.5	667.5	1725.0	2197.5	1804.5	100.0
	氮 75	1584.0	652.5	1500.0	2404.5	1804.5	106.6
	氮+土粪 60000	2580.0	1509.0	3471.0	3620.0	1923.0	189.5
	土粪+氮+磷 150	4594.5	2602.5	4772.0	4134.0	3418.5	248.6
综合措施培肥试验	1. 无肥对照	3055.5	1975.0	3400.0	2497.0	4485.0	100.0
	2. 土粪 45000	3177.0	2175.0	4050.0	2664.0	2728.5	112.0
	3. 土粪+磷矿粉 2250	3447.0	2202.0	4401.0	2823.0	3054.0	118.0
	4. 处理 3+秸秆 6000	3789.0	2355.0	5050.5	2958.0	3538.5	129.7
	5. 处理 4+草灰 7500	3700.0	2343.5	4965.0	3102.0	3550.5	130.2
	6. 处理 5+绿肥 22500	3796.5	2724.0	5283.0	3378.0	3795.0	139.1

此外，黄土高原的群众有在新修梯田增施黑矾（$FeSO_4$）加速生土熟化的经验。经多年试验研究，以有机肥结合施用黑矾效益明显。新修梯田施用有机肥 15t/hm²，同时结合施用黑矾 225～750kg/hm²，可有效地起到改土培肥作用，与不施用黑矾的对照相比，冬小麦、谷子、高粱等可增产 10%～20%；马铃薯可增产 26.6%～81.6%。

黑矾改土培肥和增产的原理，在于富含 $CaCO_3$、pH8 的黄土，经加入 $FeSO_4$ 后，反应释放出 CO_2，可疏松土壤、降低土壤容重、促进土壤熟化，并能增加铁、锌等微量元素，土壤有机质含量也有所增加（表 5-11）。

表 5-11 黄土高原新修梯田切土部位（0～20cm）施用黑矾的改土效益

处 理	土壤容量/(g/cm³)	土壤孔隙度/%	>0.25mm 水稳性团聚体/%	有机质/(g/kg)	Fe/(mg/kg)	Zn/(mg/kg)
施黑矾	1.176	52.92	26.02	6.95	8.26	0.62
CK	1.264	51.09	12.18	6.77	5.16	0.55

4. 选择适宜的先锋作物 黄土高原新修梯田多为生土，土壤物理性状差，肥力瘠薄，宜选择适应性强的作物为先锋作物。据群众经验和大量的试验研究表明，新修梯田的先锋作物以马铃薯为最好，其次为小麦、谷子、糜子、扁豆和荞麦。在水分条件好、肥料充足的梯田上也可种植高粱和玉米。当前新修梯田首先种植马铃薯已得到普遍推广。

三、低产田土壤培肥的基本措施

（一）增施有机肥料，培育土壤肥力

增施有机肥料（粪尿肥、堆沤肥）既能营养植物，又能改善土壤物理性质，提高土壤肥力。在肥力培育方面，有机物料的培肥作用占有突出地位，应每年向土壤中输入一定数量的非腐解态有机物，以不断更新与活化土壤中已渐老化的腐殖物质，从而提高土壤肥力，这在土壤有机培肥方面是经济有效的办法。

1. 有机肥的优越性 有机肥的优越性是任何一种化肥所代替不了的，在水果生产中尤其显得重要。一是有机肥是“完全肥料”，作物吸收的大部分氮，1/5～1/2 的磷，大部分的钾，都是由土壤有机物质分解矿化后所提供的，有机质也是作物所需的各种微量元素的源泉。

二是有机质是植物碳素营养的源泉。土壤微生物分解有机质所产生的二氧化碳可满足植物生长的需要。据研究，一般通过有机质分解出来的二氧化碳，能使植物增产40%左右。三是有机质能促进土壤有益微生物的活动，而微生物活动能把有机质中作物不能吸收的东西加以分解，供满足作物生长的需要。四是有机质中的腐殖质是一种很好的胶结剂，它能使土壤形成团粒结构，改善土壤的理化性能，调节土壤的水分、养分、空气和温度情况，因而能提高土壤肥力。所以，应因地制宜地采用秸秆还田和过腹还田、直接翻压还田和覆盖还田等形式，并用少量化肥调节碳氮比，提高土壤的有机质含量。绿肥在盛花期翻压，翻压深度为15cm左右，盖土要严，翻后要耙压。

2. 有机肥的无害化处理 在施用的过程中有机肥必须进行无害化处理。在有机肥料中，比如人、畜粪便，常常带有各种病原菌、病毒、寄生虫卵及恶臭味等，有些如杂草等常常带有各种病虫害传染体及种子等。因此，对用于无公害果品生产的有机肥料，一般都要经过处理，变有害为无害。目前，有机肥料的无害化处理，有物理方法、化学方法和生物方法三种。物理方法，如暴晒和高温处理等，养分损失大，工本高；化学方法，如用化学物质除害，在无公害生产中不能采用；生物方法如接菌后的堆腐和沤制，是有机肥无害化生产过程中唯一可采用的方法。有机肥料无害化处理的堆、沤方法也很多，如EM堆腐法、自制发酵催熟堆腐法和工厂化无害化处理等。

1）*EM堆腐法* EM是一种好氧和嫌氧有效微生物群，主要由光合细菌、放线菌、酵母菌和乳酸菌等组成，在农业和环保上有广泛的用途。它具有除臭、杀虫、杀菌、净化环境和促进植物生长等多种功能。用它处理人、畜粪便作堆肥，可以起到无害化作用。其具体方法如下：

第一，购买EM原液。然后，按清水100mL和蜜糖或红糖20～40g、米醋100mL、烧酒（含酒精30%～35%）100mL和EM原液50mL的配方，配制成备用液。

第二，将人、畜粪便风干至含水量为30%～40%。

第三，取稻草、玉米秆和青草等，切成长1.5cm的碎料。加少量米糠拌和均匀，作堆肥时的膨松物。

第四，将稻草等膨松物与粪便按重量1∶10混合搅拌均匀，并在水泥地上铺成长约6m、宽约1.5m、厚20～30cm的肥堆。

第五，在肥堆上薄薄地撒上一层米糠或麦麸等物，然后再洒上EM备用液，每1000kg肥料洒1000～1500mL。

第六，按同样的方法，在上面再铺第二层。每一堆肥料铺3～5层后，上面盖好塑料薄膜发酵。当肥料堆内温度升到45～50℃时翻动一次。一般要翻动3～4次才能完成。完成后，一般肥料中长有许多白色的霉毛，并有一种特别的香味，这时就可以施用。一般夏天需要7～15天才能处理好，春天需要15～25天，冬天则更长。肥料中水分过多会使堆肥失败，产生恶臭味。各地要根据具体条件，反复试验、摸索才行。

2）*发酵催熟堆腐法* 如果当地买不到EM原液，也可以自制发酵催熟粉来代替，采用自制发酵催熟堆腐法进行处理。其方法如下：

第一，发酵催熟粉的制备。准备好所需原料：米糠（稻米糠、小米糠等各种米糠）、油饼（菜籽饼、花生饼、蓖麻饼等）、豆粕（加工豆腐等豆制品后的残渣，无论何种豆类均可）、糖类（各种糖类和含糖物质均可）、泥类或黑炭粉或沸石粉和酵母粉。按米糠14.5%、油饼14%、豆粕13%、糖类8%、水50%和酵母粉0.5%的比例配方，先将糖类加于水中，搅拌溶解后，加入米糠、油饼和豆粕，经充分搅拌混合后堆放，在60℃以上的温度下发酵30～50天。然后用黑炭粉或沸石粉按1∶1重量的比例，进行掺和稀释，仔细搅拌均匀即成。

第二，堆肥制作。先将粪便风干至含水分30%～40%。将粪便与切碎稻草等膨松物按重量10∶1的比例混合，每100kg混合肥中加入1kg催熟粉，充分拌和均匀，然后在堆肥舍中堆积成高1.5～2m的肥堆，进行发酵腐熟。在发酵期间，根据堆肥的温度变化，可以判定堆肥的发酵腐熟程度。当气温15℃时，堆积后第三天，堆肥表面以下30cm处的温度可达70℃，堆积10天后可进行第一次翻混。翻混时，堆肥表面以下30cm处的温度可达80℃，几乎无臭。第一次翻混后10天，进行第二次翻混。翻混时，堆肥表面以下30cm处的温度为60℃。再过10天后，第三次翻混时，堆肥表面以下30cm处的温度为40℃，翻混后的温度为30℃，水分含量达30%左右。之后不再翻混，等待后熟。后熟一般需3～5天，最多10天即可。后熟完成，堆肥即制成。这种高温堆腐，可以把粪便中的虫卵和杂草种子等杀死，大肠杆菌也可大为减少，达到有机肥无害化处理的目的。

3）工厂化无害化处理　如果有大型畜牧场和家禽场，因粪便较多，可采用工厂化无害化处理。主要是先把粪便集中，然后进行脱水，使水分含量达到20%～30%。然后把脱过水的粪便输送到一个专门蒸汽消毒房内，蒸汽消毒房的温度不能太高，一般为80～100℃。温度太高易使养分分解损失。肥料在消毒房内不断运转，经20～30min消毒，杀死全部的虫卵、杂草种子及有害的病菌等。消毒房内装有脱臭塔除臭，臭气通过塔内排出。然后将脱臭和消毒的粪便，配上必要的天然矿物，如磷矿粉、白云石和云母粉等，进行造粒，再烘干，即成有机肥料。其工艺流程如下：

粪便集中→脱水→消毒→除臭→配方搅拌→造粒→烘干→过筛→包装→入库

总之，通过有机肥的无害化处理，可以达到降解有机污染物和生物污染的目的。

3. 提倡使用微生物肥料　土壤中的有机质，以及施用的厩肥、人粪、尿、秸秆和绿肥等，其很多营养成分在未分解之前，作物是不能吸收利用的，要通过微生物分解，使之变成可溶性物质，才能被作物吸收利用。例如，根瘤菌能直接利用空气中的氮气合成氮肥，为植物生长提供氮素营养。磷细菌能分解一些含磷有机物，使磷变成可溶性磷，供作物利用。硅酸盐细菌能分解含钾丰富的矿物质，使钾元素变成可溶性的，从而为作物所吸收和利用。因此，可以人为地制取优良的菌种培养微生物肥料，施用到地里提高土壤肥力。现在，我国已经在业生产上应用根瘤菌、固氮菌、磷细菌和钾细菌等微生物肥料。使用时应严格按照使用说明书的要求操作，有效活菌的数量应符合NY 227—1994中的规定。

4. 掌握土壤和肥料的卫生标准　要根据土壤肥力和土质状况，有目的地进行施肥，达到既培肥土壤，又保证作物营养物质的要求，不至于引起硝酸盐对作物和农田的污染。产地施肥，应根据土壤肥力高低、果树的需肥特点，进行合理的安排。高肥力土壤，可以以生物肥料为主；一般肥力的土壤，则应以高温堆肥为主，再以生物菌肥料追肥。应提倡测土配方施肥。

用做果品生产的肥料，原则上应就地使用。对于外来的农家肥料，应确认其符合要求后，才能使用。商品肥料及新型肥料，必须通过国家有关部门的登记认证及生产许可，质量指标应达到国家有关标准的要求。

5. 用有机肥作基肥　在果树生产上，有机肥以作基肥为主，尤其要提倡秋施基肥。腐熟的沼气液、残渣及人粪、尿也可用做追肥。但必须充分腐熟，严禁用未腐熟的人粪、尿。饼肥要优先用于果品生产，但不能施用未腐熟的饼肥。

6. 将有机肥与化肥配合施用　化肥中的无机氮，可提高有机氮的矿化率；有机氮能提高无机氮的生物固定率。增施有机肥在于养地，增施化肥在于用地。因此，两者配合有利于果树高产与稳产，尤其是磷、钾肥与有机肥混合施用，可以提高肥效。例如，磷肥施入土壤后有两个特点：一是在土壤中移动性小，其移动半径多在 0.5～1cm 以内；二是容易被土壤中的 2 价阳离子固定。这就造成了作物吸收利用的困难，降低了肥效。与有机肥混合施用，减少了磷肥与土壤的接触面，而且有机酸类物质有助于提高钙、镁、磷肥的有效性。所以，将磷、钾肥与优质厩肥、堆肥混合施用效果好；若能先置于一起堆沤，然后再施用，则效果更好。

7. 配方施肥　根据土壤中营养元素含量情况和果树对营养元素需求的特点，氮、磷、钾肥应按一定的比例进行施用，这就是配方施肥。随着肥料工业的发展，现已推出复合肥料和复混肥料，方便了肥料的使用。

复合肥料（complex fertilizer）是指由化学方法制成的复混肥，按其所含氮、磷、钾有效养分的不同，可分为二元复合肥料和三元复合肥料。常用的几种复合肥有：磷酸一铵，适合各类果树，作基肥、追肥均可；磷酸二铵，适合各类果树，作基肥、追肥均可；磷酸二氢钾，多用于根外追肥，浓度为 0.2%～0.3%。

复混肥（compound fertilizer）是以物理加工制成，氮、磷、钾 3 种养分中，至少有两种标明量的肥料。按其总养分含量的不同，可分为高浓度（≥40%）、中浓度（≥30%）和低浓度（≥25%）。复混肥是我国化肥工业发展的方向，是农业施肥结构的一场改革，是调整当前耕地土壤氮、磷、钾三要素比例失调的有力措施。当前，随着施肥技术的不断改进，各种复混肥也不断涌现，如各种果树专用肥等。

8. 叶面肥料　要求腐殖酸含量≥8.0%，微量元素≥6.0%，杂质镉、砷、铅的含量分别不超过 0.01%、0.002%和 0.002%。按使用说明稀释，在果树生长期内喷施 2 次或 3 次。

9. 城市生活垃圾　必须经过无害化处理，质量符合 GB8172 要求后才能施用。每年每公顷果园限制施用量为：粘性土壤不超过 45000kg，砂性土壤不超过 30000kg。

（二）合理轮作倒茬，用地养地结合

通过轮作培肥地力是我国的传统经验。充分用地并积极养地，用养结合，是我国轮作倒茬制度的特点。通常可采用绿肥作物与大田作物轮作、豆科作物与粮棉作物轮作和水旱轮作等。

（三）合理耕作改土，加速土壤熟化

合理的耕作可以调节土壤固、液、气三相物质比例，增强土壤通透性，加速土壤熟化。

深耕结合施用有机肥料，是培肥改土的一项重要措施。深耕的作用是加厚耕作层，改善土壤结构和耕性，降低土壤容重，使土、肥、水相融，促进微生物的活动，改善作物的环境条件，加速土壤熟化。深耕要注意逐步加深，不乱土层。深耕的时间要因地制宜，华北和西北地区以秋耕和伏耕为佳。在南方稻麦两茬、水旱轮作地区，大多在秋种和冬种前进行深耕，有利于晒垡、通气，改善稻田土壤的理化性质。但是在南方两稻一肥地区，冬前要赶种绿肥，只有在春天翻压绿肥时进行深耕。深耕还应与耙耱、施肥、灌溉相结合。

此外，加强农田基本建设和旱地改水田等措施也非常重要。

四、坡耕地平衡施肥效应

（一）黄土丘陵区坡耕地平衡施肥效应

中国科学院水利部水土保持研究所在黄土丘陵区安塞县（安塞试区）进行了旱地（梯田与坡耕地）平衡施肥试验。试区年均降水量530mm，平均气温9.3℃，无霜期157～194天，土壤为侵蚀黄绵土，坡耕地的坡度为19°。土壤养分的背景值为：有机质4.69g/kg，全氮0.4g/kg，全磷0.59g/kg，碱解氮34.2mg/kg，速效磷2.1mg/kg。黄土丘陵区土壤含钾量丰富，不存在缺钾的问题。施肥试验着重氮（N）、磷（P）、有机肥（M）及三者的不同配合。每公顷施有机肥7500kg，尿素114kg，三料作物磷素57kg。轮作方式：谷子→麦→谷子→糜子。

1. 坡耕地不同配肥方式的长期施肥效益 以安塞试区侵蚀黄绵土的坡耕地（坡度19°）为研究对象，设计了7种配肥处理，进行了12年长期施肥试验。现选用轮作中谷子年份的施肥效应进行分析（表5-12）。以不施肥的为对照（CK），不同施肥处理的谷子产量的增产率均高于对照1983年，为11%～100%，以MNP组合增产效益最高；NP组合较单施氮、磷为佳，增加效益46%～57%。不施肥的谷子产量呈逐年下降趋势；任何施肥处理的第一年增产效益最大，之后的施肥增产效益有逐年下降趋势，其中NP组合和MNP组合的增产效益变动不大，而与对照差距增大。试验进行的第11年（1993年），NP组合与MNP组合的产量与对照产量的比值，分别为3.6∶1、6∶1。在每年同样施肥条件下，谷物产量的年际波动原因，一方面在于受土壤肥力水平的影响；另一方面在于受降雨对坡耕地水土流失及土壤水分状况的制约，包括土壤养分随水土流失的携出及养分利用受土壤水分的制约等。以下就坡耕地养分循环及平衡施肥做进一步讨论。

表5-12 坡耕地长期施肥情况下谷子产量的动态变化（kg/hm^2）

施肥年份	CK	P	N	NP	M	MN	MNP
1983	1191	1317	1416	2067	1416	2121	2491.5
1985	909	1008	802.5	1623	1164	1560	2146.5
1987	390	960	360	1110	772.5	1042.5	1308
1989	336	454.5	357	904.5	523.5	1374	1662
1991	309	541.5	358.5	1105.5	204	1311	1699.5
1993	294	510	340.5	1060.5	660	1335	1800

2. 坡耕地养分循环平衡 坡耕地的养分平衡为输入量和输出量的平衡，输入量有降水、施肥、种子；输出量有作物地上部携出量、氮素的挥发和反硝化损失、径流和泥沙的携出量。研究土壤养分输入输出的养分循环平衡，是指导平衡施肥的依据。

郑剑英等研究结果表明（表5-13），在坡耕地养分循环的通道中，径流和泥沙的携出量不容忽视，在MNP、MN、NP 3个处理中，泥沙携出量占总输出量的11%，相当于作物地上部携出量的27%左右；在不施肥情况下，泥沙携出量占总输出量的44.9%，相当于作物地上部携出量的84.8%。平衡施肥情况下，作物产量有所提高，相应泥沙携出的养分量也减少，发挥了一定的水土保持效益，但土壤中磷素贮量降低了。因此，为取得施肥的最佳效应，坡耕地施肥必须结合水土保持耕作法。试验中还表明，梯田进行平衡施肥，其效果显然大于坡耕地。

表 5-13　坡耕地不同施肥处理的养分平衡 [kg/(hm² · 年)]

处理	养分	输入量				输出量					盈亏	
		有机肥	化肥	种子	合计	地上部携出量	氮的挥发及反硝化损失	泥沙携出量	径流携出量	合计	年平均	谷子玉米8年累计
MNP	N	22.2	52.35	0.54	78.72	31.95	26.90	7.85	0.45	67.22	11.51	92.04
	P_2O_5	16.8	24.70	0.20	42.06	11.61		24.03	0.06	34.95	6.36	50.88
MN	N	22.2	52.35	0.57	78.72	27.57	34.77	8.00	0.45	25.78	7.94	63.48
	P_2O_5	16.8		0.20	17.35	6.68		24.05	0.06	30.78	−13.43	−107.40
M	N	22.2		0.57	26.37	15.67		7.58	0.45	23.60	2.278	22.20
	P_2O_5	16.8		0.20	17.35	6.02		24.03	0.06	30.11	−12.75	102.00
NP	N		52.35	0.57	56.52	28.55	31.88	7.85	0.45	68.15	−12.20	−97.56
	P_2O_5		24.70	0.20	25.26	8.03		24.03	0.06	32.12	−6.86	−54.54
CK	N			0.57	4.17	13.40		7.58	0.45	22.67	−15.50	−123.96
	P_2O_5			0.20	0.56	2.93		31.38		0.06	34.37	−33.81

（二）紫色土丘陵区坡耕地平衡施肥效应

四川省农业科学院土壤肥料研究所张建华等在川中紫色土丘陵区的坡耕地（坡度 14°），布设了径流小区（5m×20m）进行平衡施肥对水土保持和作物产量影响的观测试验。据 1996～1999 年的 4 年观测研究的平均值（表 5-14），增施 N+P 肥或 N+P+K 肥均能大幅度提高农作物产量；减少径流量 50%左右，减少泥沙量 70%左右。如果平衡施肥结合水土保持耕作措施，一定能取得更大的水土保持和增产效益。例如，处理中 N+2P+2K 的减少径流、泥沙的效益并不优于 N+P+K，甚至产量还略有降低；但是 1999 年在 N+2P+2K 的基础上再增加了秸秆覆盖处理，其减少径流、泥沙的效益较单一 N+P+K 的施肥处理，分别提高了 42%和 46%，粮食产量还提高了 516kg/hm²。因此，坡耕地改土培肥措施宜与水土保持耕作措施结合进行，才能充分发挥肥料的效益，并防止养分流失。

表 5-14　坡耕地平衡施肥对水土流失和作物产量的影响

	项　目	不施肥	P+K	N+K	N+P	N+P+K	K+2P+2K
1999 年	径流深/mm	97.8	94.9	78.3	88.0	86.3	44.9△
	泥沙/(t/km²)	7.6	6.1	4.1	4.3	4.6	1.1△
	作物产量/(kg/hm²)	1384	1566	5074	7849△	8595	9111△
1996～1999 年 4 年观测平均值	径流深/mm	140.7	121.2	76.9	71.2	65.3	58.4
	泥沙/(t/km²)	43.4	34.1	16.8	12.7	12.2	13.0
	作物产量/(kg/hm²)	1283	1464	6038	7465	8413	8391

注：△表示覆盖；N 为纯氮，305kg/km²；P 为 P_2O_5，202kg/hm²；K 为 K_2O，175kg/hm²；作物为小麦、玉米和甘薯，甘薯折原粮 5∶1；坡度 14°

思　考　题

1. 什么是土地复垦？怎样进行复垦？
2. 如何进行土壤盐渍化防治？
3. 污染土壤的修复技术措施有哪些？
4. 土壤培肥的内容和措施有哪些？

第六章 补灌农业

【内容提要】 补灌农业是通过一定的汇流面将雨水汇集并蓄存，到作物缺水的需水关键期进行灌溉，以取得较好的产量和效益的方法。本章在介绍了作物需水与补灌制度、集水技术和补灌技术等补灌农业核心技术的基础上，以内蒙古大田雨水集蓄利用工程为例，进行了实例分析，以供实践时参考。

第一节 作物需水与补灌制度

一、作物需水量及其影响因素

农田水分的消耗主要由三部分组成。一是作物根系吸水，这部分水分的绝大部分（99%以上）是通过叶面不断散失到大气中去的，这种现象称为植株蒸腾（plant transpiration），另有不到1%的水分留在植株体内，成为作物组织的组成成分；二是作物植株间土壤或田间的水分蒸发，又称为棵间蒸发；三是深层渗漏或田间渗漏。深层渗漏是由于降雨或灌溉太多，使土壤水分超过了田间持水率，向根系吸水层以下的土层产生渗漏的现象，深层渗漏是无意义的水分消耗，且会造成养分的流失。田间渗漏（field seepage）一般指水稻田的渗漏，适量的渗漏量能够改善稻田通气状况和氧化-还原条件，促进作物的生长。但过大的渗漏量，也会造成田间水分、养分的流失。

作物需水量（crop water requirement）是指大面积生长的无病虫害作物，在最佳肥水条件和生长环境中，取得高产潜力所需满足的植株蒸腾和棵间蒸发之和，又称为作物蒸发蒸腾量或腾发量（crop transpiration）。蒸发蒸腾量与田间渗漏量之和统称为农田耗水量（field water consumption）。作物需水量包含生理和生态需水两个方面，作物生理需水（physical water requirement of crop）是指作物生命过程中的各种生理活动（如蒸腾作用、光合作用等）所需要的水分，植株蒸腾事实上是作物生理需水的一部分。作物生态需水（ecological water requirement of crop）是指生育过程中，为给作物正常生长发育创造良好的生长环境所需要的水分。棵间蒸发即属于作物的生态需水。在整个作物的生育期内，植株蒸腾与棵间蒸发两者互为消长，一般在作物生育初期，植株小，地面裸露大，以棵间蒸发为主；随着植株增大，植株蒸腾逐渐大于株间蒸发，到作物生育后期，作物生理活动减弱，蒸腾耗水又逐渐减小。

影响作物需水量的因素很多，但归结起来可分为自然因素和人为因素两类。自然因素包括气象条件（辐射、温度、湿度、风速等）、土壤特性、作物性状3种。人为因素则指农田灌排措施、农业耕作措施等。一般而言，作物需水量呈现出以下特点：

1. 作物种类不同对水分要求不同 不同种类的作物，其本身形态构造和生长季节均不相同。凡生长期长、叶面积大、生长速度快、根系发达的作物，需水量较大；反之需水量较小。同一作物，不同品种其需水量也各异。

2. 同一作物不同生育阶段对水分要求不同 一般作物在生育前期、后期需水较少；生育中期水分较大。在全生育期中，作物对水分亏缺最敏感、需水最迫切以至对产量影响最大的时期称为关键需水期（key water requirement period）。不同作物的关键需水期不同，如水稻关键需水期在孕穗至开花期；小麦为拔节期到灌浆期；玉米为抽雄到乳熟期。概括起来，大多数作物的关键需水期，均在生殖器官形成至开花前夕，或正当开花时期。

作物各生育阶段的需水量占全生育期总需水量的百分数，叫阶段需水模数（water requirement modulus of period）。作物每日所需水量为日需水量（day water requirement）。作物的日需水量和阶段需水模数，是制定灌溉制度和合理用水的重要依据。

3. 地区自然条件不同，作物需水量不同 作物生长的地区条件如气候、土壤等不同，其需水情况也不一致。辐射、气温、空气湿度、风速等气象因子都对需水量有较大影响。当日照与气温高、辐射强、空气干燥、风速大时，作物需水量增大，反之则减小。就地区而言，湿度较大、温度较低的地区，其需水量小；而气温高，相对湿度小的地区需水量则大。就年份而言，湿润年作物需水量小，干旱年作物需水量则相对较大。

4. 农业技术措施不同，作物需水情况不同 例如，深耕多肥、合理密植等农业措施下，作物需水量在后期有增加的趋势，但不一定成比例。

由于上述各种因素的影响，在生产实践中，必须因时、因地、因作物、因气候等各种自然与人为条件，确定作物的需水量，以便于指导生产。

二、作物需水量计算

作物需水量的确定是区域水资源的合理开发利用，灌溉工程的规划、设计和管理必不可少的依据。归纳起来，作物需水量计算方法有直接补算法和半经验公式法两种。

（一）直接计算需水量的方法

这种方法是先从影响作物需水量的诸因素中，选择一个或几个主要参数（这些参数可能是气候因子，如水面蒸发、气温、湿度、日照、辐射等，也可能是产量），找出它们与作物需水量之间的关系，并以经验公式表示，当已知影响因素的参数值时，便可算出其需水量。

1. 以水面蒸发为参数的需水量计算法（α 值法或蒸发皿法） 大量灌溉试验资料表明，水面蒸发量和作物需水量之间存在一定程度的相关关系，因此，可用水面蒸发量这一参数来计算作物需水量。其计算公式为：

$$\mathrm{ET} = aE_0 \quad 或 \quad \mathrm{ET} = aE_0 + b \tag{6-1}$$

式中，ET 为某时段内的作物需水量，以水层深度 mm 计；E_0 为与 ET 同时段的水面蒸发量，以水层深度 mm 计，E_0 一般采用 80cm 口径蒸发皿的蒸发值；a、b 为经验常数；α 为需水系数，或称蒸发系数，为作物需水量与水面蒸发量之比值。

由于"α 值法"只需要水面蒸发量资料且易于获得，所以该法在我国水稻种植地区被广泛采用，表 6-1 中列举了湖北、湖南、广东、广西等若干站多年水稻的 α 值资料。从表中可看出，α 值在各生育阶段的变化及全生育期总的情况都还比较稳定。多年来的实践证明，用 α 值法除了必须注意蒸发皿的规格、安设方式及观测场地的规范化外，还必须注意非气象条件（如土壤、水文、农业技术措施、水利措施等）对 α 值的影响，否则将会给资料整理工作带来困难，并使计算成果产生较大误差。

表 6-1 水稻各生育阶段需水系数 α 值统计表

省 站	资料（站、年、组）	生育阶段						
		移栽—返青	返青—分蘖	分蘖—孕穗	孕穗—抽穗	抽穗—乳熟	乳熟—收割	全生育期
			早 稻					
湖南各地综合分析	26	0.835	0.973	1.515	1.471	1.438	1.200	1.214
广西南宁等地综合分析	23	0.954	1.090	1.281	1.259	1.220	1.095	1.150
广东新兴站	26	1.313	1.344	1.081	1.302	0.958	0.855	1.142
湖北长渠站	15	0.572	1.005	1.250	1.342	1.351	0.682	1.038
			中 稻					
湖南黔阳站	2	0.737	0.917	1.113	1.334	1.320	1.185	1.150
湖北长渠站	15	0.784	1.060	1.341	1.178	1.060	1.133	1.100
湖北随县车水沟站	15	0.883	0.917	1.043	1.132	1.003	1.123	0.971
广西随桑江站	3	0.980	1.085	1.650	2.200	1.218	1.178	1.376
			晚 稻					
湖南各地综合分析	38	0.806	0.992	1.074	1.272	1.358	1.397	1.128
广西南宁等地综合分析	23	0.951	1.096	1.323	1.359	1.230	1.003	1.166
广东新兴站	19	0.891	1.044	1.360	1.225	1.050	0.788	1.090
湖北随肥车水沟站	9	1.183	1.161	0.753	1.100	1.060		1.187

对于旱地作物，棵间蒸发变异性较大，α 值受非气象条件的影响较大。华北一些地区，冬小麦 $\alpha=0.5\sim0.55$，湿润年值小，干旱年值大。应针对不同的水文年份，采用不同的 α 值，并根据非气象因素对 α 值进行修正。一般水稻用 α 值法比旱作物用此法好。

2. 以产量为参数的需水量计算法（*K* 值法） 作物产量反映了水、土、肥、热、气、光照诸因素的协调及农业措施的综合作用。在一定条件下，作物需水量将随产量的提高而增加，但是需水量的增加并不与产量成比例，如图 1-5 所示。从图中可以看出，单位产量的作物需水量随产量的增加而逐渐减小，说明当作物达到一定产量水平后，要进一步提高产量就不能仅靠增加水量，而必须同时改善作物生长所必需的其他条件。用作物产量计算作物需水量的表达式为：

$$\mathrm{ET} = KY \quad 或 \quad \mathrm{ET} = KY^n + c \tag{6-2}$$

式中，ET 为作物全生育期内总需水量（mm 或 m^3/hm^2）；Y 为作物单位面积产量（kg/hm^2）；k 为以产量为指标的需水系数。对于 $\mathrm{ET}=KY^n+c$ 公式；K 为代表单位产量的需水量（m^3/hm^2）；n、c 分别为经验指数和常数。K、n 及 c 的数值可通过试验确定。

在 20 世纪 50～60 年代，K 值法在我国得到较广泛的应用，主要用于计算旱作物的田间需水量。由于 K 值包含了气象、土壤、作物及农业措施的综合影响，难以得到较稳定的数值，故该法的应用受到了一定的限制。

另外，还有以水面蒸发量和产量作参数、水面蒸发量和土壤含水量作参数，或更多因素作参数的计算方法，这里就不一一列举了。

上述公式都可估算全生育期作物需水量，也可估算各生育阶段的作物需水量。在生产实践中，过去习惯采用所谓模比系数法估算作物各生育阶段的需水量，即先确定全生育期作物需水量，然后按照各生育阶段需水规律，以一定比例进行分配，即

$$\mathrm{ET}_i = K_i \mathrm{ET} \tag{6-3}$$

式中，ET_i 为某一生育阶段作物需水量；K_i 为某阶段需水模系数，即某一生育阶段作物需水量占全生育期作物需水量的百分数，可以从试验资料中取得。

（二）基于参照作物蒸发蒸腾量（或潜在腾发量）的作物需水量计算方法

田间蒸发和蒸腾是水分通过土壤-植物-大气系统的连续传输过程。大气、土壤、植物 3 个组成部分中的任何一部分的有关因素，均影响作物需水量的大小。根据理论分析与试验结果，在土壤水分充足的条件下，气象因素是影响需水量的主要因素，其余的影响不显著；在土壤水分不足的条件下，气象因素与其余因素均对需水量有较大影响。因此，目前国际上普遍采用的计算作物需水量方法，大致分为以下两步：

第一步：考虑气象因素对作需水量的影响，计算参照作物蒸发蒸腾量。

第二步：考虑土壤水分及作物条件的影响，对参照作物需水量进行调整或修正，从而计算出实际需水量。

参照作物需水量指的是土壤水分充足、地面完全覆盖、生长正常、高矮整齐的开阔（长、宽均在 200m 以上）绿草地（高 3～15cm）的蒸发蒸腾量。因参照作物需水量只受气象条件影响，故都是按日历时段（月、旬或日），根据相应时段的气象参数进行计算。

1. 参照作物需水量的计算　参照作物需水量根据气象条件分阶段（月、旬或日）进行计算。

1）布莱尼-克莱多法

$$ET_0 = CP(0.46T + 8) \tag{6-4}$$

式中，ET_0 为考虑月份的参照作物蒸发蒸腾量（mm/天）；T 为月平均气温（℃）；P 为各月昼长时间占全年昼长时间的百分数（%）；C 为取决于最低相对湿度、日照率和白天风速的修正系数。

2）辐射法

$$ET_0 = CWR_s \tag{6-5}$$

式中，ET_0 为计算时段内参照作物蒸发蒸腾量（mm/天）；R_s 为计算时段内太阳辐射，以等效水面蒸发量计（mm/天）；W 为取决于日平均温度与高程的权重系数；C 为取决于平均相对湿度与白天风速的修正系数。

3）彭曼综合法　根据能量平衡原理和水汽扩散原理及空气的导热定律等，彭曼（1948）提出了参考作物蒸发蒸腾量的计算公式。1879 年联合国粮农组织考虑不同高程条件下的气压修正，将彭曼公式的形式作了一些变动，其变改动后的计算 ET_0 公式为：

$$ET_0 = \frac{\frac{p_0}{p} \cdot \frac{\Delta}{\gamma} R_n + E_a}{\frac{p_0}{p} \cdot \frac{\Delta}{\gamma} + 1} \tag{6-6}$$

$$E_a = 0.26(e_s - e_a)(1 + Cu_2) \tag{6-7}$$

$$R_n = 0.75R_a\left(a + b\frac{n}{N}\right) - \sigma T_K^4 (0.56 - 0.079\sqrt{e_a})\left(0.1 + 0.9\frac{n}{N}\right) \tag{6-8}$$

式中，R_n 为太阳净辐射［MJ/(mm・天)］；E_a 为干燥力；p_0 和 p 分别为海平面标准大气压和计算地点的实际气压（hPa）；Δ 为饱和水气压-温度曲线上的斜率（hPa/℃）；γ 为温度计常数（0.66hPa/℃）；R_a 为大气顶部的太阳辐射［MJ/(mm·天)］，其值与纬度和月份有关；n 和 N 为分别为实际日照时数和最大可能的日照时数（h）；σ 为斯蒂芬-波尔兹曼常数，当 ET_0 用 mm/天表示时，其值为 2.01×10^{-9}；T_K 为热力学温度（℃），其值为 $173+t$，t 为当地气温（℃）；e_a 为实际水汽压（hPa）；e_s 为饱和水汽压（hPa）；u_2 为 2m 高处风速；C 为温度有关的风速修正系数；a、b 为经验系数，其值与地区条件有关，应根据各地辐射观测资料分析选用。

目前国内应用能量平衡法计算参照作物需水量取得了大量的成果，并绘制了参照作物需水量的等值线图，这对于灌溉工程的规划、设计与用水管理具有十分重要的价值。

2. 实际作物需水量的计算 参照作物蒸发量只考虑了气象因素对需水量的影响，实际作物需水量还应考虑作物与土壤因素进行修正。

1）土壤水分充足时，作物需水量的计算 当土壤水分充分供给条件下，作物需水量除气象因素外，只与作物条件有关。此时作物需水量可由参照作物蒸发蒸腾量乘以作物系数得到

$$ET = K_c ET_0 \tag{6-9}$$

式中，ET 为某时段实际作物需水量（mm/天）；ET_0 为某时段参照作物需水量（mm/天）；K_c 为作物系数。

作物系数 K_c（crop coefficient）是作物本身生理学特性的反映，它与作物种类、品种、生育期、作物群体叶面积有关。而在较适宜的土壤水分条件下，作物能达高产潜力时的作物系数主要随生育阶段而变化。实测结果表明，作物系数 K_c 在作物全生育期内的变化规律是：前期和后期相对较小，生长盛期较大。由于实际作物的需水量与参考作物需水量两者受气象因素的影响是同步的。因此，在同一产量水平下，不同水文年份的作物系数相对较稳定。

2）当土壤水分不足时，作物需水量的计算 作物蒸发蒸腾不仅受到外界蒸发条件和作物本身特性的影响，同时还受到土壤含水率状况的限制。土壤含水率对作物蒸发蒸腾的影响可分为两个阶段。当土壤含水率高时，导水率大，土壤水分向根系移动（供植物吸取）及向地表移动（供棵间蒸发）的速度足以满足作物蒸发蒸腾所需水分，此即为蒸发第一阶段。当土壤含水率低于一定的临界含水率后，由于土壤毛管断裂，导水率明显下降，此时向根系供水的速度不能满足作物蒸腾的要求，即作物蒸腾受到抑制，同样棵间蒸发也由于含水率低、不能满足大气蒸发力的要求而受到抑制，此为农田蒸发的第二阶段。

通常情况下，土壤水分不足时的作物需水量可由土壤水分充足时的需水量乘以土壤水分修正系数得到，即：

$$ET = K_w K_c ET_0 \tag{6-10}$$

式中，K_w 为土壤水分修正系数；其他符号意义同前。

土壤水分修正系数随土壤含水率而变化，普遍采用的是对数形式的詹森（M. Jensen）公式：

$$K_w = \frac{\ln(AW+1)}{\ln 101} \tag{6-11}$$

$$AW = \frac{\theta - \theta_p}{\theta_f - \theta_p}$$

式中，AW 为相对有效含水率；θ 为土壤含水率；θ_p、θ_f 为凋萎系数和田间持水率。

三、几种主要作物的集雨补灌灌溉制度

（一）制定集雨补灌灌溉制度的原则

作物的灌溉制度（crop irrigation principle）是指在一定的气候、土壤和耕作条件下，为满足作物正常生长发育而人为进行适时、适量灌水的一种制度。灌溉制度包括灌水时间、灌水定额、灌水次数及灌溉定额。灌水定额（irrigation water quota）是指单位面积一次的灌水量；灌溉定额（irrigation quota）是指作物全生育期各次灌水定额的总和。灌水定额及灌溉定额常以 m^3/hm^2 或 mm 表示，是农田科学用水的重要依据。

利用雨水集蓄工程进行补充灌溉与传统的灌溉有所不同。传统的灌溉制度是以充分满足作物高产需水为依据，或以不影响作物正常光合速率为原则，通过控制土壤水分下限指标，对作物生长发育不构成农田水分亏缺的影响，进行充分供水设计的灌溉制度。而集雨补灌制度属于非充分灌溉或限额灌溉的最低标准，不能确保作物各生育期都不受到水分胁迫的影响。集雨灌溉通常灌的是"保命水"或"救命水"，通过限额补充灌溉，减少灌水次数，在作物干旱缺水的关键时期浇水，利用简易高效的灌溉技术将水浇到作物关键部位，使十分有限的集蓄雨水取得最大的灌溉效益。这种灌溉制度是雨水集蓄利用工程特有的，制定集雨补灌灌溉制度应遵循以下原则。

1. 采用非充分灌溉或限额灌溉的原理和方法 在集雨补灌条件下，作物全生育期供水主要依靠天然降水，集雨补灌仅供应"救命水"，使作物渡过播种出苗或缺水枯萎的难关，在后期雨季能更好地利用天然降水，这正是集雨补灌能以极少量供水获得良好增产效果的原理。集雨灌溉仅在作物最关键的缺水期补充灌溉，即指在这些时期，作物如发生严重的水分胁迫，将引起作物严重减产或绝收，即使后期供水也不能补偿。而非关键期有限度地缺水可以通过后期的复水（灌溉或降水）而使生长发育得到补偿而不致减产。

2. 根据当地气候特征、作物等因素确定关键缺水期 作物关键缺水期与区域降水的时空分布及作物生长特性有关。北方 300～500mm 年降水量的地区一般都无法满足旱作物全生育期正常的需水要求，可通过分析历史资料找出作物受旱频率最高的时期作为关键缺水期。此外，还应结合作物本身的需水规律和特性，综合分析确定某种作物的关键缺水期。表 6-2 列出了多种作物不同生育时期的需水敏感程度。

表 6-2 多种作物不同生育时期的需水敏感程度

作 物	需水敏感程度
水稻	孕穗期和开花期＞营养生长期和成熟期
小麦	孕穗开花期＞产量形成期＞营养生长期（春小麦比冬小麦敏感）
玉米	拔节后期（大喇叭口）＞抽雄开花期＞籽粒灌浆期；如早期不旱则开花期更敏感
高粱	孕穗开花期＞籽粒灌浆期＞产量形成期＞营养生长期
棉花	开花期和结铃期
大豆	产量形成期和开花期；特别是豆荚成长期
花生	开花期和产量形成期；特别是坐果期
向日葵	开花期＞产量形成期＞营养生长后期；特别是花芽发育期
甜菜	特别是出苗后的一个月
烟草	快速生长期＞产量形成期和成熟期
苜蓿	刚割以后（生产种子的在开花期）

续表

作　物	需水敏感程度
菜豆	开花期和结荚期
豌豆	开花期和产量形成期＞营养生长期；特别是收干豆的成熟期
土豆	块茎开始形成期（开花）＞产量形成期＞营养生长期和成熟期
洋葱	葱头增大期，特别是葱头快速生长期＞营养生长期（生产种子的在开花期）
甘蓝	叶球扩大期和成熟期
番茄	开花期＞产量形成期＞营养生长期，特别是移栽期和移栽后
西瓜	开花期＞结实期＞营养生长期，特别是拉蔓期
葡萄	营养生长期，特别是嫩枝伸长期＞果实灌浆期

3. 制定的灌水定额既要小，又要保证作物能度过缺水期　灌水采取局部灌溉的方法，即灌水只湿润作物根系相对集中的部分土壤，再加上与地膜覆盖技术相结合，使棵间蒸发损失降到最低限度。农民称之为“只浇作物不浇地”。每次灌水量仅相当于常规地面节水灌溉的1/10～1/6。

4. 根据经济技术条件选择高效节水的灌水技术和方法　近年来雨水集蓄灌溉的实践表明：大多数地区和集雨灌溉工程采用简易价廉的方法，如坐水种、注水灌、膜上灌等，有条件时可选用现代高效的微灌技术。

5. 根据雨水集蓄工程的总水量确定补灌次数和数量　雨水集蓄利用工程的容积一般较小，普通水窖、旱井容积为30～40m^3，工程所控制耕地单位面积可调用水量十分有限，故在灌水定额一定的情况下，补灌次数和水量要由可调用的总水量确定。

（二）春玉米集雨补灌灌溉制度

玉米是我国主要粮食作物之一，种植区域遍及全国，但主产区是东北西部、内蒙古东部、华北平原到西南的带状区域。北方春玉米全生育期为100～140天，春播秋收。玉米是需水量较大且水分利用效率较高的作物，全生育期需水量350～500mm，不同生育时期对水分的需求不同。播种发芽到出苗需水占总需水量的3.1%～6.1%。种子需要吸收本身重量48%～50%的水分才能发芽，播种时耕作层土壤水分必须保持在田间持水量的60%～70%才能保证良好地出苗。出苗至拔节期耗水量占总耗水量的15.6%～17.8%，土壤水分应控制在田间持水量的60%以下，为蹲苗促进根系下扎创造良好条件。拔节后进入旺盛生长阶段，水分需求增大，特别是抽雄前10～15天（大喇叭口期）及之后10天土壤水分的亏缺对玉米生育影响极大，缺水将导致粒数的大幅度下降，因而是玉米的需水临界期，要求土壤水分保持在田间持水量的70%以上。玉米进入灌浆成熟期仍需较多的水分才能满足生长发育的需要，但后期需水量逐渐减少。

1. 关键缺水期

1）干旱气候特征　北方春玉米生育期一般在4～9月，春季（4～5月）降水量一般只占全年降水量的12%左右。据对农业干旱灾害的统计分析，北方春玉米播种时期平均发生春季干旱的频率在64%左右。6～9月降水量占全年降水量的70%～80%，一般能够满足玉米需水量的65%左右，但发生干旱的频率也在40%以上。由此可见，春播期是北方春玉米首要的关键缺水期，必须采取补充灌溉以保证正常播种及全苗壮苗。其次是夏季干旱，主要原因是降水时空分布不均，变率大，常与玉米需水发生错位，特别是生育中期。

2）作物需水特性分析　表6-3是根据灌溉试验资料确定的春玉米各生育阶段的水分敏感指数，依照敏感指数从大到小的排序，春玉米各生育阶段实施补充灌溉的优先顺序为：抽雄—灌浆、拔节—抽雄、灌浆—成熟、播种—拔节。

表 6-3 春玉米各生育阶段的水分敏感指数

地 区	播种—拔节	拔节—抽雄	抽雄—灌浆	灌浆—成熟
宁夏	0.085	0.183	0.482	0.255
山西	0.043	0.106	0.211	0.094
内蒙古	0.027	0.269	0.337	0.256

3）*关键缺水期* 综合以上分析，北方春玉米采用集雨补充灌溉的关键缺水期：首先是春播期，可采用坐水播种等措施；其次是抽雄前10～15天（大喇叭口期）；再次是扬花和灌浆初期，均可采取注水灌、穴灌、膜下滴灌等措施。

2. 灌水定额

1）*大田作物集雨补灌定额的有限性* 例如，准格尔旗户均旱井或水窖7.6眼，年总集雨量266m^3。为进一步挖掘潜力并考虑到投入的可能性，户均可发展到13眼，使年总集雨量达到455m^3。如其60%用于生活和养殖，可用于补灌的水量为273m^3。按户均耕地1.2hm^2计，每公顷用水量只有228m^3，若补灌50%面积，每公顷用水量为454.5m^3，因此大田作物补灌定额只能在450m^3/hm^2左右。

2）*小定额灌水的有效性* 几年补灌试验表明，小定额集雨补灌非常有效。坐水种补灌水量45m^3/hm^2，相当于玉米种子周围有一场20mm以上的降雨，可解决春旱年的播种保苗。由于坐水补灌的水分利用效率最高，应作为首推措施。在作物需水关键期采用膜下滴灌，灌水定额120～225m^3/hm^2，湿润宽50cm、深40cm的带状，只占玉米田面积的50%或瓜地面积的30%～40%，但抗旱增产效果显著。按灌水定额180m^3/hm^2计，相当于一次36mm以上的降雨。

内蒙古水利科学研究院在准格尔旗进行不同水量的集雨补灌试验（表6-4），在玉米拔节期和抽雄灌浆期分别进行20mm和27.5mm等不同水量的补灌，同一时期不同补灌量的增产效果差异不很显著，但补灌水利用效率总是灌水量小的效率高，这说明小定额补灌非常有效。

表 6-4 内蒙古准格尔旗玉米不同水量的补灌效率

种植与灌水方式	补灌水量/mm	补灌时间	产量/(kg/hm^2)	增产量/(kg/hm^2)	增产率/%	补灌效率/[$kg/(mm \cdot hm^2)$]
对照	0		5340.53	0		
覆膜、膜下滴灌	20.0	拔节期	6972.04	1631.51	30.6	81.6
覆膜、膜下滴灌	27.5	拔节期	7411.25	2070.72	38.7	75.3
覆膜、膜下滴灌	20.0	抽雄灌浆期	6224.49	883.96	16.6	44.2
覆膜、膜下滴灌	27.5	抽雄灌浆期	6468.93	1128.40	21.1	41.0

甘肃省农业科学研究院的科研人员在定西试验区对春玉米有限供水的增产效应进行了研究，补充供水时间设在抽雄灌浆初期，分别采用坑种、沟种和平作3种方式。试验设两种补灌定额处理，分别为40mm和80mm，以不灌为对照，试验结果见表6-5。可以看出，无论哪种种植方式，单位补充供水量的增产量（供水效率）都是40mm高于80mm。表明即使在关键需水期，在水量极有限时，单次补充灌溉的灌水定额不应太大。春玉米生长中后期已进入当地雨季，从降雨的绝对量来看缺口并不是很大，主要问题是降雨的年际变率大，经常发生较为严重的短期干旱。补充灌溉更为重要的是及时供水，水量不一定要很大。在有效缓解干旱的条件下，剩余水量应尽可能用于扩大补灌收益面积，以达到总收益最大的目标。

表 6-5　春玉米需水关键期补充灌溉的供水效率

种植方式	供水量/mm	籽粒产量/(kg/hm²)	增产量/(kg/hm²)	供水效率/[kg/(mm·hm²)]
坑种、地膜	0	6453.0	—	—
	40	6925.0	472.0	11.82
	80	6777.0	324.0	4.05
沟种、地膜	0	5157.0	—	—
	40	5802.0	645.0	16.13
	80	5965.5	808.5	10.11
平作、裸地	0	4917.0	—	—
	40	5059.5	142.5	3.56
	80	4939.5	22.5	0.28

内蒙古水利科学研究院的科技人员在准格尔旗和乌兰浩特的试验结果见表 6-6，在关键缺水期补灌水量相差一倍，增产量却相差不大。补灌定额小的供水效率反而大，表明在满足能度过干旱缺水期的情况下，补灌定额不一定要很大。水量越小供水效率越高，也说明膜下滴灌或坐水播种时小定额补灌的有效性。

表 6-6　玉米不同补灌水量的增产效果

补灌方式	补灌时期	补灌水量/(m³/hm²)	产量/(kg/hm²)	增产量/(kg/hm²)	补灌水效率/(kg/m³)
膜下滴灌（准格尔旗）	拔节后期	0	5142.0	—	—
		150	7029.0	1887.0	12.58
		300	7185.0	2043.0	6.81
坐水种（乌兰浩特）	播种期	0	5286.0	—	—
		45	6652.5	1366.5	30.37
		90	7459.5	2173.5	24.15
		180	7839.0	2553.0	14.18

3. 补灌次数　根据各地试验及生产实践，春玉米集雨补灌一般只选择 1～2 个关键期，最多 3 个，补灌次数一般 1～2 次，最多 3 次。

4. 灌溉制度　内蒙古水利科学研究院在准格尔旗进行了连续 4 年的春玉米集雨补灌灌溉制度试验研究。试验设 4 种不同灌水处理：①不灌对照区，即不采用任何灌水措施。②坐水种，即播种时灌水 1 次（坐水种），生育期内不灌。③坐水＋滴灌 1 次，即除播种时坐水外，生育期内再灌水 1 次。④坐水＋滴灌 2 次，即除播种时坐水外，生育期内再灌水 2 次。

每个处理设 3 个重复小区，处理间设隔离保护区。研究结果见表 6-7。

表 6-7　内蒙古准格尔旗春玉米集雨补灌灌溉制度试验结果

水文年	补灌次数	补灌时间	灌水定额/(m³/hm²)	总补灌定额/(m³/hm²)	平均产量/(kg/hm²)
平水年	2	①春播坐水 ②6 月下旬拔节后期	45～75 180～225	225～300	7833.00
干旱年	3	①春播坐水 ②6 月下旬拔节后期 ③7 月中旬抽雄开花	45～75 180～225 180～225	405～450	8207.25

宁夏南部山区在 1995 年大旱条件下玉米注水灌溉试验成果：全生育期注水灌 5 次，每次

灌水定额为 $63m^3/hm^2$，灌溉定额为 $315m^3/hm^2$，产量为 $5250kg/hm^2$。

宁夏彭阳县 1994 年干旱年玉米地膜穴灌试验成果：生育期补灌 3 次，每次灌水定额为 $73.5m^3/hm^2$，灌溉定额为 $220.5m^3/hm^2$，产量为 $10524kg/hm^2$。

青海湟中县 1998 年对大田玉米地膜穴灌，在苗期、开花期和灌浆期用点灌方式补灌 3 次，总灌水量为 $130.5m^3/hm^2$，结果每公顷有效穗数、每穗粒数均高于对照田 25%以上，每公顷增产 2223kg。

（三）谷子集雨补灌灌溉制度

1. 不同补灌水量对谷子生长及产量的影响 不同补灌处理均较对照区株高和茎粗增加，苗期株高较对照高 2.7～4.3cm；拔节期高出 13.5～24.3cm，茎粗较对照增粗 0.07～0.29cm；乳熟期株高较对照高 4.5～15.4cm，茎粗增加 0.09～0.16cm（表 6-8）。各补灌处理以覆膜坐水＋膜上灌的长势最好，沟植垄盖由于微地形集雨效应，虽未补灌长势也较好。

表 6-8 不同补灌水量谷子生长状况的对比

处理名称	编号	补灌水量/(m^3/hm^2)	苗期（5月20日）	拔节期（6月28日）		乳熟期（9月7日）	
			株高/cm	株高/cm	茎粗/cm	株高/cm	茎粗/cm
不覆膜不灌水	CK	0	12.2	25.6	0.24	135.6	0.71
覆膜坐水	GM1	45	16.2	49.7	0.43	149.3	0.80
覆膜坐水＋膜上灌 1 次	GM2	285	15.8	49.9	0.53	151.0	0.87
带水条播	GT1	30	14.9	39.1	0.31	140.1	0.83
带水条播＋滴灌 1 次	GT2	210	15.2	44.3	0.39	148.7	0.83
沟植垄盖	GG	0	16.5	48.6	0.43	145.6	0.81

从表 6-8、表 6-9 可以看出，不同集雨补灌措施对谷子均有增产作用，覆膜坐水增产 89.8%，覆膜坐水＋膜上灌 1 次增产 128.7%，带水条播增产 30.8%，带水条播＋滴灌 1 次增产 53.9%，沟植垄盖增产 100.4%。覆膜处理的增产效果更为显著，原因有二：一是由于地膜的增温效应，出苗早，苗期生长快，抽穗提早 10～13 天，提早成熟，而不覆膜处理的霜冻危害严重；二是由于地膜覆盖的保水作用，可使生育前中期耕作层土壤水分平均提高 1.5%～2%。

表 6-9 不同处理的谷子产量统计

处理名称	小区产量/(kg/hm^2)		产量/(kg/hm^2)		增产量/(kg/hm^2)	增产率/%	生物学产量/(kg/hm^2)
	秸秆	籽粒	秸秆	籽粒			
不覆膜不灌水	335.40	253.95	1864.5	1411.5	0	0	3276.0
覆膜坐水	639.90	481.95	3556.5	2679.0	1267.0	89.8	6235.0
覆膜坐水＋膜上灌 1 次	771.00	580.80	4285.5	3228.0	1816.5	128.7	7513.5
带水条播	613.95	332.25	3412.5	1846.5	435.0	30.8	5259.0
带水条播＋滴灌 1 次	703.20	390.75	3909.0	2172.0	760.5	53.9	6081.0
沟植垄盖	697.35	508.95	3876.0	3876.0	1417.5	100.4	6705.0

2. 谷子补灌水利用效率与作物水分利用效率 覆膜坐水、覆膜坐水＋膜上灌 1 次处理的作物水分利用效率较不覆膜、不灌水（对照）提高近 2 倍（表 6-10）；带水条播、带水条播＋滴灌 1 次处理较对照提高 35%左右；沟植垄盖处理较对照同样提高近 2 倍。谷子不同补灌水量的灌水利用效率为 $3.9～29.9kg/m^3$。

表 6-10 谷子不同补灌水量的产量和水分利用效率

处理名称	补灌水量/(m^3/hm^2)	有效降水量/(mm)	土壤水利用量/(m^3/hm^2)	生育期耗水/(m^3/hm^2)	产量/(kg/hm^2)	增产量/(m^3/hm^2)	增产率/%	补灌水利用率/(kg/m^3)	作物水分利用效率/(kg/m^3)
不覆膜不灌水	0	365	−103.5	3546.0	1411.5	0	0	—	0.40
覆膜坐水	45	365	−103.5	3591.0	2679.0	1267.5	89.8	29.9	0.75
覆膜坐水＋膜上灌 1 次	285	365	−61.5	3873.0	3228.0	1816.5	128.7	6.8	0.83
带水条播	30	365	−90.0	3589.5	1846.5	435.0	30.8	15.4	0.51
带水条播＋滴灌 1 次	210	365	−67.5	3792.0	2172.0	760.5	53.9	3.9	0.57
沟植垄盖	0	365	−25.5	3624.0	2829.0	1417.5	100.4	0	0.78

3. 谷子集雨补灌优化灌溉制度的初步分析 通过以上分析，初步提出谷子集雨补灌优化灌溉制度如表 6-11 所示。

表 6-11 谷子集雨补灌灌溉制度

种植方式	补灌次数	补灌时间及方式	灌水定额/(m^3/hm^2)	总补灌定额/(m^3/hm^2)
覆膜	2	春播坐水种 6 月下旬（膜上或膜下灌）	45 240～55	285～300
条播	2	春季带水条播 6 月下旬（滴灌 1 次）	30～45 180～225	210～270

（四）西瓜集雨补灌灌溉制度

1. 不同补灌水量与西瓜产量 试验表明，覆膜坐水种和膜下滴灌的植株生长及产量均明显好于对照。覆膜坐水种补水 22.5m^3/hm^2，出苗率为 99%；对照只有 68%。补灌区苗齐、苗壮、生长发育好，坐瓜早又多，产量大幅度提高。不同补灌措施增产量为 21147～53374.5kg/hm^2，其中覆膜坐水＋滴灌 2 次＞覆膜坐水＋滴灌 1 次＞覆膜坐水＞不覆膜不灌水（对照）（表 6-12）。

表 6-12 西瓜不同补灌水量的产量和水分利用效率

处理名称	补灌水量/(m/hm^2)	有效降水量/mm	土壤水利用量/(m^3/hm^2)	生育期耗水/(m^3/hm^2)	产量/(kg/hm^2)	增产量/(m^3/hm^2)	增产率/%	补灌水利用率/(kg/m^3)	作物水分利用效率/(kg/m^3)
不覆膜不灌水	0	345	−1053.0	2397.0	13 596.0	0	0	0	5.7
覆膜坐水	22.5	345	−1081.5	2391.0	34 743.0	21 147.0	155.5	939.8	14.5
覆膜坐水＋膜上灌 1 次	142.5	345	−999.0	2593.5	48 885.0	35 289.0	259.6	247.6	18.8
覆膜坐水＋滴灌 2 次	262.5	345	−940.5	2772.0	66 970.5	53 374.5	392.6	203.3	24.2

2. 田间灌水利用率与作物水分利用效率分析 从表 6-12 可以看出，各种集雨补灌的灌水利用率为 203.3～939.8kg/m^3，其中覆膜坐水＞覆膜坐水＋滴灌 1 次＞覆膜坐水＋滴灌 2 次，随着灌水量的增加，灌水利用率呈下降趋势。西瓜的作物水分利用效率为 5.7～24.2kg/m^3，其中覆膜坐水＋滴灌 2 次＞覆膜坐水＋滴灌 1 次＞覆膜坐水＞不覆膜不灌水（对照），随集雨补灌水量增加，产量呈上升趋势，表现出报酬递减现象。这说明当地西瓜生产中集雨补灌的经济效益要好于其他作物。

3. 西瓜集雨补灌优化灌溉制度的初步分析 根据试验结果，初步提出西瓜集雨补灌灌溉制度如表 6-13 所示。

表 6-13 西瓜集雨补灌灌溉制度

水文年	补灌次数	补灌时间	灌水定额/(m^3/hm^2)	总补灌定额/(m^3/hm^2)	平均产量/(t/hm^2)
平水年	2	春播坐水种 6月下旬（乳瓜期）	22.5 120	142.5	49 572
干旱年	3	春播坐水种 6月下旬（乳瓜期） 7月上中旬（膨大期）	22.5 120 120	262.5	61 035

（五）蔬菜集雨补灌灌溉制度

蔬菜是需水量较大的作物。在生育期内，大多数蔬菜需要保持土壤湿润。与其他作物相比，蔬菜对水分状况更为敏感，灌水及时与否对产量的影响非常大，一些叶类蔬菜更是如此。蔬菜生育期总需水量经常高达600～700mm。因此，在北方半干旱地区采用集雨补灌较大面积的种植是比较困难的。

不同种类蔬菜的需水特性也不相同。生长期叶面积系数高、生长速度快、采收期长、根系发达的蔬菜需水量要高些，如茄子、黄瓜等，生育期需水量高达800mm左右；反之，如菠菜、莴笋等，需水量只有300mm左右。蔬菜苗期需水量较小，随着群体增大需水量迅速增加，植株基本定型后达到最大，之后逐渐成熟，需水量又会减少。大多数蔬菜的需水临界期为营养生长或生殖生长的旺盛时期，如菜豆为开花结荚期，萝卜为块根膨大期，番茄为花形成到果实膨大期等。

甘肃省兰州市灌溉试验站在1982～1985年开展了地膜覆盖茄子适宜灌溉模式的研究，1986～1988年又进行了地膜覆盖青椒适宜灌溉模式研究，总结了两种蔬菜作物各生育阶段的适宜土壤水分下限和全生育期的灌溉模式（表6-14）。

表 6-14 茄子、青椒各生育阶段的适宜土壤水分下限和全生育期的灌溉模式

蔬菜种类	适宜土壤水分下限（占田间持水量百分比）/%				灌溉模式		
	幼苗—现蕾	现蕾—开始采收	开始采收—收采盛期	收采盛期—采收结束	水文年型	灌水次数	总灌溉量/m^3
茄子	70	60	55	50	平水年	7～8	465～965
					中等干旱年	8～9	510～540
					干旱年	9～10	555～585
青椒	70	65	55	50	平水年	6～7	270～285
					中等干旱年	8	330～345
					干旱年	9	360～375

内蒙古水利科学研究院在准格尔旗集雨示范区推广农户小拱棚和小片蔬菜地种植，面积$30m^2$左右，建在庭院附近的水窖旁，解决了农户吃菜难的问题。覆膜种植小拱棚或小片蔬菜地的补灌模式为：手压泵提水→软管输水进地→坐水种和膜下（或膜上）灌水→补灌6～8次，灌水定额120～150mm/hm^2，补灌总水量720～960m^3/hm^2。$30m^2$左右的菜地年用水量为$3m^3$左右。

（六）果树集雨补灌灌溉制度

表6-15是几种果树生育期内按月份计算的日均需水量。总体上看，几种果树需水强度的

变化趋势一致：春季开始生长时较低，而后不断增加，7～8 月达到高峰，然后逐步下降，与气温的变化过程基本相同。

表 6-15 几种果树生育期内按月份计算的日均需水量（mm/天）

果树种类	4月	5月	6月	7月	8月	9月	10月
苹果	1.77	1.75	1.96	1.98	2.02	1.94	1.53
梨	1.83	2.63	2.37	3.48	3.52	1.70	—
葡萄	1.65	1.74	2.22	3.17	2.78	2.51	—

各生育期需水强度均以梨树最大，苹果需水强度在春季开始发育阶段比葡萄略高，但其他时期一般都比葡萄和梨低，是耗水较少的树种。

苹果生育时期可分为花芽期、花期、果实膨大期、成熟期 4 个阶段。试验资料显示，花芽期的适宜土壤湿度为田间持水量的 71.3%，花期为田间持水量的 70%左右。果实膨大期是需水高峰期，也是需水临界期，水分状况与果实大小和产量关系密切，适宜土壤相对湿度为 72%～75%。成熟期土壤相对湿度不宜太高，控制在 65%左右最好。在干旱区生长的苹果，根系分布深度为 100～150cm，主要根系活动层为 80～100cm，灌水计划湿润层取 80～100cm 较为适宜。

第二节 集水技术

补灌农业的水源主要是天然降水，故收集雨水的技术在补灌农业中占有重要的位置。拦截与聚集雨水径流的技术一般包括集水材料的选择、集水面处理、集水效率的确定和聚集水量的分析计算等 4 部分内容。

一、集水材料

选择适宜的集流面材料是雨水集蓄工程建设的关键环节。目前，我国常用的集水材料有混凝土、塑料薄膜、玻璃丝布、水泥、原土夯实、自然坡面、土壤固化剂、有机硅高分子材料、低等生物、土壤固化剂与有机硅高分子复合材料等。

对集水面的处理，国外主要采用植被管理、地表处理和化学处理三类方法。雨水径流的收集方法主要有两类，即微型集水区雨水收集系统和径流农业雨水收集系统。

我国干旱区的降水入渗量一般都较大，故自然地面的集水效率较小，所以要高效地收集利用雨水径流，必须对集水面进行特别处理。国内外常用的集水面材料及其处理措施有：

1）*混凝土集水面* 厚度一般为 3～5cm，浇注块为 1m×1m～3m×3m。施工前，先将地基作夯实处理，有时也可采用沙砾石作垫层，接缝用沥青灌注，或利用胶泥填缝。

2）*水泥夯实处理* 采用水泥重量比为 10.6%（占重量）左右，夯实后的厚度为 10cm 左右，干容重约为 $1.66t/m^3$。

3）*塑料薄膜* 采用裸露塑料薄膜和塑膜覆砂、覆草泥、覆沥青等形式。

4）*三七灰土夯实处理* 采用石灰与土配合比为 3∶7（体积比），夯实后的厚度为 10cm 左右，干容重约为 $1.55t/m^3$。

5）*原土夯实处理* 就地将黄土刨松后，再压实，厚度约 10cm 左右，干容重约为 $1.6t/m^3$。

6）*水泥瓦、青瓦屋面* 利用屋面作为集水面，收集雨水，主要用于人畜饮用。

7）*钠盐处理* 一般有两种形式：一是将干盐粒铺在地表或喷洒盐溶液于地表；二是在集水区处理的最后阶段，将盐混合（掺和）到土壤中。一般用量为450～1120g/m^3。

8）*粗石蜡处理* 一般先将地面平整、压实处理后，再均匀铺上一层粗石蜡（0.65～1.5kg/m^2），靠太阳能将蜡熔化到土壤中，从而形成一个防水层。

9）*硅有机树脂处理* 将0.22kg/m^{2}左右的硅有机树脂以溶液的形式喷洒到地面上，有些还在其中加一些乳胶（土壤结构保持剂），以延长集水面的使用寿命。

此外，还有沥青喷洒处理等。

在国外，20世纪80年代以后，集水面偏向用化学方法处理。我国集水面多采用混凝土板处理，集水效率高（60%～80%），而且使用年限长，是一种比较好的集水面处理方法。利用道路、公路和屋面作为集水面也是我国过去广泛采用的集水方法。

二、集流场地表处理技术

集流场或集雨场是雨水汇集技术中的一个重要部分。初期的集流场地就是利用公路、屋面汇集雨水。近年来，专门建设的集流场则以提高其汇集雨水的能力为目的，特别是黄土区地表土层渗透性较大，渗透系数一般为10^{-5}～10^{-4}cm/s，更需要做好集流场地表处理。

目前，我国集流场地表处理技术的研究和应用还处于初期阶段，施工时既要详细地对防渗材料性能加以论证和比较，还要进一步规范施工工艺。

（一）物理处理技术

集流场地表的物理处理技术（physical processing technology of rainwater catchment）是指在地表处理中覆盖在地表的防渗材料不与地表土发生质的变化。具体地讲，就是在地表处理中，地表防渗材料只是覆盖在地表上，如混凝土砌块和混凝土浇筑块、沥青铺面、聚乙烯薄膜和沥青油毡卷材覆盖等；或者是只用机械的方法处理地表，如夯实地表层到一定的密度，即黄土夯实。这些不改变地表土本身性质的防渗处理技术均为物理处理技术。对集流场地表处理应用物理技术，除混凝土处理因为混凝土重量大，铺砌好之后，难以清除外，其余如膜料、卷材都很容易清除而进行再次开发利用集流场地面（如种草、养殖等）。夯实黄土也只需要将基底挖松、粉碎、平整后即可再利用。但在应用集流场物理处理技术中，为保证质量，对覆盖在地表的防渗材料进行工程设计往往是必要的。

（二）化学处理技术

集流场地表的化学处理技术（chemical processing technology of rainwater catchment）是地表处理的防渗材料与地表土混合后，地表土发生了质的变化，改变了地表层的物理、力学性质，如土体加密，渗透性减小，强度提高。像水泥、土壤固化剂土等都是在一定量的水分条件下与地表土充分混合后，添加的材料与土壤颗粒发生作用，结果使土粒之间吸附叠加，形成了某些集聚体，使土体强度提高，抗渗能力增加，水稳性良好，从而提高了集流场集流效率。化学技术处理集雨场地表土体的效果，与土体掺加材料的性质有关，它们与地表土混匀结合后激发土粒产生的硅铝酸盐聚集体活性越大，土体的强度和抗渗性能越好，水稳定性越大。因此，优良的土体固化剂在西北黄土地区集雨工程中备受重视，而且亟待开发。这里推荐一种新型土壤固化剂——HEC。

三、集水效率

集水效率（water catchment efficiency）通常是指某时间段内或某次集水面的集水量占同一时期内的降雨量的比值，相当于水文学中的径流系数（runoff coefficient）。对于经特别处理过的集水区，其集水面积都很小、表面平整、集流路径和汇流时间短，故集水效率都较高。不同集水面处理材料的集水效率见表 6-16。

表 6-16 不同集水材料的集水效率

材料类型	厚度/cm	试验点	坡 度	集水效率
混凝土	5	西峰	1∶9	0.50
红黄土夯实（3∶7）	3～5	榆中	1∶9	0.50
原土夯实	10～15	西峰	1∶9	0.27
塑料草泥	10～15	西峰	1∶9	0.40
塑料		定西	1∶9	0.90
油毡		定西		0.70

从目前实施的集流效果看，影响集水效率的因素主要是降水和集水面。

（一）降水与集水效率的关系

1. 次降水量与集水效率的关系 从降水、径流或产流机理分析，无论对超渗产流还是蓄满产流，在其他条件一定时，降水量大，其集水效率高。当降水量小于某一数值时，将不产流；而且降水量对土质材料集水面的集水效率影响更大。

2. 次降水强度对集水效率的影响 在其他条件相同的情况下，降水强度越大，来不及入渗的降水量越多，从而导致集水效率越大。因此，集水效率随降水强度的增大而提高，呈正相关关系。并且集水面的吸水性、透水性越强，降水强度对它的集水效率的影响越明显。

（二）集水面对集水效率的影响

1. 集水面质地对集水效率的影响 用不同材料制成的或用不同试剂、措施处理的集水面，由于它们的表面或内部结构不同，所以其透水性、吸水性或持水性不同，从而导致了对降水产流有不同的影响。材料的吸水性、透水性越强，其集水效率越低。各种常见集水材料的集水效率，一般情况下从高到低的排列顺序为：水泥瓦＞混凝土＞塑膜覆砂＞塑膜覆土＞青瓦＞黄土夯实＞三七灰土夯实＞自然地面。

用钠盐处理集水面，能够促进土壤表面形成壳层，因而能减少降水入渗，增加地表产流，提高集水效率；用粗石蜡、沥青处理集水面，能够堵塞土壤毛孔，在集水区表面形成一个防水层，也能减少就地入渗，达到提高集水效率的目的。同时，用硅有机树脂或抗剥蚀剂、防水剂处理集水面，同样也能提高集水效率。

2. 集水面坡度对集水效率的影响 一般较大的坡度可减少降雨集水过程中的水层厚度，增加径流速度，缩短汇流时间，也减少了降雨停止后地面上的滞留水，因而可提高集水效率。坡度对土质集水面的集水效率影响更大，一般建议，其坡度应不小于 1/10。

3. 集水面前期含水量对集水效率的影响 前期含水量对有吸水性、透水性的集水面的集水效率都有影响。对于某一种材料，在其他条件相同的情况下，前期含水量越高，越易饱和，吸水性越弱，故其集水效率就会越高。

4. 集水区面积对集水效率的影响 一般在其他条件相同时，集水面积越大，尤其是汇流路径越长，入渗以及滞留的水量就会越多，从而使集水效率越低。而且，集水区面积对吸水性、透水性强的集水面的集水效率会影响更显著。

此外，集水面的施工质量对集水效率也有影响。施工质量越好，其集水效率也越高。

四、集水量确定

集水量的计算有多种形式的经验、半理论半经验的方法和公式。其中有些过于简单，计算结果误差较大，如降雨量-径流量的线性回归计算方法；有些方法，虽然在理论上比较完善，但实际应用时，又不得不做一些假定，加上降水事件本身的不确定性，也就削弱了它的使用价值，如流域超渗-蓄满兼容的产流模型等。

次降水集水量与次降水量和降水强度关系密切，在设计计算时，应充分考虑它们的影响。因此，若已知集水效率和次降水量，进行集水量的计算方法可采用：①依据试验资料，在一般性产流理论的指导下，得出次降水的集水效率 E_{hi}；②用公式 $P_{oi}=E_{hi}P_i$ 可计算出该次降水的集水量（P_i、E_{hi}、P_{oi}分别为次降水量、次降水集水率、次降水集水量）；③ 累加各次集水量 $\sum_{i=1}^{n}P_{oi}$，即得到该时段内的总集水量；④ 考虑到集水面积的影响，实际集水量为：

$$Q=a\sum_{i=1}^{n}P_{oi}\ (a\ \text{为面积系数},0<a\leqslant 1) \tag{6-12}$$

第三节 补灌技术

一、膜下滴灌技术

（一）利用雨水发展膜下滴灌的适用性

由于受地形、降雨资源和经济条件的限制，集雨工程收集的雨水量十分有限，水窖或旱井一般蓄水 20～100m^3，属微型水源工程，不可能采用常规和传统的地面灌水方法和定额充分灌溉，只能按照非充分灌溉的原理和方法，在作物需水关键期采用很小的灌水定额和利用率很高的方法对作物根系进行灌溉，以最大限度地提高雨水资源化效率和作物水分利用效率。

膜下滴灌将地膜栽培技术与滴灌技术结合起来，实现了播种、铺膜、铺设滴灌带一次完成的机械化作业，提高了水分的利用效率，较常规地面灌溉节水 85%～90%，省工、省地、节能，增产显著。膜下滴灌从根本上改变了传统农业用水方式和生产方式，大幅度提高了雨水资源利用效率和土地利用率，促进了生态环境保护和建设。实践证明，采用膜下滴灌技术是雨水集蓄利用工程的最佳节水措施，非常适合在丘陵区及山区农户水窖、旱井附近的零散地块推广应用。

（二）膜下滴灌管网布置系统

1. 系统结构 膜下滴灌系统采用灌水器为单翼迷宫式滴灌带。该系统主要由单项潜水电泵、首部装置（施肥器、过滤器）、输配水管、滴灌带 4 部分组成。单翼迷宫式滴灌带规格型号为 φ16-300-2.8，其性能参数见表 6-17。

表 6-17　单翼迷宫式滴灌带性能参数

规格型号	内径/mm	壁厚/mm	滴孔间距/mm	公称流量/(L/h)	工作压力水头/m	流量公式
300-2.8	16	0.18	300	2.8	5～10	$Q=0.717H^{0.589}$

大田作物半固定式滴灌系统布置：根据项目区农户地块形式，采用膜下滴灌带全部固定，水泵、首部、输水管、配水管全移动的模式。玉米采用宽窄行种植，每条滴灌带控制两行作物，滴灌带间距100cm，作物株行距为30cm×40cm，滴灌带长度80～100m。

2. 投资分析　膜下滴灌由提水机具、首部枢纽、干支管和滴灌带组成，示范区推广主要以半固定式为主。半固定式滴灌是指滴灌带全部固定，提水机具，首部和干、支管全部移动(1套)，即1眼井滴灌完毕后，把提水机具和干、支管全部移动到下1眼井进行滴灌。每套微小型半固定式滴灌系统控制滴灌面积0.533hm²，滴灌带每公顷投资2025元，提水设备等全移动部分每公顷投资1462.5元，则微小型膜下滴灌系统每公顷投资3487.5元，投资分析见表6-18。

表 6-18　半固定式滴灌系统投资分析

项目	0.533hm² 全移动投资					全移动每公顷投资	滴灌带每公顷投资	每公顷投资
	单相潜水电泵	首部	PE输水及配水管	人工及其他	小计			
投资/元	320	180	160	120	780	1462.5	2025	3487.5

3. 管网配置

(1) 玉米大田膜下滴灌的管网布置如图6-1所示。两株玉米铺设一条滴灌带，玉米在垄上种植。

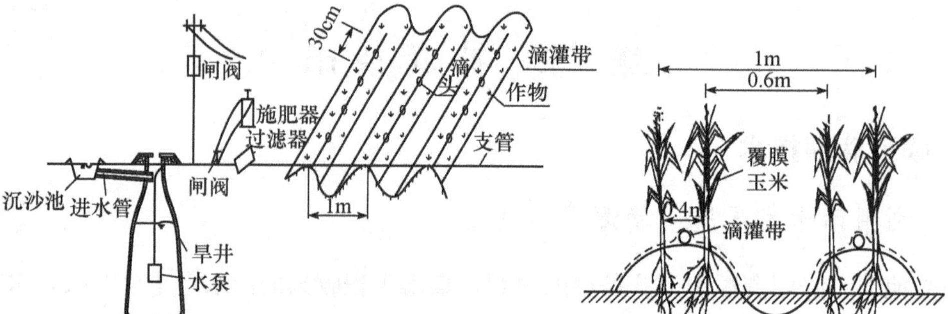

图 6-1　玉米大田膜下滴灌管网布置

(2) 塑料大棚香瓜半固定式滴灌管网布置如图6-2所示。滴灌带铺设在香瓜行间，每行布置一条滴灌带。

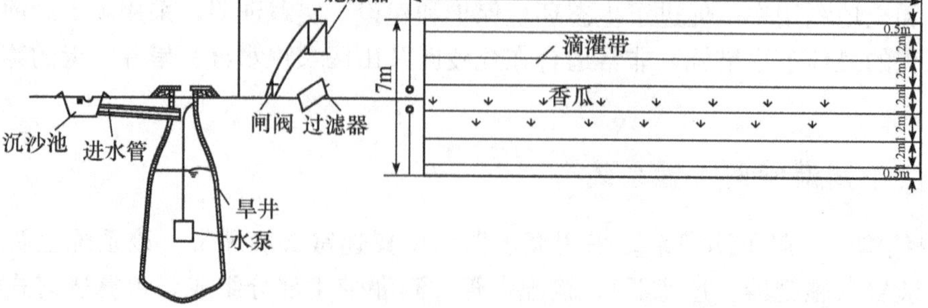

图 6-2　塑料大棚香瓜半固定式滴灌管网布置

塑料大棚长 45m，宽 7m，采用宽窄行种植香瓜，宽行距 80cm，窄行距 40cm，株距 45cm。每条滴灌带控制两行，采用膜下滴灌带全部固定，水泵、首部、输水管、配水管全部移动的模式。

二、抗旱坐水种补灌技术

（一）抗旱坐水种技术简介

抗旱坐水种（planting with water of drought resistance）是在作物播种时采取人工、机械或专用设备供水的形式，用较少的水量浇灌并湿润籽种周围的部分土壤，以保证在干旱情况下种子能够发芽、出苗的一种灌水方式，主要是针对北方干旱、半干旱地区春季土壤墒情差、不能按时播种所采取的抗旱播种技术。

坐水种是干旱、半干旱地区农民群众长期抗春旱播种中采用的，并在实践中不断改进完善的有效措施，经历了由手提肩担、畜力拉水到半机械化作业，从不规范到比较规范的发展过程，在北方春旱地区已成为一种常规的、技术上较为成熟的播种期高效补灌技术。

（二）技术特点

1. 设备与操作简便，易被农民接受 坐水种的设备较为简单，操作技术较易掌握。只要有水源就可以用机械或畜力拉运水罐，或采用塑料管输水至田间，灌注坐水种机械的水箱，然后顺垄间边缓慢行驶，边播种注水，农民很容易接受。还可以把化肥、农药溶于水中一起施入，省工高效。

2. 补墒效果好，出苗有保证 由于播种与灌水相结合，种、水、肥一并施于地下，加之有覆土、覆膜保墒，抑制蒸发，提高地温，为种子发芽出苗提供了良好的环境。大量试验与实践证明：坐水种在一般干旱年份可保证作物出苗率 90%以上，且苗齐苗壮。

3. 节水效果显著 坐水种每公顷灌水量一般为 45～75m^3，只湿润种子周围的部分土壤，湿润面积占作物种植面积的 22%～40%，可维持 30～40 天。灌水量只相当于一般地面灌溉方式的 1/10 左右，但同样起到了播前浇底墒水的效果。

4. 单位面积灌水作业成本低 只需在播种机上加贮水和施肥装置，机具购置费较低。据黑龙江某农场近 3000hm^2 坐水种玉米的统计，包括水费、油、电费、运水费、人工费、维修费等在内，总作业成本为 270 元/hm^2（18 元/亩）。在雨水集蓄利用工程中，若不计人工费、水费等，则作业成本一般在 150 元/hm^2 以下。

5. 适应性强 坐水种可由单个农户利用畜力车、小型拖拉机和弱劳力进行，也可以利用大型机具联户大面积进行。只要有水源，就可以利用各种运水工具或塑料输水管施水作业，不受地形、地块大小、土质等因素影响，适用于所有旱地作物。

（三）抗旱节水增产机理

1. 节水抗旱 如玉米穴灌时每穴浇水 1kg，可在种子周围形成长轴 25cm 的椭球形湿润土体。若株数 4500 株/hm^2，则每公顷湿润面积约 2205m^2，占农田面积的 22%，非常省水。在湿润土体上覆盖 2～3cm 的干土层，可隔断毛细管，抑制水分蒸发。有的地方在坐水种后覆盖地膜，保水效果更好。

2. 增产显著

（1）坐水种可做到适时播种、不误农时。北方一些地区无霜期短，遭遇春旱往往延迟播种，不能按时成熟甚至遭受秋霜冻危害而减产。

（2）坐水种可提高出苗率，保证苗齐、苗壮。作物基本苗数是产量形成的基本要素。旱地作物传统播种方法一般年份出苗率为70%左右，干旱年只有50%～60%，而且出苗不齐，苗弱；即使后期条件好转，作物产量也不会高。大旱年甚至根本不能出苗，导致绝收。坐水种出苗最少可保证在90%以上，好的可达100%，为后期生长和稳产高产奠定了基础。

（3）坐水种可实现播种、补灌、施肥、撒药复合作业一次完成，提高了水、肥、种、药的利用效率和劳动生产率。大多数旱地土壤肥力和水分条件较差，种子发芽后往往形成弱苗病苗，先天不足，影响后期生长。坐水播种复合作业有利于培养壮苗，增产显著。东北与内蒙古地区玉米坐水种的增产效果见表6-19。

表6-19　东北与内蒙古地区玉米坐水种增产效果

地点		年份	春季干旱状况	坐水种产量/(kg/hm²)	对照田产量/(kg/hm²)	增产量/(kg/hm²)	增产率/%
黑龙江省肇东市		1988	较湿	5655	4455	1200	26.9
		1989	一般	5100	3915	1185	30.3
吉林省白城市				典型调查			30.0～40.0
内蒙古	扎兰屯市	1992	干旱	7560	3105	4455	143.0
	突泉县	1990	一般	5940	4320	1620	37.5
	科右前旗	1994	干旱	5400	3090	2310	74.7
				5205	3090	2115	68.4
		1995	干旱	8115	5355	2760	51.5
				9285	5355	3930	73.4
	准格尔旗	2003	干旱	7590	6270	1383	22.3
		2004	一般	7174	5484	1690	30.8
平均				6702	4437	2265	54.0

（四）坐水种的方法与技术

1. 技术参数　技术参数主要指坐水种补灌水量、注水深度和抗旱天数。

1）补灌水量的确定　其主要依据土壤干旱程度确定。表6-20列出了黑龙江省肇东市水利局1986～1991年对玉米坐水种试验结果分析得出的补灌水量指标。

表6-20　不同水文年坐水种补灌水量指标

水文年	0～30cm平均土壤含水量(占田间持水量的重量百分比)/%	坐水种补灌水量/(m³/hm²)	水文年	0～30cm平均土壤含水量(占田间持水量的重量百分比)/%	坐水种补灌水量/(m³/hm²)
轻旱年	70～62	25.5	重旱年	56～51	75.0
中等干旱年	62～56	52.5	严重干旱年	<51	105.0

2）注水深度　一方面要考虑播种深度，另一方面要考虑干土层厚度。小粒作物一般播种深度5cm左右。注水深度应在此深度以下，以利于与底墒相衔接，增强抗旱能力。

3）抗旱天数　抗旱天数是对坐水种补灌技术提出的抗旱标准，各地自然条件不同，抗旱天数也有差别。吉林省水利科学研究所以抗旱天数为依据确定坐水种的补灌水量，在开沟坐水条件下，抗旱天数以40天为标准，补灌水量为46.5～60m³/hm²，相当于中等干旱年的标准（表6-20）。

2. 灌水方式 坐水种的方式不同，所需机具设备也不尽相同，目前有人工坐水种、机械开沟滤水及机械播种与注水相结合 3 种方式。

1）人工坐水种 除运水外，其余作业包括挖穴、注水、点种、施肥和覆土等全靠人工完成，完成全部作业程序需 5～7 人，日播种面积 0.27～0.4hm^2，效率较低。

2）机械开沟滤水 机械开沟并通过注水管补灌注入沟中，渗入土中后再人工播种、施肥和覆土，一般也需 5～7 人，但作业效率较人工坐水种提高 1 倍左右。

3）机械播种与注水相结合 这种方式又可分为明式注水和暗式注水两种。①明式注水：由拖拉机牵引水车，在开沟的同时向沟中注水，水渗入土中后利用播种机进行播种、施肥和覆土复合作业。为使上述作业连续进行，在第 1 条垄上开沟注水时播种机空行，在第 2 条垄上开沟注水的同时，播种机在第 1 条垄上开始作业。依此类推，田间作业效率较前两种方式大幅度提高。②暗式注水：通过暗式注水播种机实现。水注入种子部位以下，通过毛细管上升湿润，种子附近土层保持松软不结块，表土不板结。整个作业由 2 人操作完成，效率较前述方式大大提高，每天可播种 1hm^2 以上。

3. 坐水种机具 各地已研制出多种坐水抗旱播种机（表 6-21）。

表 6-21 坐水抗旱播种机一览表

机械名称	型 号	研制单位
暗式坐水点播机	2BFS-1	黑龙江省水利科学研究所研制 黑龙江省水利冲填处修配厂制造
多功能播种机	J5-750 型	黑龙江省农机工程研究院研制
坐水点播机	2BT1 型	黑龙江省农机工程研究院研制
单体抗旱坐水点播机	2BFS-1	吉林省乾安县农机配件厂研制
坐水播种覆膜机	2BSM-2A	内蒙古自治区宁城县农机所研制
坐水播种覆膜机	2SBFM-3 型	内蒙古自治区宁城县水利局研制
旱地播施保多用机	WD-3 型	河北省青县农机所研制
抗旱坐水种单体播种机		青海省水利科学研究所研制
抗旱灌水播种机		中国农业大学东校区研制
坐水式播种机		南京农业机械化研究所研制
多功能灌溉机		南京农业机械化研究所研制
多功能灌溉机		徐州水利机械厂研制

三、喷灌带灌溉技术

（一）布置形式

喷灌带选用 5 孔带，管径 40mm，壁厚 0.2mm，额定工作压力 5～10m，每组孔间距 0.4m，喷灌带间距 4m（喷洒宽度），长度小于 100m，水质过滤一般采用 60 目滤网过滤器。5 孔喷灌带较适于条播作物、牧草等，性能参数见表 6-22。

表 6-22 5 孔喷灌带性能参数

型号 管径-孔数	名 称	折径/mm	使用压力 /m	每米流量 /[L/(h·m)]	使用长度 /m	湿润宽度 /m	喷洒高度 /m	爆破压力 /m
D40-5	5 孔带	65	5～10	42～56	≤100	4～5	1.1～1.5	15

（二）投资分析

田间灌溉系统主要由提水机具、首部枢纽、输水管网及喷水带组成。根据蓄水工程的蓄水量和投资情况，可分别采用全移动式、半固定式及固定式系统。示范区大多采用全移动形式，投资分析见表 6-23。

表 6-23 集雨全移动式喷灌带灌溉系统投资分析

项　目	提水设备	首部枢纽	PE 输水管及配水管	喷水带	人工及其他	合　计
投资/元	320	180	196	262	66	1024
灌溉面积/hm^2	0.533	0.533	0.533	0.533	0.533	0.533
投资/(元/hm^2)	600.00	337.50	367.50	491.25	123.75	1920.00

四、微喷灌技术

（一）布置形式

喷头选择绿源公司单侧轮微喷头，输水管选择 φ32PE 管，毛管选择 φ6PE 管，该微喷头喷洒雨滴大小均匀。组合布置形式毛管间距×微喷头间距为 3m×3m，微喷头为三角形布置。布置形式分为全移动式微喷灌溉系统、半固定式微喷灌溉系统、固定式微喷灌溉系统 3 种。

1. 全移动式微喷灌溉系统　指提水机具和田间管网全部移动（1 套），即 1 眼旱井作物灌溉完后全部移动到下 1 眼旱井进行灌溉，每眼旱井可灌溉 0.133hm^2，每套设备控制 1.067hm^2。

2. 半固定式微喷灌溉系统　指提水机具固定（按 4 套配备），微喷田间管网系统全部移动（0.133hm^2），控制灌溉面积 0.533hm^2。

3. 固定式微喷灌溉系统　指提水机具和干、支、毛管全部固定（0.133hm^2），微喷头在田间移动，控制灌溉面积 0.133hm^2。

（二）投资分析

微喷田间灌溉系统由提水设备，首部枢纽，干、支、毛管和喷洒器组成，根据试验场微喷绿豆和紫花苜蓿的经验，可设置半固定式或固定式微喷灌溉系统。投资分析见表 6-24。

表 6-24 集雨全移动式微喷灌溉系统投资分析

项　目	提水设备	首部枢纽	PE 输水管及配水管	喷水带	人工及其他	合　计
投资/元	320	180	286	198	66	1050
灌溉面积/hm^2	0.533	0.533	0.533	0.533	0.533	0.533
投资/(元/hm^2)	600.00	337.50	536.25	371.25	123.75	1968.75

五、补灌技术适应性分析

通过对几年来的实践和经济技术进行比较（表 6-25），膜下滴灌设备投资最高，但灌水效率和效果最好；人工坐水种补灌投资费用最低，但灌水效率也低，所需人工最多。在目前农村经济不发达情况下，大面积推广应用的集雨补灌技术是：春播采用坐水种补灌技术，适用于各种作物；生长关键期采用半固定膜下滴灌技术，适用于瓜果、蔬菜、玉米等宽行穴播地膜覆盖作物；移动微喷灌带适用于人工牧草等矮秆条播作物的前期补灌。

表 6-25 集雨补灌技术适应性比较

灌水方式	设备折旧与运行费/(元/hm^2)	技术难度	灌水效率	灌水效果	应用现状
人工坐水种	210	简单	低	好	普遍
机械坐水种	300	较难	较高	较好	少
半固定膜下滴灌	1776	难	高	好	普遍
膜上灌	426	较难	较高	较好	少
移动微喷灌带	813	较难	较高	较好	较少

第四节 集雨补灌实例

现以内蒙古大田雨水集蓄利用工程为例进行分析。

一、基本情况

1. 地理位置与自然条件 工程位于内蒙古准格尔旗沙圪堵镇布尔洞沟村农户周荣家。该地区为黄土高原东北部丘陵山区，山大沟深，沟壑纵横，沟谷面积占30%左右，沟网密度大（3～5km/km^2），海拔高度由沟底的1030m升高到山顶的1320m。天然植被以干草原为主，草场明显退化，植被稀疏，水土流失严重。地理条件与自然条件恶劣，农户居住分散，土地支离破碎，农业生产条件低下，人民生活比较困难。

本区为典型的半干旱大陆性气候，多年平均气温 7.2℃，年日照时数 3117.3h，≥10℃积温 3500℃·天。作物生育期（4～9 月）日照时数 1710.8h，年平均风速 2.3m/s。无霜期平均 145 天。多年平均降水量 397.1mm，降水时空分布不均，多集中于夏、秋季，7～9 月降水占全年降水的 60%～70%。多年平均蒸发量 2093mm，为多年平均降水量的 5 倍多。多年平均相对湿度 53%～56%，年湿润度 0.3～0.34。主要气候灾害有干旱、暴雨、大风、霜冻、冰雹等。

2. 农户情况 农户周荣全家 7 口人，劳动力 5 个，养羊 17 只，猪 2 头，大畜 1 头；有照明用电；耕地 3.133hm^2，人均约 0.447hm^2，全部为坡耕旱地；年人均纯收入 1720 元。

3. 作物种植情况 主要作物有玉米、糜子、马铃薯、葵花等，每公顷产量分别为 4800kg、2580kg、18000kg、1410kg，属中低产水平。2003 年起开展雨水集蓄利用工程建设，在公路旁修建水窖 3 眼，发展玉米节水灌溉 0.287hm^2，取得了很好效果。

二、集雨工程

（一）集雨面

集雨面主要是采用土质公路及路旁荒坡。该段公路宽 8m，可汇集长度 110m。公路北侧荒坡地高于路面，植被稀少，可汇集雨水的集流面积 700m^2。

（二）可收集雨水量计算

1. 公路可收集雨水量

$$W_p = A_r E_i R_p / 1000$$

式中，A_r 为可利用路段的集流面积 880m^2；根据试验资料，土质公路集雨面的集雨效率 E_i 为 36%；本区保证率 75%时的多年平均降水量 R_p 为 300mm；则该路段全年可集水量 W_p 约为

$95m^3$。

2. 荒坡可收集雨水量 公路北侧荒坡可汇集雨水的集流面积为 $700m^2$，荒坡集雨面集雨效率为 16%；则全年可集水量为 $33.6m^3$。

二者合计年均可收集雨水量为 $128.6m^3$。

（三）集雨蓄水工程

根据补灌耕地所在地形、土质、建筑材料和经济条件，集雨蓄水工程选用水泥砂浆抹面防渗的水窖，深 8m，底径 5.5m，口径 0.6～1m，蓄水容积 $40m^3$。在公路北侧耕地西北角打水窖 3 眼，总容积 $120m^3$，小于可收集雨水量。

集雨蓄水工程投资主要为水泥、砂石料等建筑材料和人工。

三、补灌系统布设

（一）系统选型

1. 提水设备 提水设备选用单项电潜泵 1 套，用 3 眼水窖公用，其型号 QDX6-15-0.55，流量 $6m^3/h$，扬程 15m，电机功率 0.55kW。

2. 管材设备 输水管选用直径 25mm 的 PE 黑管，灌溉首部设 1in 筛网式过滤器 1 套。田间膜下滴灌选用单翼迷宫式滴灌带，管径 16mm，滴孔间距 30cm，滴孔流量 $2.8\times10^{-3}m^3$/天。

（二）系统设计

1. 基本参数 设计保证率不低于 75%，田间灌溉水利用率 95%，设计耗水强度 4mm/天。设计土壤湿润比：播种期为 30%，生长期为 50%；灌水湿润层深度 20～40cm。

2. 设计灌水定额 经计算大田玉米集雨补灌各生育时期的灌水定额，播种期坐水为 5.7mm（$57m^3/hm^2$）；生育期膜下滴灌为 18mm（$180m^3/hm^2$）。

3. 一次灌水延续时间 经计算玉米生育期膜下滴灌一次的灌水延续时间为 1.93h，实际作业可取 2h。

4. 灌溉制度 大田玉米采用覆膜宽窄行种植，株距 35cm，宽行 60cm，窄行 40cm，中间铺设滴灌带并覆膜。坐水播种平均每株注水 1kg，每公顷补灌水量 $57m^3$；在生长季采用膜下滴灌补充灌溉。制定的补灌灌溉制度见表 6-26。

表 6-26 大田玉米集雨补灌灌溉制度

灌水时间及生育阶段	灌水次数	灌水定额/(m^3/hm^2)	灌溉定额/(m^3/hm^2)
播种期（5 月初）	1	57	57
拔节期（6 月下旬）	1	180	180
灌浆期（7 月中下旬）	1	180	180
全生育期	3	417	417

5. 田间布设与管道流量 玉米地块面积 $0.287hm^2$，东西 50～40m，南北 61m，东西垄向种植。

膜下滴灌带顺垄布设输水管 61 条，每条长 40～50m，控制两行玉米，带间距 100cm，每条流量 $Q_{毛}=0.3733～0.467m^3/h$。

输水管垂直于滴灌带在地块西边布设，将 61 条滴灌带分成 5 组轮灌，每组 12 条，南边滴灌带短的一组控制 13 条。每组总流量为 $4.852～5.604m^3/h$。

根据计算灌溉单元的管道流量，所选型号单项潜水泵能基本满足要求。

四、材料与设备投资

本例农户大田玉米集雨补灌系统工程（图 6-3）主要由集雨面工程、集雨蓄水工程和田间补灌用水工程组成，材料设备及投资分析见表 6-27。

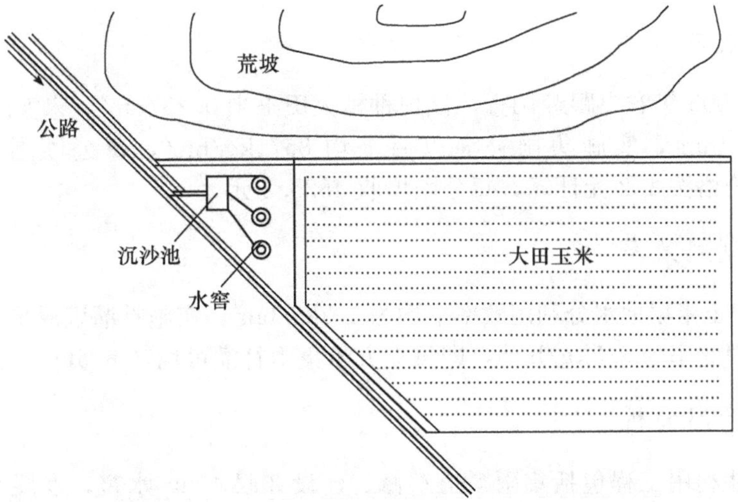

图 6-3 大田玉米集雨补灌工程布局示意图

表 6-27 农户大田玉米集雨补灌系统工程材料设备及投资分析

序 号	设备材料名称	规格型号	单 位	数 量	单价/元	投资/元
一	集雨面工程					370
1	路边输水渠		m	100	2	200
2	荒坡雨水汇集渠		m	60	2	120
3	其他					50
二	集雨蓄水工程	$40m^3$×3 个				4314
1	水泥砂浆 土方开挖	C12 窖体成型	m^2 m^3	72×3 45×3	910	1944 1350
2	人工		工日	8×3	30	720
3	其他	沉沙池、井口等		3	100	300
三	田间灌溉工程					2089
1	提水设备电潜泵	QDX6-15-0.55	台套	1	300	300
2	首部筛网过滤器	1in、120 目	套	1	70	70
3	输水管道	PE 黑管 25mm	m	200	3	600
4	单翼迷宫式滴灌带	16mm×0.3mm	m	3000	0.2	600
5	接头、堵头	25mm	个	9	5	45
6	弯头接头	25mm	个	4	10	40
7	旁通	16mm	个	65	1	65
8	球阀	25mm	个	4	6	24
9	三通	25mm	个	3	15	45
10	其他					300
合计						6773

五、效益分析

（一）社会效益

大田作物由过去“靠天吃饭”的传统旱作农业转变为集约化的集雨补灌节水农业，为农业经济可持续发展创造了有利条件。

（二）经济效益

根据2004～2005年农户跟踪调查，该户种植大田玉米0.287hm^2，未实施集雨补灌前玉米单产平均4800kg/hm^2，实施集雨补灌以后平均8571kg/hm^2，每公顷增产3771kg，增产78.6%。每千克价格按1.2元计算，每公顷增收4525.2元。

（三）水分利用效率

本地农户大田玉米旱地水分利用效率平均为1.2kg/hm^2，实施补灌以后平均为2.35kg/hm^2。集雨补灌水的利用效率为8.5kg/hm^2，即每立方米集雨补灌可增产8.5kg，效益十分显著。

（四）投入产出分析

农户雨水集蓄利用工程包括集雨渠道整修、建设3眼40m^3水窖，发展0.287hm^2大田玉米集雨补灌等的总投资6773元。水窖使用年限为40年，折合每年成本费107.85元；田间补灌其他设备使用年限平均为4年，折合每年成本费614.75元。合计每年成本费722.6元（每公顷成本2520.75元）。年增产玉米1081.02kg，按1.2元/kg计算，效益为1297.2元。费用效益比1∶1.8。

思考题

1. 怎样确定作物的需水量？
2. 补灌制度都包括了哪些内容？是怎样建立的？
3. 简述集雨技术的主要内容。
4. 简述补灌技术的主要内容。

第七章 生态农业

【内容提要】 生态农业是一种协调人口、资源、环境和效益之间和谐发展的一种农业生产模式，它是在生态系统原理、经济学原理的基础上，按照系统工程的方法建立的。水土保持型生态农业是生态农业的类型之一。本章在介绍了生态农业基本特征的基础上，以黄土高原的农果复合型生态农业为例对其研究方法进行分析，以供参考。

第一节 概 述

一、生态农业

世界农业经历了从原始的刀耕火种、自给自足的个体农业到常规的现代化农业，人们通过科学技术的进步和土地利用的集约化，在农业上确实取得了巨大的成就。然而，建立在以消耗大量资源和石油基础上的现代化农业也带来了一些严重的弊端。例如，耕地数量的减少、土地荒漠化的扩展、环境污染、生物多样性降低和全球气候变暖等。另一方面，粮食的保证、食物安全和农村贫困仍然困扰着世界上许多国家。从农业的责任和发展来考虑，自第二次世界大战以来，世界各国陆续提出了一些替代性农业的理论与实践，主要有以下几种类型：

（一）有机农业

有机农业（organic agriculture）是指在农业生产中完全或基本不用人工合成的肥料、农药、生长调节剂和畜禽饲料添加剂，而是用有机肥满足作物营养需求的种植业，或采用有机饲料满足畜禽营养需求的养殖业。

（二）生物农业

生物农业（biological agriculture）是按照自然生物学过程管理农业，适当投入能量和资源，维持系统最佳的生产力，生物农业强调通过促进自然过程和生物循环保持土地生产力，用生物学方法防治病虫害，实现农业环境的生态平衡。

（三）自然农业

自然农业（natural agriculture）是指与自然秩序相和谐的农业。强调人类从事农业不应以征服改造自然，而要遵循自然格局和自然过程。在农业生产中采用的基本技术是免耕；以有机肥替代化肥；不中耕，以生物措施替代化学和机械除草；靠培育壮苗、稻鸭共生和自然调节替代化学农药，以控制有害生物。

（四）复合农业

复合农业（complex/integrated/mixed agriculture）是将农业作为一种生态-经济-技术的复合系统来看待，是指农业生产各部分（种植业、养殖业、林业、农副产品加工业等）在各种类型的自然和社会经济条件下的各种形式的结合，以及对其调控机制与方法措施的探讨和实施，以达到最大的整体效益。也就是说，人类有意识地将相邻空间或时间上衔接的具有不同生产对象的几个农业生产系统紧密地、有序地联系在一起，使之相互作用、相互促进、相互制约而构成复合结构的系统。

（五）持续农业

持续农业（sustainable agriculture）是一种“不造成环境退化、技术上适当、经济上可行、社会上能接受的”农业。也就是说，它是经济、社会、技术与环境协调发展的农业。

（六）生态农业

生态农业（ecological agriculture）一词是1970年由美国土壤学家W. Albreche提出的，但对它的理解中外学者还存在着差异。英国农学家M. Worthington在1981年提出的基本概念基础上，1999年经部分修改后正式表述为“建立和维持一种生态上自我支持、低投入，经济上有活力的小农经营系统，在不引起大规模或长期性环境变化，或者在不引起道德及人文社会方面不可接受的问题的前提下，最大限度地谋取增加净生产”。它必须是：①在包括能源在内的诸方面能自我维持；②多样化；③单位耕地面积的净产量要高；④经济上有活力；⑤自己加工新生产的大部分农产品；⑥以道德和人文标准判断是可以为大众所接受的；⑦一般为小规模。

我国学者对生态农业概念的解释也有多种。其中，马世骏提出的概念最具代表性。他认为“生态农业是生态工程在农业上的应用，它运用生态系统的生物共生和物质循环再生原理，结合系统工程方法和近代科技成就，根据当地自然资源，合理组合农、林、牧、渔加工等比例，实现经济效益、生态效益和社会效益相结合的农业生产体系”。

从上述的概念中不难看出，生态农业与传统农业的区别主要表现为：第一，生产结构的确定、产品布局的安排等都必须切实做到因地制宜，和当地的环境条件相匹配；第二，在能量和物质的利用上，要做到有取有补，维护生态平衡；第三，在利用可更新资源的同时，不可超过其可更新程度，同时要注意抚育和增殖自然资源，使整个生产的发展走向良性循环；第四，对不可更新资源的利用，应减少到最低程度。因此，生态农业是广义农业的具体体现。从生产内容上看，生态农业不局限于种植业，而是农、林、牧、副、渔多种经营，全面发展；从生产地域上看，生态农业不局限于耕地上，一方面它立足于耕地，努力提高单产，另一方面它把全部国土（包括山地、水面）都当做自己的生产场所；③从食物的概念上看，生态农业主要依靠粮食，但又不局限于粮食，而是建立在营养科学的基础上，根据人体营养需要的热能（糖类、脂肪等）、蛋白质、多种维生素和各种矿物质的数量和比例，科学地安排和计划农业生产。

从某种意义上讲，生态农业是传统的有机农业和现代的无机农业相结合的综合体，是能量流动、物质循环不断扩大的良性循环农业。

二、生态农业的基本模式

按生态系统原理，生态农业的模式类型可划分为以下3类：

（一）时空结构型

这是一种根据生物种群的生物学、生态学特征和生物之间的互利共生关系而合理组建的农业生态系统，使处于不同生态位置的生物种群在系统中各得其所，相得益彰，更加充分地利用太阳能、水分和矿物质营养元素，是在时间上多序列、空间上多层次的三维结构，其经济效益和生态效益均佳。具体有果林地立体间套模式、农田立体间套模式、水域立体养殖模式、农户庭院立体种养模式等。

（二）食物链型

这是一种按照农业生态系统的能量流动和物质循环规律而设计的一种良性循环的农业生态系统。系统中一个生产环节的产出是另一个生产环节的投入，使得系统中的废弃物多次循环利用，从而提高能量的转换率和资源利用率，获得较大的经济效益，并有效地防止农业废弃物对农业生态环境的污染。具体有种植业内部物质循环利用模式、养殖业内部物质循环利用模式、种养加工三结合的物质循环利用模式等。

（三）时空食物链综合型

这是时空结构型和食物链型的有机结合，使系统中的物质得以高效生产和多次利用，是一种适度投入、高产出、少废物、无污染、高效益的模式类型。

三、中国生态农业的成就与问题

（一）成就

中国的生态农业经过了20世纪70年代末至80年代初的起步阶段，80年代中至90年代初的探索阶段和90年代初至今稳定发展阶段后，取得了很大的成就。主要体现在：

1. 逐步建立了具有中国特色的生态农业理论体系 30余年来，我国的专家学者在生态农业系统的物质循环与能量传递、结构特征、分类系统、效益评估、系统模拟、结构设计等方面，进行了大量研究，取得了显著的进展。同时，还建立了许多生态农业试验点和观测站，这些站点已成为生态农业试验、示范、推广的重要基础。

2. 总结、完善了一系列适应于不同区域特点的生态农业模式 我国在较长时期研究与实践的基础上，总结出了不同尺度上应用的中国生态农业发展的主要类型与模式（表7-1）。其中一些模式得到了国际上的认可，被推广到许多发展中国家。

表7-1 中国生态农业的类型与模式

种类	主要类型	主要模式
同一生产部门中不同物种或不同生产过程的组合	① 作物的轮作、间作与套种	粮食作物轮作；粮-经作物轮作；粮-饲作物轮作；粮-蔬轮作等
	② 水体中的复合养殖	池塘中鱼类混养；湖泊中复合水产养殖等
	③ 混合造林	油松人工混合林系统；桤-柏混交系统；杉木-云杉间作系统等
不同生产部门中不同物种和不同生产过程的组合	① 农-林系统	桐-粮间作系统；杉-粮间作系统；杨-粮间作系统等
	② 林-药间作系统	林-药间作系统；松-参间作系统；黄连-杉-松间作系统；泡桐-芍药间作系统；热带林-砂仁间作系统等
	③ 经济林-多用途林间作	枣-粮间作系统；油桐-粮食作物间作系统；桑-农复合系统；果树-作物间作系统；橡胶树-经济作物间作系统；灌木-作物间作系统；桐-茶间作系统；茶-乌桕间作系统等
	④ 植物-动物共生系统	紫胶-树木共生系统，稻田养鱼系统，林-蛙共生系统，蝇-蛆系统等

续表

种　类	主要类型	主要模式
不同尺度的生态农业系统	① 农户庭院生态系统 ② 生态树 ③ 生态县 ④ 防护林系统	“三北”防护林；长江防护林；沿海防护林；平原防护林等
不同生态系统中的生态农业系统	① 山地生态农业系统 ② 湿地生态农业系统 ③ 旱地生态农业系统	丘陵山地的小流域综合治理；坡地等高种植模式等 桑基鱼塘等 绿洲农业系统；旱地集雨系统；节水生态工程等
农-工复合系统与能源系统	① 农-工复合系统 ② 能源的多层、多级利用	玉米多级利用生态工程；城市废水处理的土壤-植物系统；渔-农-啤酒生产系统等 可再生能源综合利用技术；生物质能利用——以沼气为纽带的生态农业系统等

资料来源：李文华，2003

3. 生态农业的发展始终得到了各级政府的强有力支持　1984 年，国务院颁布了促进生态农业发展的决定，并在不久制定的《国民经济和社会发展第八个五年计划》中，明确提出了建立生态农业示范工程。在 1994 年，在以农业部为主的有关部委的领导下，第一批 51 个国家级生态农业试点县已经顺利结束，取得了显著的效益，第二批 50 个生态农业试点县也已启动，成为在国内外具有相当影响的农业持续发展的示范工程。与此同时，还进行了一大批省级生态农业县和生态村、镇建设，产生了良好的生态、经济、社会效益。

4. 在农村可持续发展方面发挥了重要作用　中国的生态农业，在促进包括农村生态文化建设、农村生态环境保护、农村经济发展和农村社会稳定等在内的农村可持续发展方面，发挥了重要作用。例如，近几年所发展完善的农-工复合系统这一新型的生态农业模式，充分体现了生态学中的物质循环与再生理论。在该生产系统中，所有形式的废弃物都成为下一个生产环节的原料投入，减少了农业生产过程中的废弃物排放，减轻了对农业生态环境的污染。同时，它还促进了农业的产业化与循环经济的发展，对于解决农村劳动力的转移、增加农民收入，发挥了很大作用，从而在保护了农村生态环境的同时，促进了农村地区的经济繁荣与社会稳定。

（二）存在问题

目前，虽然在生态农业的理论研究、试验示范、推广普及等方面已经取得了很大成绩，但不可否认，还存在着以下几个方面的问题，已成为限制生态农业进一步发展的障碍。

1. 理论基础上不完备　生态农业是一种复杂的系统工程，它需要包括农学、林学、畜牧学、水产养殖、生态学、资源科学、环境科学、加工技术以及社会科学在内的多种学科的支持。以往的研究多是单一学科的，因此可能对这一复杂系统中的某种组分有了一定的、甚至是比较深入的了解，但是对于这些组分之间的相互作用还知之甚少。故需要进一步从系统、综合的角度，对生态农业进行更加深入的研究。而且，这种研究应当建立在对现有生态农业模式进行深入的调查分析基础上，必须超越生物学、生态学、社会科学和经济学之间的界限，应当是多学科交叉与综合，需要多种学科专家的共同参与，需要建立生态农业自身的理论体系。

2. 技术体系不够完善　在一个生态农业系统中，往往包含了多种组成成分，这些成分之间具有非常复杂的关系。例如，为了在鱼塘中饲养鸭子，就要考虑鸭子的饲养数量，而鸭子的数量将受到水的交换速度、水塘容积、水体质量、鱼的品种类型和数量、水温、鸭子的年龄和大小等众多条件的制约。在一般情况下，农民并没有足够的理论知识和经验对这一复合系统进行科学的设计，而简单地照搬另一个地方的经验，也是非常困难的，往往并不能取得成功。目前，在生态农业实践中，还缺乏技术措施的深入研究，既包括传统技术如何发展，也包括高新技术如何引进等问题。

3. 政策方面存在着需要完善的地方　在有些地方，由于政策方面的原因，使得农民缺乏对土地、水等资源进行有效保护的主动性。而农产品价格方面的因素，有时也成为生态农业发展的一个限制因子。因为对于比较贫困的人口来说，食物安全保障可能更为重要；但对于那些境况较好的农民来说，较高的经济效益可能会成为刺激他们从事生态农业的基本动力。

4. 服务水平和能力建设不能适应要求　对于生态农业的发展，服务与技术是同等重要的。但目前尚未建立起有效的服务体系，在一些地方，还无法向农民们提供优质品种、幼苗、肥料、技术支撑、信贷与信息服务等。另外，到目前为止，还没有建立起比较有效的能力建设机制，对于更为重要的基层农民来说，很少得到高水平的培训与学习的机会。

5. 农业的产业化水平不高　目前生态农业的实际情况还不能满足生态效益、经济效益和社会效益的统一需求，因为在一些地方，仅仅依靠种植业的发展，难以获得比较高的经济收益。世界经济的全球化和中国加入 WTO，既为中国生态农业的发展提供了新的机遇，也使之面临着新的挑战。为适应这一新的形式，生态农业的发展还有许多的问题有待解决，而农业产业化无疑是一个极为重要的方面。从另外一个方面来看，人口问题一直是中国社会发展中的主要问题之一。预计到 2030 年前后，中国人口将达到 16 亿，土地资源相对短缺，耕地面积还在不断减少，而人口在继续增加，农村剩余劳动力和转移也已经成为困扰农村地区可持续发展的一大障碍。为了解决这一问题，也必须通过在生态农业中延长产业链、促进农业的产业化水平来实现。

此外，组织建设不齐全，推广力度不够等也是存在的问题之一。

第二节　生态农业的基本原理

生态农业是人工建造的生态系统，它具有生态系统结构与功能的特征，其自身的发展既遵守生态学的基本规律，也按照经济发展规律运行。概括起来生态农业的原理包括了生态学原理、经济学原理和系统科学原理等。

一、生态学原理

生态系统(ecological system)是指在一定空间范围内，各种生物成分（包括人类在内）和非生物成分（环境中的物理和化学因子），通过能量流动和物质循环而相互作用、相互依存所形成的一个功能单位。其形式多样，尺度大小不一，但都具有以下特征。

（一）结构

生态系统的结构(structure of ecological system)是指生态系统构成要素在时间、空间的配置和相互作用特征，它决定着系统功能的大小。通常，生态系统具有 4 种结构：①环境与物种结构，这种结构是指不同环境因子组合和相应生物种类以特定数量和比例排列形成的结构；②空间结构，它包括了水平结构和垂直结构两种形式；③时间结构，主要指随时间或季节的变化，环境因子与生物因子相适应而表现出的外观特征；④营养结构，生态系统中，生物通过取食与被食关系联系起来而形成的营养关系序列。

生态系统的这种结构特征可用图 7-1 表示。

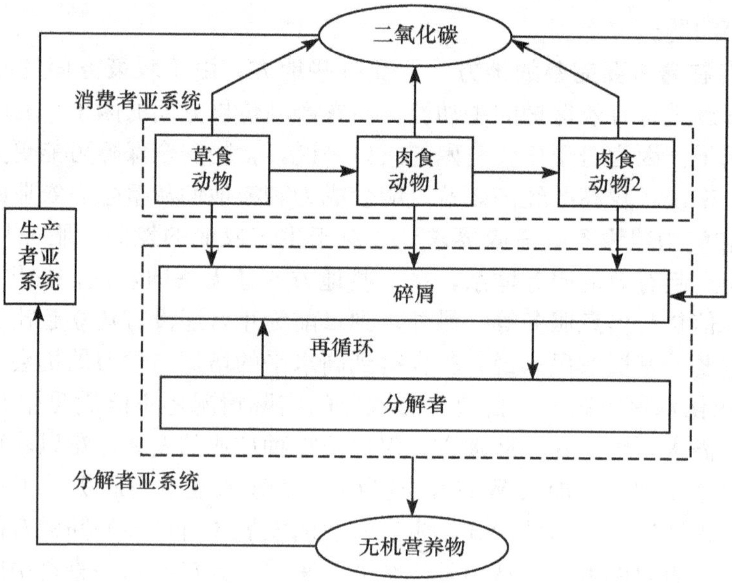

图 7-1 生态系统结构的一般模式（Anderson，1981）

从图 7-1 中可知，生态系统结构包括了 3 个亚系统，即生产者亚系统、消费者亚系统和分解者亚系统。生产者通过光合作用合成复杂的有机物质，使生产者的生物量（包括个体生长和数量）增加，所以称为生产过程。消费者（包括直接取食植物的食草动物和间接取食动物的肉食动物）摄食植物已经制造好的有机物质，通过消化、吸收再合成为自身所需的有机物质，增加动物的生产量，所以也是一种生产过程，所不同的是生产者是自养的，消费者是异养的。分解者的主要功能与光合作用相反，把复杂的有机物分解为简单的无机物，称为分解过程。生产者、消费者和分解者 3 个亚系统，加上无机的环境系统（无机营养物质和二氧化碳），都是生态系统维持其生命活动所必不可少的成分。由生产者、消费者和分解者 3 个亚系统的生物成员与非生物环境成分间通过能流和物流而形成的高层次的生物组织，是一个物种间、生物与环境间协调共生，能维持持续生存和相对稳定的系统。它是地球上生物与环境、生物与生物长期共同进化的结果。

（二）功能

生态系统的功能(function of ecological system)包括了生态系统的物质及能量流动和信息传递。其中信息传递主要是对物质和能量流动起调节作用。能量和物质流动是紧密结合在一起的，二者不可分割，也是生态系统的动力核心。

1. 能量流动

1）能量流动特征　生态系统的能量来源主要是太阳能。太阳辐射被植物光合所截取，成为地球上一切生物有机体进行生命活动的能量来源。光合作用积累能量的过程，就是初级生产。由初级生产形成的产品是初级产品，这些初级产品被动物逐级取食，一些动植物的废弃物则被微生物利用，大部分能量散失到系统以外，只有一小部分贮存在下一级生物体中。这些能量损失，可以由光合作用不断补充，以此维持生态系统的能量平衡。

除太阳能外，生态系统还有其他形式的自然能，如风能、潮汐能、地热能、水流能、降雨能等，这些能量对生态系统的食物链能量转化与传递起辅助作用，称生态系统的自然辅助能。在农业生态系统中，人们还通过投入人力、畜力、电力、机械和肥（饲）料、农（兽）药、种子、苗木、农用薄膜等，辅助生态系统以太阳能为起点的食物链能量转化，称为生态系统的人工辅助能。

生态系统的能量流动遵循热力学第一和第二定律。在生态系统中，各营养级间的能量转化关系常用以下术语描述。

(1) 生态效率。生态效率(ecological efficiency)通常指食物链各环节上能量的各种转化效率(transfer efficiencies)。生态效率的种类很多，其中属于营养级之内的有：

A. 组织增大率，即生产量（P_t）与同化量（A_t）之比，用 P_t/A_t 表示。

B. 同化效率，即消费同化量（A_t）与摄食量（C_t）之比，用 A_t/C_t 表示。

C. 生态增长率，即生产量（P_t）与摄食量（C_t）之比，用 P_t/C_t 表示。

属于营养级之间的有：

A. 摄食效率，即上一营养级摄食量（C_t+1）与该营养级摄食量（C_t）之比，用 C_{t+1}/C_t 表示。

B. 同化效率，即上一营养级同化量（P_t+1）与该营养级同化量（A_t）之比，用 P_{t+1}/A_t 表示。

C. 生产效率，即上一营养级生产量（P_t+1）与该营养级生产量（P_t）之比，用 P_{t+1}/P_t 表示。

D. 利用效率，即上一营养级的同化量（A_t+1）与该营养级的生产量（P_t）之比，用 A_{t+1}/P_t 表示。

所有比率所取单位必须相同，最好用能量（J）表示。

研究营养级之内的生态学效率，有助于了解该类生物的生态位及其他生物学特性，并可以了解食物链上的能量关系。

(2) 林德曼效率。林德曼效率(Lindemans efficiency)指某一营养级所固定的能量与前一营养级所持有的能量之比，又称能量转化效率。美国生态学家林德曼在美国明尼苏达州的 Cedar Bog 湖研究了食物链结构，发现营养级之间的能量转化效率大致为 1/10，其余 9/10 由于消费者采食时的选择性浪费，以及呼吸和排泄等而被消耗掉，这就是所谓的“十分之一定律”，也叫能量利用的百分之十定律。其后的大量研究表明，“十分之一定律”较适合水域生态系统，而陆地生态系统消费者的能量转化效率常比水域生态系统的小。

(3) 生态金字塔。由于能量每经过一个营养级时被净同化的部分都要大大少于前一营养级，当营养级由低到高，其生物个体数目、生物量、所含能量一般呈现出下大上小的塔形分布，称为生态金字塔(ecological pyramid)。

研究生态金字塔，对提高能量转化效率，调控食物链上的营养结构，实现人口、经济、资源环境的可持续发展，具有重要的意义。

2) 能流分析

(1) 能流分析方法。生态系统的能流分析，就是对生态系统能量的输入及其在系统各组分之间的传递转化和散失情况进行分析。通常采用的方法有实际测定法、统计分析法、输入输出法和过程分析法，这些方法常常是结合使用的。能流分析一般可分为以下几个步骤：

A. 确定研究对象及其边界。根据研究目的确定研究对象，并确定所研究生态系统的规模和时间、空间尺度的边界。

B. 明确系统的组成成分及相互关系，绘出能流路径。

C. 实测或搜集资料，确定各组分的各种实物流量或输入输出量。

D. 按照各种实物的折能系数，将不同质的实物流量转换为能流量。

E. 按能流量绘出能流图，并进行下述各方面的归纳分析，为生态系统调节和控制提供依据：①输入能量结构分析；②产出能量结构分析；③输入能流密度分析；④产出能流密度分析；⑤各种能量转换效率计算与分析。

通过对生态系统的上述能量分析，可明确系统辅助能输入特征以及对经济产品产出能的影响，从而为系统结构的调整和功能（能流、物流、价值流）的优化调控提供依据。

（2）能流图。H. T. Odum 提出了一套为广大生态学工作者广泛使用的能流符号和图解，为能流模型的建立提供了简明有效的研究工具。图 7-2 是能流图符号和一个典型农业生态系统的能流模型。

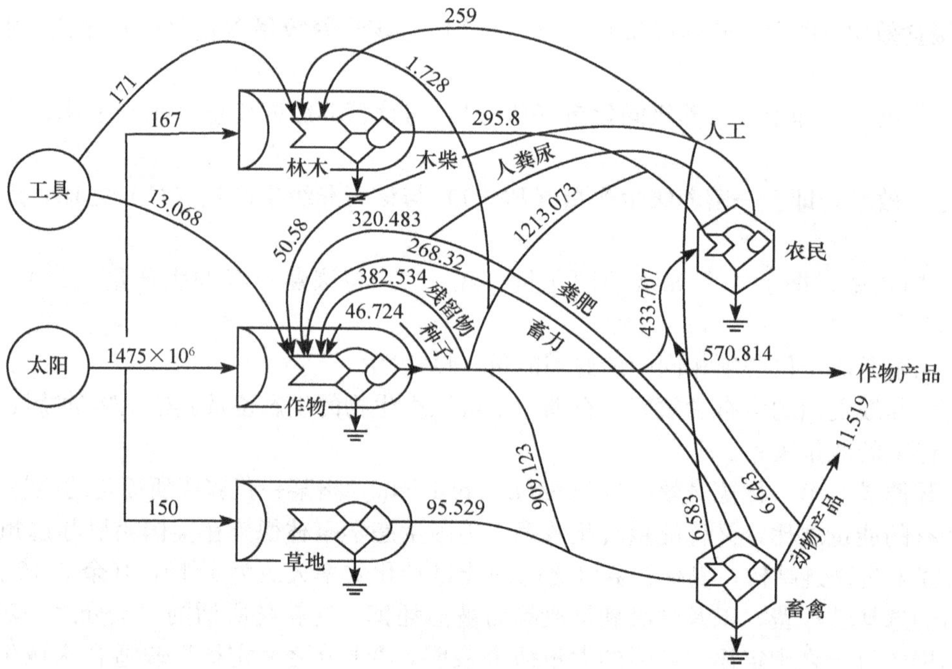

图 7-2 能流图符号和海伦县农业生态系统能流模型（单位：4.18×10^9 J/年）（闻大中，1982）

（3）能值分析。能量分析是生态系统定量研究的一种基本手段，但仍有其局限性，20 世纪 80 年代 E. T. Odum 创立了能值(energy)概念和能值分析方法。

在生态系统食物链的能量传递过程中，许多能量因做功等途径而耗散，仅有少数能量转化为较高质量的、更加密集的和成为一种反馈时以特定作用方式存在的能量。这些较高质量的能量可帮助系统达到最大效率，转化成的小部分高质量能量所集中表达的载体中，体现了这一转化过程中使用的大量的低质量的能量，称内含能(embodied energy)。E. T. Odum 认为，内含能可能是自然界对一个区域（国家）的经济社会贡献的正确衡量。资金只能反映人的贡献，但内含能则同时反映人的贡献和环境的贡献。能值是从内含能发展起来的科学概念和质量标准。

能值的定义为：某种类别能量转化形成过程所需要的另一种类别能量的数量称为该能的能值。任何能量追溯到初期所需要的太阳能之量就是这些能量的太阳能当量或称太阳能值。在实际应用中，可以统一用“太阳能值”来衡量某一能量的能值，任何流动或贮存能量所含太阳能的量，即为该能量的太阳能值，太阳能值的单位为太阳能焦耳(sej)。某种能量的能值转换率是每焦耳该种能量相当的太阳能焦耳的能量，某种能量的能值转换率越高，则能量的质量越高，其能量的“价值”便越大。

能值分析是在能流分析基础上，将生态系统中的资源、商品、燃料、产品、服务等各种直接或间接的能量统计使用同一单位(太阳能焦耳 sej)进行分析的方法。其主要步骤有：

A. 在能流分析做出能量系统图基础上，明确系统内外及系统内部各组分之间的能量关系，绘制能值图。

B. 编制能值分析表，进行能量的太阳能值换算：某能量的太阳能值＝所测算的能量原始数据 (J)×太阳能值转换率(sej/J)。

C. 进行主要能值指标分析，包括能值投资比率（能值投资比率＝经济投入的能值/环境提供的能值)、净能值产出率、能值/货币比率、系统的模拟和调控决策等。

农业生态系统中各种农业资源，特别是各种农业产品，都凝结着一定的能量，而这些能量归根到底均来自太阳能。蓝盛芳(1999)以中国农业生态系统的能流能值分析为例(表 7-2),列出了主要能量类别的太阳能值转换率，可供进行农业生态系统能值分析时参考。

表 7-2 中国农业生态系统的能流能值（示部分能量与能值的换算系数）

项 目	能量(J/年)	能量能值换算系数(sej/J)	太阳能值(×sej/年)	项 目	能量(J/年)	能量能值换算系数(sej/J)	太阳能值(×sej/年)
日光	3.80×10^{21}	1	0.39	水稻	2.88×10^{18}	3.59×10^{4}	10.10
降雨	1.49×10^{18}	18199	2.71	小麦	1.59×10^{18}	6.80×10^{4}	10.20
流失表土	3.39×10^{18}	62500	3.07	玉米	1.32×10^{18}	2.70×10^{4}	3.56
农机具	1.20×10^{16}	7.50×10^{7}	89.78	其他谷物	1.05×10^{16}	2.70×10^{4}	2.70
燃油	6.07×10^{17}	6.60×10^{4}	4.01	棉花	7.03×10^{16}	1.90×10^{6}	13.40
电力	2.37×10^{17}	1.59×10^{5}	3.77	油菜	2.46×10^{17}	6.90×10^{5}	17.00
化学氮肥	4.07×10^{16}	1.69×10^{6}	6.90	糖	1.04×10^{18}	8.40×10^{4}	8.87
化学磷肥	1.26×10^{15}	4.14×10^{7}	5.21	水果	2.79×10^{17}	5.30×10^{5}	14.76
化学钾肥	1.04×10^{15}	2.63×10^{6}	0.27	蔬菜	1.75×10^{18}	2.70×10^{4}	4.72
农药	4.93×10^{15}	1.97×10^{7}	9.71	其他作物	4.38×10^{18}	2.70×10^{4}	11.80
人力	7.78×10^{17}	3.80×10^{5}	29.55	肉	8.06×10^{16}	1.71×10^{6}	13.80
畜力	1.54×10^{17}	1.46×10^{5}	2.25	皮毛	6.17×10^{15}	3.84×10^{6}	2.37
有机肥	4.76×10^{18}	2.70×10^{4}	12.86	其他畜产	3.55×10^{16}	1.73×10^{6}	6.15
种子	1.37×10^{17}	2.00×10^{5}	3.46	水产品	3.84×10^{16}	2.00×10^{6}	7.70
总投入			192.07	总产出			127.17

资料来源：蓝盛芳，1999

能值理论的意义在于把能量的数量和“质量”区别开来。通过它可将生态系统的各种功能包括能流、物流、信息流与资金流(价值流)建立起联系，为生态系统的理论研究和管理实践提供了一种定量方法。

2. 物质循环 在能量的推动下，环境中的无机物质经光合作用形成生物有机体物质，并通过食物链流动，最后被微生物还原为无机物质，归还环境，重新被吸收利用。这就是所谓的物质循环(cycle of material)。各种类型的生态系统，尽管营养方式各不相同，但生态系统的物质是处于经常不断的循环之中。在物质循环中，库与流的概念非常重要。

1）*库*　物质在运动过程中被暂时固定、贮存的场所称为库（pool）。生态系统中的各个组分都是物质循环的库，可分为植物库、动物库、大气库、土壤库和水体库。各库又可分为许多亚库，如植物库可分为作物、林木、牧草等亚库。在生物地球化学循环中，物质循环的库可归为两大类：一为贮存库，其容积较大，物质交换活动缓慢，一般为非生物成分的环境库；二为交换库，其容积较小，与外界物质交换活跃，一般为生物成分。例如，在一个水生生态系统中，水体中含有磷，水体是磷的贮存库；浮游生物体内含有磷，浮游生物是磷的交换库。

另外，还有两个与物质贮藏库有关的概念：源和汇。源（source）是产生和释放物质的库，汇（sink）是吸收和固定物质的库。例如，化石燃料燃烧是温室气体 CO_2 的一个重要的源，海洋则是 CO_2 的汇之一。

2）*流*　物质在库与库之间的转移运行称为流（flow）。生态系统中的能流、物流和信息流使生态系统各组分密切联系起来，并使系统与外界环境联系起来。没有库，环境资源不能被吸收、固定、转化为各种产物；没有流，库与库之间就不能联系、沟通，会导致物质循环短路，生命无以维持，生态系统必将瓦解。

3）*生物量与生产量*　在某一特定观察时刻，单位面积或体积内积存的有机物总量构成生物量（biomass）。它可以是特指的某种生物的生物量，也可以指全部植物、动物和微生物的生物量。生产量（production）是指现存量与减少量之和。减少量（reduction）是指由于被取食、寄生或死亡、脱毛、产茧等损失的量，不包括呼吸损失量。生产量高的生态系统，生物量也大。在生态学研究中通常测定的是现存量及由其推算的净生产量（net production）。净生产量是总生产量扣除植物或动物器官呼吸量后的剩余量，即在一定时间内以植物或动物组织或贮藏物质的形式表现出来的蓄积的有机质数量。

4）*周转率与周转期*　周转率（turnover rate）和周转期（turnover time）是衡量物质流动（或交换）效率高低的两个重要指标。周转率（R）是指系统达到稳定状态后，某一组分（库）中的物质在单位时间内所流出的量（FO）或流入的量（FI）占库存总量（S）的分数值。周转期（T）是周转率的倒数，表示该组分的物质全部更换平均需要的时间。

$$
\begin{aligned}
\text{周转率}(R) &= \frac{\text{单位时间内进入(或流出)某组分的物质量}}{\text{该组分的物质贮量(库存量)}} \\
&= \frac{\mathrm{FI}}{S} = \frac{\mathrm{FO}}{S} \qquad (7\text{-}1)
\end{aligned}
$$

$$\text{周转期}(T) = 1/\text{周转率} = 1/R \qquad (7\text{-}2)$$

物质在运动过程中，周转速率越高，则周转 1 次所需时间越短。

物质的周转率用于生物的生长称为更新率。某段时间末期，生物的现存量相当于库存量（S）；在该段时间内，生物的生长量（P）相当于物质的输出量（FO）。不同生物的更新率相差悬殊，1 年生植物当生育期结束时生物的最大现存量与年生长量大体相等，更新率接近 1，更新期为 1 年。森林的现存量是经过几十年甚至几百年积累起来的，所以比净生产量大得多，如某一森林的现存量为 324t/hm^2，年净生产量为 28.6t/hm^2，其更新率＝28.6/324＝0.088，更新期约为 11.3 年。至于浮游生物，由于代谢率高，现存生物量常常是很低的，但有着较高的年生产量，如某一水体中浮游生物的现存量为 0.07t/hm^2，年净生产量为 4.1t/hm^2，其更新率＝0.07/4.1＝59，更新期只有 6.23 天。

5）*循环效率*　当生态系统中某一组分的库存物质，一部分或全部流出该组分，但并未离开系统，并最终返回该组分时，系统内发生了物质循环。循环物质（FC）与输入物质（FI）

的比例，称为物质的循环效率（cycle efficiency，EC）。

$$EC = FC/FI \tag{7-3}$$

物质循环与能量流动密不可分，而且物质循环通常是在生物和环境间进行的，生物在循环中占有特殊地位，没有生物，物质就难以进入循环。

3. 信息传递 生态系统中的信息（information）是指引起生物行为和生理变化的“信号”。动植物都有各自特殊的方式来感知外界的变化，以此来调节自己的行为。动物有明显的神经系统，通过感觉器官感知环境信息来调整自己的行为，如捕食、迁移、繁殖等。植物通过体内的生理生化过程来适应四季的变化，如落叶、冬眠、萌发等。植物还可以利用花朵的气味、颜色来吸引昆虫，通过它们传粉来受益。

（三）物种的相互作用

自然生态系统中，各种生物间存在着对抗（contest）与共生（symbiosis）的关系（表 7-3）。

表 7-3 生物间相互关系

物种 A	物种 B	相互关系	作用特征	物种 A	物种 B	相互关系	作用特征
+	+	互惠共生、协作	互利	0	−	他感	抗生
+	+	偏利共生	偏利	+	−	捕食、寄生、草食	捕食、寄生
0	0	零关系	无作用	−	−	竞争	竞争

资料来源：李文华，2003

生态农业的经营追求目标就是控制、协调和利用好这种关系，以获得最大的经济和生态效益。

（四）生态位理论

生态系统中各种生态因子都具有明显的变化梯度，这种变化梯度中能被某种生物占据利用或适应的部分称之为生态位（niche）。通常情况下，进化越是完善的生态系统，它内部的生态位分化越细，物种也越丰富，同时在时间和空间上对资源和空间的利用也越充分，生态系统的生产力也越高。

生态位可以被描述为一个多维空间，其中两物种的生态位在任何一维上的分离，都会导致它们生态位的分离，以避免竞争的发生。在生态农业经营中，可利用这一规律，把竞争激烈的物种在时间或空间上合理配置，分化其生态位，弱化它们的竞争，提高农业生态系统的生产力。另外，还可以通过生物种群的合理匹配，使有限资源得到合理利用，减少资源浪费，也能提高农业生态系统的生产力。

（五）限制因子理论

任何一种生物在生长过程中对其周围的环境因子都有耐受的上限和下限。当某一环境因子接近这一上限或下限的时候，就会成为这种生物的限制因子（limiting factor）。光照、水分、温度、二氧化碳、矿质营养等均可成为限制因子。在生态农业经营中，既要善于找出那些制约生产力提高的限制因子，科学地进行调控，实现优质高效；又要注意限制因子的变动性，避免造成浪费。

（六）生物多样性原理

生物多样性（biodiversity）原理是指在一定空间范围内植物、动物和微生物以及其从属的生态过程的多度（abundance）和频度（frequency）。在农业生态系统中，生物多样性能有效地防治病虫害、减轻土壤侵蚀、恢复退化环境、消除污染和促进养分循环等作用。因此，在生态农业经营中更应注重农、林、牧、副、渔及加工等的全面发展。

二、经济学原理

生态农业的兴起和发展与人类的需求、科学技术的进步和社会经济环境的变化等条件密不可分。李周对此作了较全面的分析与论述，他认为生态农业的兴起与发展主要依赖于以下3个方面的经济基础。

（一）农业类型的跃迁促使生态农业的兴起

可以说，农业发展的过程是在资源禀赋变化的诱导下，通过技术创新改进农业增长类型，不断提高土地承载力的过程。表7-4给出了不同时期农业发展类型的基本特征。

表7-4 农业发展类型的基本特征

农业类型	渔猎时期	原始农业	传统农业	现代农业	生态农业
目 标	化解需求压力	化解供给压力	化解供给压力	化解资源压力	化解环境压力
主要措施	渔猎采摘	外延的资源利用	外延的资源开发	内涵的资源开发	内涵的资源利用
关键要素	天然食品	自然资本	自然资本	人造资本	人力和生态资本
技术特征	依赖自然恩赐	分离式有机物循环	互补式有机物循环	有机与无机结合	生产与生态结合
最优土地	天然生长食品	易于开垦耕作	宜于作物生长	便于进入市场	生态环境稳定
技术基础	渔猎技巧	经验传授	经验科学	实验科学	系统科学

资料来源：李周，2004

从表7-4中可知，农业的发展经历了渔猎时期、原始农业、传统农业、现代农业和生态农业等时期且在不同的农业发展阶段，农业的目标、所采用的主要措施、农业的主要要素、科学技术特征、宜农土地的选择和依据的技术基础等各具特色。这就说明，生态农业是农业发展到一定时期的必然产物。

（二）生态农业是迎合市场经济发展的产物

我国的生态农业实践始于明代，其中较为著名的有粮、畜、渔、果、菜，粮、畜、桑、果、渔，以及“桑基鱼塘”等经营模式。但是，它与现代生态农业有着本质的区别。因为，现代生态农业具有市场化、专业化和品牌化的经济特征，迎合市场竞争的要求。

现代生态农业是市场经济的产物，它以社会分工为基础，根据社会需求进行资源配置，其目标是追求利润最大化，主要依靠契约关系和法律等制度来保障经营目标的实现；现代生态农业旨在满足社会的农产品需求，其任务是根据当地的资源比较优势，生产最有市场竞争力的农产品，从农户内部的微观资源配置看，它的生产具有专业化的特征；现代生态农业的产品常常通过注册商标的形式创造品牌，并保证了产品的质量。

（三）生态农业兴起的社会环境

生态农业具有利润目标与福利目标兼容的特点，即生态农业不仅能为企业和农户提供经济效益，而且能向外部提供生态效益和社会效益。正是这一特征营造了生态农业的建设者积极性高、社会人群关注和政府大力支持的社会环境。

三、系统科学原理

生态农业具有典型的系统性、复杂性和多样性。因此，只有运用系统科学的原理与系统工程的方法才能从整体和全过程上正确认识和处理好这一问题。

（一）系统论原理

系统论(system theory)是以系统及其机理为研究对象，研究系统的类型、一般性质和运动规律的科学。而系统(system)则是指由若干要素以一定结构形式联结构成的具有某种功能的有机整体。因此，系统的整体性、结构质变、反馈调节、层次性、发展与演化和动态性等构成了系统论的基本原理。

整体性是系统论的核心。任何系统都是一个有机的整体，它不是各个部分的机械组合或简单相加，系统的整体功能是各要素在孤立状态下所没有的，因此，系统整体的行为依赖于要素的行为，而要素的行为又必须受整体行为的控制，并协调于系统整体行为之中。系统的结构是系统功能的基础，功能是结构的体现，结构决定功能。因而，系统的质变过程也就是系统结构的变化过程。系统能通过其输出和输入值来调节系统自己的行为。系统具有不同的等级和层次，它们各具有不同的性质并遵守不同的规律，但这些等级、层次间存在着相互联系、相互作用并可以相互转化。系统总是随时间不断发展和演化的，发展使系统趋向稳定，演化使系统从一种稳定结构向另一种稳态结构过渡。这种特征体现了系统的状态和系统构成要素的动态性。

（二）系统工程方法

系统工程的方法是在美国学者 A. D. Hall 提出的系统工程三维结构（图 7-3）的基础上进行的，其目的在于研究和建立最优化的系统。

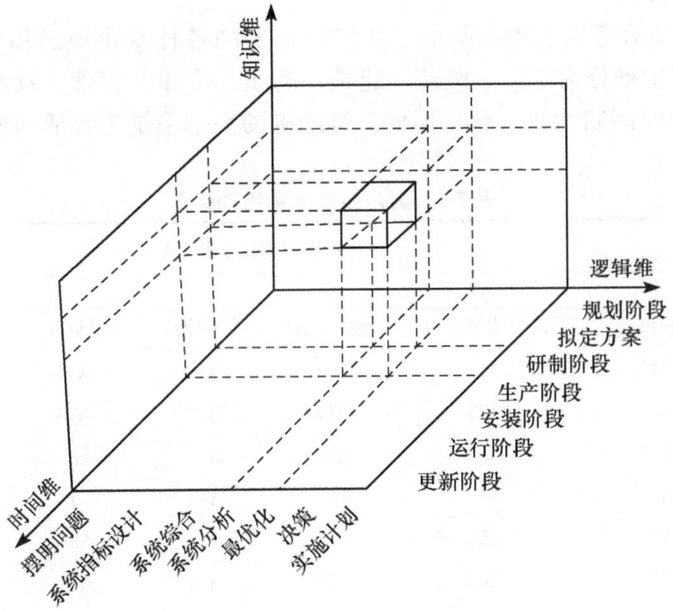

图 7-3 霍尔三维结构

三维图概括了系统工程工作的步骤、阶段和所需知识范围。图中的时间维、逻辑维和知识维的具体含义如下：

1. 时间维 表示系统工程工作从规划到更新的大致顺序。

1）规划阶段 谋求系统工程活动的政策或规划。

2）拟订方案 提出具体的计划方案。

3）研制阶段 实施系统的研制方案，并做出生产计划。

4）生产阶段 生产出系统的零部件及整个系统，并提出安装计划。

5）安装阶段 把系统安装好，并完成系统的运行计划。

6）运行阶段 系统为预定的使用服务。

7）更新阶段 取消旧系统，以新系统代替，或改进原系统，使之更有效地工作。

2. 逻辑维 表明系统工程的每一个阶段要完成的步骤。

1）摆明问题 尽量全面地收集和提供有关要解决问题的历史、现状及发展趋势的资料和数据。

2）系统指标设计 弄清并提出解决问题需要达到的目的，而且要制定出衡量是否达到目的的标准。

3）系统综合 把可能入选的能够达到预期目标的政策、活动、控制或整个系统概念化和条理化。

4）系统分析 根据目标的达到、问题的解决和需求的满足去加深理解所提出的政策、活动、控制或系统的相互关系、性能和特征，在此基础上建立模型。

5）最优化 或叫系统选择。精心选择所提出政策的参数与系数，使得每个政策都是能够满足系统指标的最好的政策。

6）决策 选定一个或多个政策或进一步考虑系统的价值。

7）实施计划 不断修改，完善上述6个步骤，并把它们确定下来，以保证顺利地进入系统工程的下一个阶段。

3. 知识维 表示完成上述各阶段、步骤所需要的各种专业知识和技术修养。

A. D. Hall将知识维分为工程、医药、建筑、商业、法律、管理、社会科学和艺术等。将7个逻辑步骤和7个时间归纳在一起，形成二维结构的霍尔系统工程活动矩阵（表7-5）。

表7-5 霍尔系统工程活动矩阵

粗略结构的阶段时间	精细结构的步骤逻辑						
	1 摆明问题	2 系统指标设计	3 系统综合	4 系统分析	5 最优化	6 决策	7 实施计划
1. 规划阶段	A11	A12	A13	A14	A15	A16	A17
2. 拟订方案	A21	A22	A23	A24	A25	A26	A27
3. 研制阶段	A31	A32	A33	A34	A35	A36	A37
4. 生产阶段	A41	A42	A43	A44	A45	A46	A47
5. 安装阶段	A51	A52	A53	A54	A55	A56	A57
6. 运行阶段	A61	A62	A63	A64	A65	A66	A67
7. 更新阶段	A71	A72	A73	A74	A75	A76	A77

四、生态农业建设

1. 概念 生态农业建设（construction of ecological agriculture）就是在辩证唯物主义世界观、方法论和认识论的指导下，综合运用前述的原理与方法，在及时掌握准确信息的基础上，选择恰当的控制措施，正确处理生态农业系统内总体协调、系统与环境相互融合以及系统发展各阶段彼此衔接等问题，实现系统合理组建最佳运行与适时更新，持续提高系统功能的工程技术。

2. 内容 生态农业建设的中心任务是在及时掌握准确信息、辨识生态农业发展中存在的主要问题及有利和不利条件的基础上，选择恰当的控制措施，使生态农业建设事业得以健康发展。因此，合理构建与妥善处理生态农业系统内部各个组成部分整体协调关系、系统与环境的相互融合关系以及系统发展各个阶段之间的衔接关系就成为生态农业建设的基本内容。

生态农业的整体协调关系是由系统各个层次之间的纵向协调关系和同一层次上各个组分之间的横向协调关系组成。这些层次分别是：①由气候资源、水资源、风力资源、地热资源、植被、微生物和动物资源内部各组分之间的关系以及由这些自然资源构成的自然资源系统总体的协调关系；②经济系统中生产力诸要素，如土地、劳动力、生产工具、原材料、能源技术等各个组成部分内部以及由它们构成的农业生产力要素系统总体的协调关系；③生产力诸要素在第一产业（农业本身）、第二产业（生态农业产业加工业）和第三产业（生态农业旅游业等）之间的优化配置，农、林、牧之间的优化配置以及农、林、牧各业内部各组分之间的优化配置；④经济系统中生产关系总和，即经济基础总体及其各组分如生产资料所有制关系、交换关系以及组分内部的协调关系；⑤农村社会系统总体及其中文化、教育、社会福利、法制建设各组分内部的协调关系。

生态农业系统的调控主要是按照该系统是一个开放的系统的本质，着力提高其吸纳能力，如在国内外市场中有选择地吸纳资金、人才、技术和信息等；强化能力培养，即不仅要研究如何提高物质转换能力和能量转换能力，而且要提高信息转换能力；另外还要注意农民素质的提高和市场的动态变化等。

生态农业要经过一个初创到发展的过程，在发展中还必须经过由低级到高级的不同阶段。因此，在阶段转换中要注意合理组建、最佳运行和适时更新等问题。

3. 生态农业建设流程 生态农业的建设，主要包括了以下7个方面的程序。

1）规划 规划（planning）是生态农业建设系统工程过程系统的第一阶段，任务主要是解决生态农业建设的战略问题，包括在规划期间，生态农业产业开发与农村生态环境保护与建设两个方面战略目标的确定、战略阶段的划分以及各阶段任务的分解、不同生态农业区域的划分及其发展方向的确定、战略措施的选择、具有战略意义的生态农业建设项目的遴选，以及对于规划期间可能出现的“瓶颈”问题的预测及其预防和应对措施的研究与筹划等。

2）设计 设计（design）是生态农业建设系统工程的第二个阶段。其任务主要是以上一阶段确定的战略规划为依据，进行生态农业建设系统的系统总体设计和各个子系统的设计。生态农业建设总体设计中，包括有系统总体功能设计、系统结构设计、系统与环境相互之间输入与输出关系的设计，以及生态农业系统发展各阶段之间衔接关系的设计四大部分。功能设计要从系统的定位出发，具体设计系统应满足经济系统和生态系统的哪些功能要求，以及预期实现各种功能要求的程度。在结构设计中要综合运用经济学与生态学的知识，既要注意农业结构的经济合理性，又要满足生态系统对农业结构的要求；既要设计好生态农业系统各层次之间的纵向协调关系，又要设计好每一层次各子系统之间的横向协调关系；既要尽可能地精确设计好各子系统之间的比例关系，又要充分考虑生态农业系统的复杂性和多样性，在接口设计中留有一定的余地。在生态农业系统与其环境之间输入与输出关系的设计中，一定要从国内外各类农用生产资料市场和生态农业产品市场的复杂情况出发，切实搞好历史和当前市场信息的分析研究工作，特别是设计开拓一些农用生产资料的进货渠道和生态农业产品的市场。各子系统的系统设计与系统的总体设计有相似之处，只是更为具体，设计项目更细致。

3）研制　研制阶段(development period)是生态农业建设系统工程全过程的第三个阶段，其主要任务是通过对方案的电子计算机模拟试验、实验室试验、田间试验、生态农业示范点的综合试验，来检验、改进和完善方案，使之成为实际应用的“原型”系统。所谓原型系统是工程开发末期建成的实体，它与我们要建成的生态农业系统在结构、功能以及其与环境相互关系等方面基本相同，只要通过进一步完善和扩展以后，即可建成为能够达到预期目的的生态农业系统工程实体。

4）子系统实现　子系统实现阶段(subsystem implementation period)是生态农业建设系统工程全过程的第四阶段，其任务是在改进、完善和扩展“原型”子系统的基础上，建成生态农业系统的各个子系统。

5）系统总体组装　系统总体组装(system install)是生态农业建设系统工程全过程的第五阶段。该阶段最能集中体现生态农业系统整体性、综合性和复杂性。生态农业系统总体组装工作中，既有农业各子系统等硬件的配套整装，又有植物、动物和微生物之间的共生、寄生、吞食和分解，还有经济组织的整合和体制的改革，乃至政策、法律、规章制度的建立。

6）系统运行　系统运行(system running)是生态农业建设系统工程全过程的第六阶段。该阶段的主要任务是及时解决新建成的生态农业系统中发现的问题，实现系统的正常运转，以便最大限度地发挥系统的效能。

7）系统更新　系统更新(system update)是生态农业建设系统工程全过程的第七阶段。像一切客观存在的现实系统一样，生态农业系统的稳定是相对的，而其发展变化则是绝对的。这就要求人们在系统运行过程中密切关注系统中各种矛盾的具体表现，超前研究与设计系统更新的各种备选方案，从中选出一个能使系统顺利实现更新的最佳方案，并为实现系统更新做好各种准备，以便在适当的时机，适时地进行系统更新，把生态农业系统提升到其发展的新时期。

第三节　水土保持型生态农业模式与技术

一、水土保持型生态农业模式的含义

模式（pattern）就是解决某一类问题的方法，即把解决某类问题的方法总结归纳到理论的高度。同时，它也是一种参照性指导方略，有助于高效完成任务，按照既定思路快速做出一个优良的设计方案，达到事半功倍的效果。因此，水土保持型生态农业模式（agroecological pattern of soil and water conservation）就是在水土流失地区，按照土壤侵蚀特点，遵循生态

经济规律，科学配置水土保持措施，建立合理的农业结构，达到农业高产出和控制水土流失、实现生态-资源和农业产业可持续发展目的的一种农业模式。

水土保持型生态农业具有四大特征。第一，保持水土。这是它的核心，也就是说保持水土是水土保型生态农业需要解决的首要问题。只有解决好这一问题，才能为提高作物产量，为增加农民收入奠定良好的基础。第二，以生态经济系统的良性循环求得经济的发展。这种良性循环也就是指通过生态经济系统良性运转的功能，相对地减少外部投入而提高经济效益。第三，水土保持型生态农业要求人的自然属性和社会属性的统一，特别是人口数量和素质的高度统一。最后，就是水土保持型生态农业的目标是生态、经济和社会目标的有机统一。因此，水土保持型生态农业具有三项基本任务，一是高效率地生产多种产品，使农民生活富裕，实现农业现代化；二是改善生存环境，净化、绿化、美化环境，形成优越的生产条件和生活条件；三是提高劳动力素质，使人类能够自觉地适应和改造自然。

我国幅员辽阔，国土面积约 960 万 km^2，丘陵山地面积约占 70%左右，跨越不同的生物气候带。根据全国土壤侵蚀遥感普查数据（2000～2001），目前我国土壤侵蚀总面积 356.92 万 km^2，占国土总面积的 37.6%，全国各地普遍存在明显的自然侵蚀和人为加速侵蚀现象且区域差异明显。因此，在不同的土壤侵蚀类型区，虽然水土保持型生态农业的总体功能、目标相同，但生态农业系统的结构不同。

二、水土保持型生态农业的建设技术

（一）技术构成的基本原则

由水土保持型生态农业特点和任务可知，构建新的农业生产技术体系应按照以下原则进行。

（1）以确保资源的可持续利用，特别是耕地资源、水资源和生物资源的合理高效利用和可持续利用为前提。

（2）坚持以水土流失防治为核心，以合理利用土地资源为前提，以恢复植被、建设基本农田、发展经济林和养殖业为主导措施，建立坡地水土保持型生态农业体系。

（3）注重接口技术的引进、研发和使用。

（4）根据市场需求，不断提高产品质量，将质量、效益放在重要位置，并应当将资源消耗列入成本。

（5）运用有关法律、法规、标准和指南等规范农业行为，减少农业的随意性。

坡地水土保持型生态农业模式构建的实质在于农业气候资源的高效组合与利用，即水、土、光、热、生物资源的高效组合与利用，坡地生态农业发展模式的探索、研究与优化是坡地水土保持型生态农业建设的重点，坡地水土保持型生态农业模式构建技术路线见图 7-4。

（二）技术体系框架

水土保持型生态农业的技术体系构成与广义的生态农业完全相同，主要包括了生态农业系统结构生态合理化和系统生态功能强化两大系列。可概化为图 7-5 和图 7-6。

在技术体系构建过程中，特别要重视两个问题。一是技术集成的生态系统设计是水土保持型生态农业技术体系的主线。也就是说建设的初期阶段，必须对原有的生态经济系统现状进行详尽调查与分析，对该系统进行全面诊断与评价；在此基础上，设计规范农民生产行为与方式

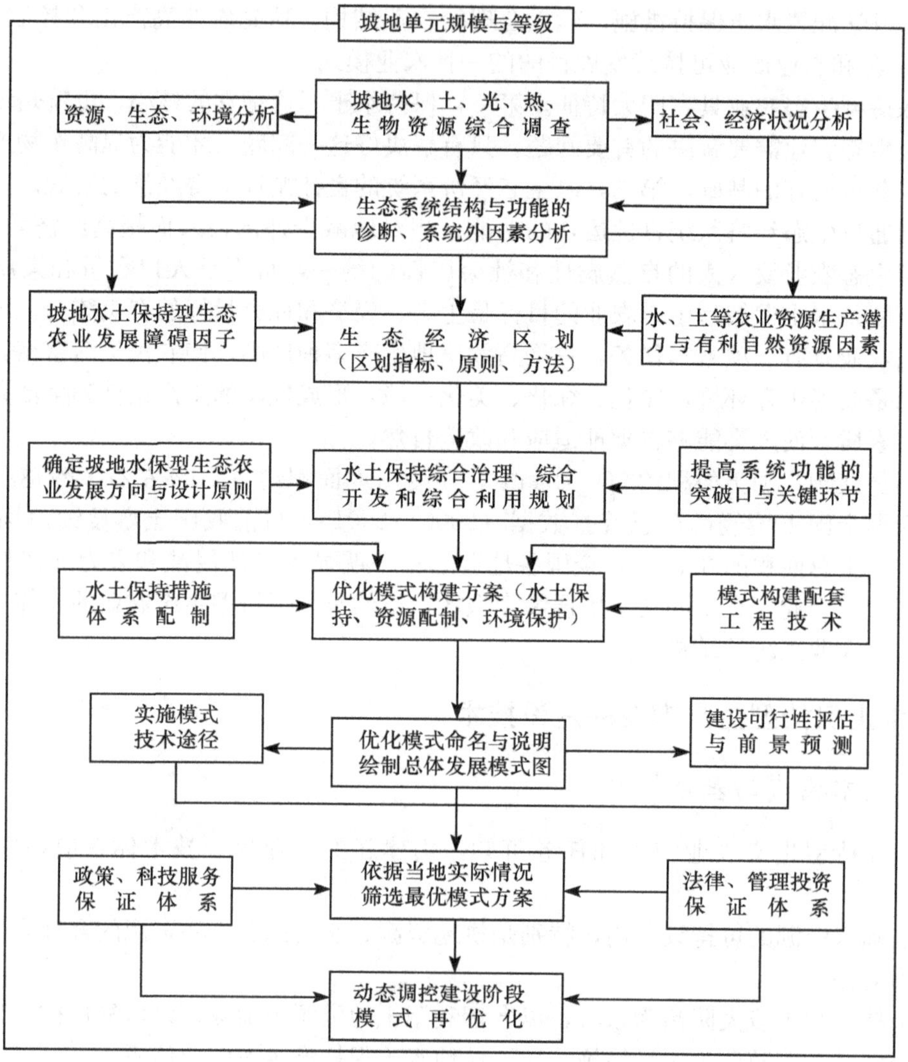

图 7-4　坡地水土保持型生态农业模式构建技术路线

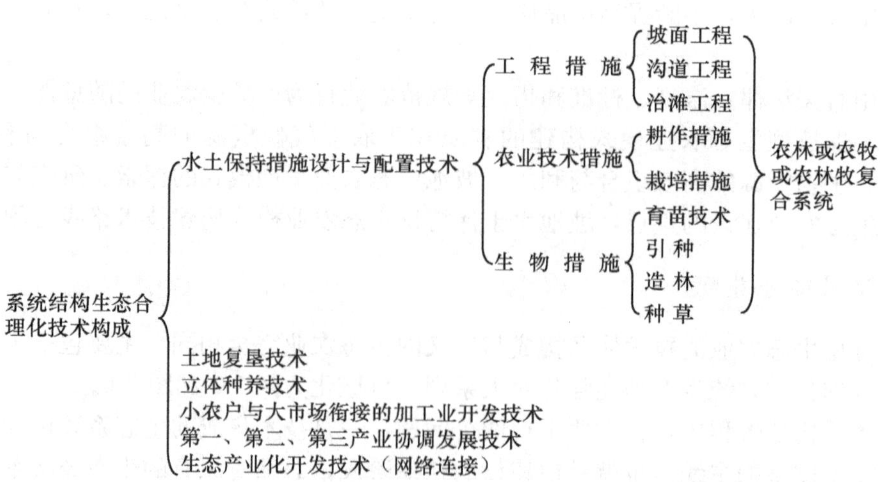

图 7-5　水土保持型生态农业结构生态合理化技术构成示意图

- 系统功能强化技术构成
  - 土壤改良技术
  - 土壤培肥技术
  - 废弃物（秸秆、畜禽粪便）资源化利用接口技术
  - 植保技术
  - 水、土资源高效利用技术
  - 污染防治技术
  - 绿色无公害农产品开发技术
  - 宏观调控管理技术
    - 技术体系
    - 监督体系
    - 管理体系

图 7-6 水土保持型生态农业系统功能强化技术构成示意图

的生态农业模式和相应生态农业工程项目，以此为据，进行生态合理化的技术组装设计。二是研发接口技术，它是目前水土保型生态农业技术的开发核心，如应用微生物技术、生产与市场接口的软硬技术、生物种群的引进技术等。

三、黄土高原的农果复合型生态农业

黄土高原的农果复合型生态农业主要指的是位于黄土高原 N34°～N37°，苹果园与农田、林地、草地等镶嵌排布的农业生产新格局。它主要由种植业、林果业、畜牧业和果品加工业组成。从目前的生产发展水平看，已形成了以种植业为基础，果业为龙头(主导产业)的生产经营模式，既防治了水土流失，又取得了显著的社会与经济效益，故将其命名为农果复合型生态农业(crop-fruit ecological agriculture)。

(一) 建设技术

从自然环境看，黄土高原既适合于冬小麦、玉米和其他小杂粮的生产，又适合于水果和干果的栽植。特别在 N34°～N37°的区域是世界苹果最佳优生区之一。但长期以来，特别是 3000 年以来，由于战争、屯垦和人类长期的土地不合理利用，使水土流失加剧、生态环境脆弱、群众生活水平低等。故建设生态农业、防治水土流失、提高当地群众的收入水平是该区农业生产发展的主题。

从以往的经验看，该区生态农业建设的技术主要包括结构生态合理化技术和系统功能强化技术。

1. 结构生态合理化技术 要在原农业系统基础上构建生态农业，首先要对其系统结构进行改造。采用的技术主要为：

1) 水土流失综合治理技术 黄土高原按其地貌等特征，可划分为北部丘陵沟壑区和南部高原沟壑区两大类型区，各区的土壤侵蚀特征各异。虽采取的水土保持措施种类大同小异，但空间配置不同，见图 7-7 和图 7-8。

2) 优良品种引繁技术 该技术体系包括了作物、林草、经济林等优良品种的引繁。作物品种的选育，见第四章；林草品种选育详见《水土保持林学》中的有关章节，这里仅以经济林中的苹果为例作简述。

在长期栽植的基础上，目前适合于黄土高原优质苹果生产的主要品种有：

(1) 富士系品种。

A. 普通红富士。红富士苹果具有活跃的遗传变异性，在外界生态环境的影响下，各地出

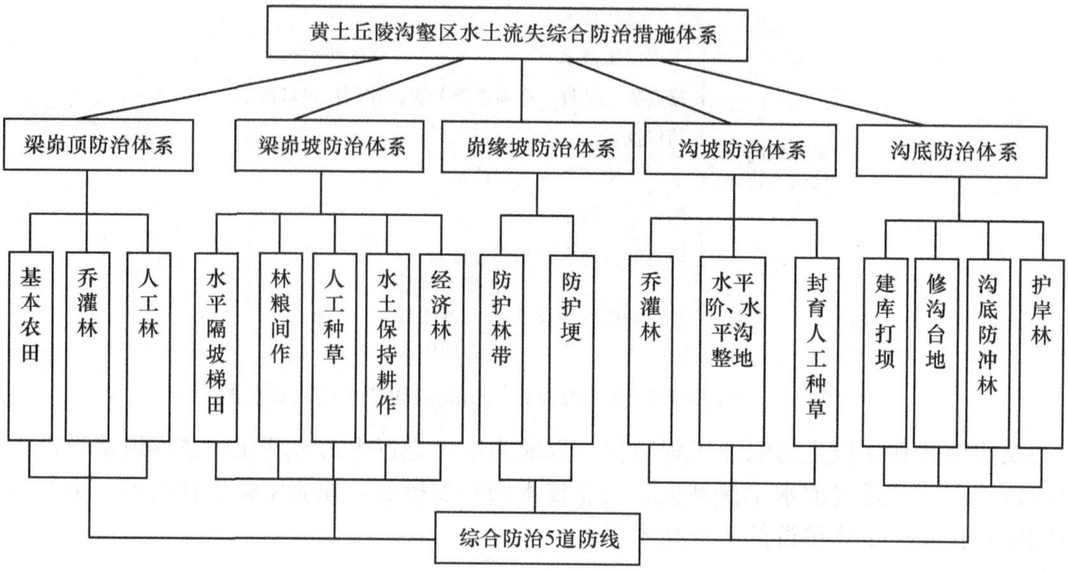

图 7-7 黄土丘陵沟壑区水土流失综合防治措施配置图

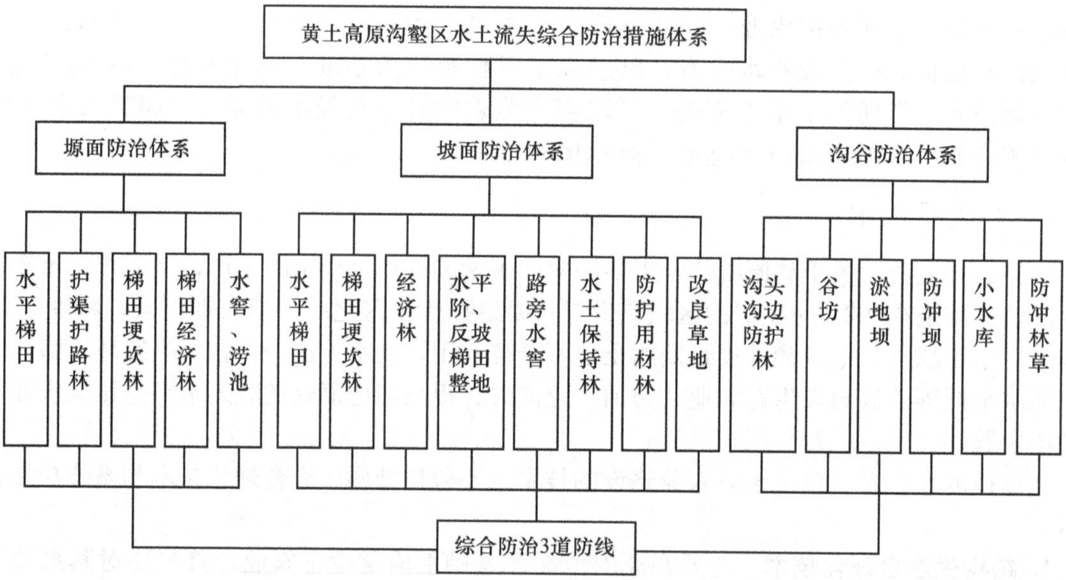

图 7-8 黄土高原沟壑区水土流失综合防治措施配置图

现了许多着色好的变异单系，称为着色系富士苹果。目前选出的红富士品种已超过 100 个，我国于 1982 年引进了长富 2、秋富 1、岩富 10、长富 6 等着色系富士，通过大面积试栽，各品种表现出生长健壮、优质、丰产、耐藏运的良好性状。长富 2 于 1980 年引入，属乔化普通型品种。据陕西白水县园艺站试验，长富 2 栽后第三年开花株率为 62.1%，第四年平均株产 58.2kg，每公顷产 58491kg，丰产性强。长富 2 嫁接在矮化砧上，表现出结果早。据试验，在水肥配合得当的情况下，栽后第三年开花株率可达 75%，第四年 100%。秋富 1 也是乔化品种，开始结果较晚，但坐果率高，花序坐果率为 69.6%～100%。岩富 10 为乔化品种，果大整齐，品质优，耐寒力强。长富 6 与长富 2 相似，适应性稍差，果个稍小。

B. 短枝型红富士。该类品种是红富士的短枝型芽变品种，一般树冠紧凑矮小，萌芽力高，成枝力低，短枝多，结果早，丰产性好。惠民短枝富士是山东省惠民县林业局选出的品种，树冠矮小，坐果率高，结果早，每公顷产 35 234kg，果实极大，最大果重 457g，大小整齐，着色好，但品质较差。宫崎短枝富士生长结果习性与惠民短枝富相同，着色好于前者，平均单果重 250g，外观好。福岛短枝富士是短枝型半矮化品种，果实全红、圆形、多汁，果肉硬且脆，有香气，风味好。

C. 早熟富士。该品种果实着色早，成熟早，坐果率及丰产性同红富士，果极大，但品质、耐贮性不如红富士，果实糖蜜病较严重。

(2) 元帅系品种。

A. 新红星。1964 年从美国引入，是元帅系短枝型芽变品种。树体紧凑、矮化、丰产、果形高桩，五棱明显，浓红艳丽，果实中大，结果早，但坐果率低，需辅以人工授粉。果实品质上等，经贮藏甜味增加，香气更浓。抗短枝坏死病，但抗寒性差。

B. 首红。从美国引入，具典型的短枝型特点，株型紧凑，结果早，果个大，易早期丰产，适于水肥条件好的地区栽培。

C. 魁红。短枝型品种，生长势较旺，在肥水条件稍差、管理一般的情况下，比首红、新红星更能发挥生长优势，适合于黄土高原栽植，但对早期落叶病较易感。

D. 超红。幼树生长势较强，结果后短枝性状突出，树形有直立性。结果早，果个大，果顶五棱突出，果面光滑，有光泽、蜡质多，无锈。果汁多，风味甜、有香气、无涩味，品质上等。在立地条件稍差的地区亦表现出早丰产的特点，在我国西北地区更能发挥其长处。但该品种较易感早期落叶病。

(3) 三倍体品种。花粉退化，无授粉能力，因此栽植时一般要栽 3 个品种以上，各品种间要能相互授粉。目前栽植的主要有：

A. 新乔纳金。1981 年引入，生长势强，树冠中大。4～5 年始果，果大小整齐，着色浓艳，耐贮藏，至次年 1～2 月时风味最好。

B. 红金。树势中等，树形开张。果实大，圆锥形，呈艳红色，果肉乳白色，松脆，多汁，味浓甜；属中晚熟品种，耐贮藏。在低温下可贮 6 个月，无腐烂和皱皮，贮后货架寿命优于其他品种。

C. 北海道 9 号。1989 年引入，树势旺盛，叶片大，较易成花，果面覆以红色条纹，果肉黄色，汁多，酸甜适度，适于冷凉地区栽植，但耐贮性较富士差。

(4) 其他品种。

A. 早捷。1984 年引入，属极早熟的苹果优良品种。该品种有分批开花习性，因此果实可分批采收上市，货架期 15 天。果个中等大，果皮底色黄绿、果面浓红色，有蜡质光泽，艳丽夺目，芳香浓郁，爽口，品质上等。该品种病虫害极少，无果实病害及食心虫害，但在干旱年份应注意防治白粉病。

B. 新嘎拉。1980 年引入，结果早，丰产性强。果中等大，底色黄绿，着色鲜红，色泽艳丽，多红色断续细条纹；果肉黄白，肉质细脆、致密、汁液多，香气浓，品质上等，是一个优良的中晚熟品种，适合于我国冷凉地区栽培。

C. 红津轻。主要有经津轻、芳明、秋香等 8 个品种（系）。1979～1991 年从日本引入，树冠高大，以短果枝结果为主。果实中大，大小整齐，果面平滑，有光泽，果粉少，蜡质少，无锈，有暗红色短条纹，品质上等。

D. 珊夏。树势较弱，果实中等，底色黄绿，果面鲜红，有条纹；果肉黄白色，肉质较脆、稍粗，品质优于津轻。

E. 红世界一。树势强，短果枝结果为主；果实特大，呈圆锥形，初色淡，后浓红，鲜艳美观；果肉致密、较脆、汁液丰，酸甜适度，风味好，有芳香。抗风力差，宜选择避风处栽培。

F. 千秋。树势中庸，树姿开张。果实小而稀，果皮薄、光滑，果面黄绿，有红条纹；果肉黄白、质细而脆，浆汁多，甜味爽口，品质上等。耐贮性较好，未发现糖蜜病。

3）建园技术

（1）因地制宜选园地。黄土高原地势起伏较大，塬、川、沟、梁、峁等中小地形发育，形成了若干层次、特性各异的土地类型，其地形、地势、土壤、坡度、坡向、海拔及水、热条件各不相同。因此，首先须依据苹果生长发育对生态环境的要求来选择园地。其次，为增加绿色果品的生产，园地选择应避开严重的污染区。第三，尽量选择交通便利的地段，有利于产品外运及农药、肥料、园艺工具和其他生产资料的运入和园地管理，避免在坡度大于25°的中、高位山带建园。第四，黄土高原某些地区，常有冰雹灾害，使苹果产量和果实商品率大为降低，故应避开冰雹地带。第五，按照果园基地化的要求，新建果园应尽可能集中连片，以便形成规模性的商品基地。第六，近年来村、镇道路绿化，有的栽植了桧柏等针叶树种，桧柏是苹果、梨锈病的转主寄主，因此园地应远离这些树种。

（2）园地规划。园地确定以后，必须在全面调查的基础上，合理划分小区。一般小区面积平地为8～10hm^2，山地为2～3hm^2。小区划分的主要依据是：①同一小区土壤、气候、光照条件大体一致；②便于采取相同的集流整地、土壤侵蚀防治、风害防治措施；③有利于果园物资运输、机械化作业和节水灌溉等技术措施的实施。小区形状一般为长方形，平地果园长边与主害风方向垂直，多为东西向，长宽比（2～5）∶1；山地果园长边方向与坡向垂直，以减少土壤冲刷。果园道路、灌溉系统、贮藏库、配药池等可因地制宜，根据地形配置。在风害、冻害多发地区，还应设置防护林带。

（3）集流整地与栽前土壤改良。黄土高原春旱较严重，持续时间长，尤其是山地果园缺乏灌溉条件，土壤水分严重亏缺，新栽幼树往往成活率低、生长量小，成为影响果园整齐度和果树丰产、稳产的主要限制因子。因此，做好集流蓄水和土壤改良工作尤为重要。

（4）合理配置授粉树。苹果自花结实率低，不能满足丰产需要，特别是三倍体品种，对授粉树种的配置要求更严。黄土高原苹果主要品种授粉组合见表7-6。授粉品种与主栽品种相距不宜超过30m，其比例一般为1∶（2～3），亦可根据主栽品种特性和授粉品种的经济价值进行调整，若授粉树经济价值高，可采用1∶1等量式授粉栽培；若相反，且授粉品种与主栽品种有较强的授粉亲和性，则可按1∶8中心式配置。

黄土高原最适宜区西部的天水、宝鸡，北部的洛川应以元帅系短枝、富士系短枝为主栽品种，水利条件好的地块，可栽双矮苗木，搭配品种为新乔纳金、北海道9号；东部以短枝富士和矮化富士为主，搭配珊夏、新世界、红津轻等品种。适宜区以乔化或半矮化品种为主，中晚熟品种以元帅系短枝品种、千秋为主，搭配北海道9号、红津轻等，比例可占30%；晚熟品种以岩富10、长富1、长富3、福岛短枝等为主，搭配红乔纳金。南部平原地区通过高接换头等措施增加早中熟品种，如珊夏、红津轻、皇家嘎拉、新世界、南方脆、GS58，部分晚熟品种可改接成多用途加工品种，以满足大、中城市对鲜果和加工品的需求。

表 7-6　黄土高原地区苹果主栽品种授粉品种组合

主栽品种（系）	授粉品种及组合
红富士系品种	元帅系、红金、红玉、红世界一、千秋等最好（授粉结实率＞76%）；陆奥、红津轻、王林、金冠、新乔纳金、北之幸、嘎拉等次之（授粉结实率为 51%～75%）
元帅系品种	富士系、陆奥、红金、红津轻、金冠、新乔纳金、北之幸等最好；王林、红世界一、嘎拉、千秋等次之
三倍体品种	
新乔纳金	富士＋王林与单一授粉品种间的亲和性低（结实率＜25%）
红金	元帅系、红津轻、红世界一、北之幸、千秋等最好；富士、陆奥、王林、金冠、嘎拉等次之
其他品种	
早捷	金冠、麦艳、伏翠、瓦里短枝、霞存艳、美国 8 号，花期需采用人工授粉 2～3 次
新嘎拉	元帅系、红金、红津轻、王林、金冠、红世界一、新乔纳金、北之幸、千秋等最好；富士、陆奥等次之
红津轻	元帅系、富士、陆奥、红金、金冠、北之幸、千秋等最好；王林、红世界一、新乔纳金、嘎拉等次之
红世界一	富士、红津轻、金冠、千秋等最好；元帅系、陆奥、红金、王林、北之幸、嘎拉等次之
千秋	元帅系、富士、陆奥、红金、王林、金冠、红世界一等最好；红津轻、新乔纳金、北之幸、嘎拉等次之

（5）改变苗型设计，采用无病毒壮苗建园。改变苗型设计是促进早果的重要措施。利用圃地水肥条件好的优势，培育具有大量根系的 1＋1 型整形苗，不仅便于管理，节约土地，而且由于截断主根，促使侧根发育，吸收根大量发生，苗木根茎比值大，提高了苗木质量和幼树对养分、水分的吸收能力。栽后幼树生长量大，发枝多，成形快。据调查，采用 1＋1 型无病毒整形苗建立的果园与提前二年用常规带毒苗木建立的果园相比，前者树体生长健壮，整齐一致，叶片大而肥厚，干径增长 11.7%，平均冠幅增大 37.6%，枝量增加 31.4%，新梢长度增长 32.7%。

4）栽植技术

（1）合理密植。国内外大量研究和生产实践证明，合理密植能充分利用地力和光能，不仅使树体矮化，便于经营管理，而且对提早开花结果和早期丰产有着积极的作用。本区不同地貌部位土壤肥力差异较大，气候条件亦不相同，因此，应依据土壤、气候和苗木品种、类型综合确定栽植密度（表 7-7）。

表 7-7　不同土壤气候的品种类型与栽植密度

土地类型	气候条件	品种类型	行株距/m	栽植密度/(株/hm^2)
平地，土质较好	气候温和，雨量充足	普通型	5×3	667
		短枝型	4×2	1250
平地，土质差	气候温和，干旱	普通型	4×2	1250
		短枝型	3×2	166
山地，土质中等	气候温和，雨量较多	普通型	4×2	1250
		短枝型	3×2	1667

（2）适时栽植。黄土高原苹果适生栽培区，年内降水分配极不均匀，一般秋季雨量充沛，7～9 月降雨量占全年的 70%左右，而春季则少雨干旱。李玉山等（1985）对黄土高原不同质地、湿度条件下土壤水分的蒸发移动性能进行了研究，认为本地区由于土质的均一性，土壤水分移动具有强烈的整体性，在整个根层内（2～3m）土壤湿度因蒸发移动都有不同程度降低，其中轻壤土前期蒸发强度大于重壤土；特别是在田间持水量下液态水分上移运行十分活跃，造成整个根层土壤水分大量丢失，在历时 100 天的蒸发过程中，高湿度条件下累积蒸发量是中低

湿度条件下（35%～70%田间持水量）的5倍多。由此可见，在一般情况下，秋季降雨所蓄存的土壤水分，如不采取保墒措施，将难以缓解春季栽植季节的干旱状况。因此，除应在夏、秋雨季来临之前做好整地工作之外，秋季落叶后充分利用土壤墒情及时栽植果苗是非常重要的。此时，不仅土壤水分充足，而且地温也较高，有利于根系伤口愈合及发生新根，可缩短缓苗期，提高栽植成活率。据北京林业大学在山西方山县多点试验、调查，幼树成活率均在95%以上，保证了果园的整齐度。

5）*立体种植和养殖* 包括了地埂栽花椒、果树行间种蔬菜、果园生草、果园养鸡和果粮间作等。

6）*加工技术* 苹果浓缩汁的制造，现在黄土高原已成为一大出口创汇产业。据不完全统计，该区域已有加工企业百余家。

2. 系统功能强化技术 除土壤水、肥高效利用技术、植保技术等外，还有树体管理技术、花果管理技术、高接换头技术和采后处理与贮藏技术。树体管理、花果管理和高接换头等技术，可参阅《经济林栽培学》。以下就采后处理与贮藏技术作以介绍。

1）*质量分级标准与采后处理*

（1）质量分级标准。为了适应市场销售的需要，果实采后必须按果实大小、色泽、形状、有无病虫害及机械损伤等情况严格分级，以便按质论价，满足不同消费者的需求。为此，应按中华人民共和国颁布的鲜苹果质量等级标准（GB/T 10651—2008）进行分级。

（2）采后处理。分级后的果品，经过进一步处理可起到消毒防腐，去除毒害物残留，增加果面光洁度，使果实色泽鲜艳、光滑、洁净、美观，颇受消费者欢迎。主要措施有：

A. 清洗与消毒。分级后的果实先行水洗，然后用中草药如野菊花、艾叶、高良姜、苦楝等浸提液，必要时亦可用低毒的噻菌灵（45%特克多悬浮剂）和多抗毒素消毒防腐，有条件的最好用辐射处理。消毒之后，严格清洗，去除毒害物残留，如用稀盐酸溶去重金属。

B. 打蜡。打蜡所用的涂料应无味、无毒、无污染、无副作用。通常可用虫胶、中草药、石蜡、淀粉膜、蔗糖膜、卵磷脂膜等。

2）*贮藏管理* 苹果贮藏管理中常见的问题及解决办法主要有：

（1）果库发生异味。发生异味的原因主要是果实腐烂变质造成的。消除办法，一是用2%甲醛水溶液或5%～10%醋酸与5%～20%的漂白粉溶液喷洒；二是用臭氧发生器在高压电下放电产生臭氧以消除异味。臭氧浓度对空库一般是40mg/m^3，有果库是6mg/m^3。但应注意，当臭氧浓度达到2mg/m^{3}以上时，人在库内滞留时间过长，对身体有害。

（2）果实萎蔫。果实萎蔫是由于库中水气压过低造成。果实失水超过5%，造成外观损害，抗病性、耐贮性及果实品质下降。常采用贮前预冷处理，同时加强贮藏期湿度的控制，空气干燥时及时喷水，或尽量使用塑料薄膜小包装技术。

（3）果实冻害。果实长时间处于－5～－3℃，易发生冻害。因此，深冬时节应及时在库门、风孔处加置防寒毡盖物，冷库风机口处也要加盖毡盖物；同时要观察天气变化，采取相应防冻措施。

（4）贮藏期主要病害。

A. 青霉病。该病主要症状是病斑黄白色、水溃状，圆斑表面凹陷，果肉软腐呈锥形向果心扩大。防治措施是：①注意采收质量，防机械操作损伤；②贮期及时检查，及时处理；③果实入库后，尽快降温，使库温保持在0℃左右；④搞好库房和包装用具的消毒。

B. 炭疽病。该病主要症状是果皮初期为褐色小斑点，后变为褐色干腐状斑，边缘清晰，中部凹陷，病部组织有苦味。防治措施是：①加强果园管理，清理田间病源；②采前两周树上喷 0.1%～0.2%双效灵托布津等杀菌药；③降低果库温度和保持适当湿度。

C. 褐腐病。该病主要症状是病果果肉松软，呈海绵状有弹性，呈同心轮纹排列，灰褐色或灰白色，绒球状分生孢子座。防治措施是：①加强果园管理，清除田间病源；②采前两周喷 0.1%～0.2%双效灵等杀菌药；③注意采收后质量，严把入库关；④贮藏期及时剔除病果。

D. 心腐病。该病主要症状是病菌多从萼筒梗洼处入侵，墨绿色菌，在心室内潜伏，条件适宜时果心变褐腐烂，病部组织味苦。防治措施是：①在果实生长后期喷洒杀菌药；②控制贮藏场所的温度和湿度。

E. 虎皮病。该病主要症状是发病初期病部组织果皮呈淡黄色，果面平坦；后期颜色变为褐色，形如烫伤，严重时果肉变绵有酒精味。防治措施是：①采用气调，降低温度，通风换气；②适时采收；③用矿物油纸单个包果；④使用抗氧化剂。

F. 苦痘病。该病发病初期果肉先病变，外表面不易看出，随后在果皮上出现病斑，呈现蜂窝状凹陷，严重时可达果心，坏死组织部分像软木，有苦味。防治措施是：①在果园管理上，生长期喷硝酸钙和氯化钙，采收后用氯化钙溶液浸泡；②适时采收，预冷处理，库内温度不能过低。

G. 水心病（蜜病）。该病在发病初期果实维管束或心皮附近呈现半透明状，硬度大，味酸甜；发病后期果肉呈海绵状有发酵味。防治措施是：①增施有机肥，控制含氮量；②易发病的品种适宜早摘，及时冷却贮藏；③生长期喷 0.8%硫酸钙或 0.3%～0.5%的氯化钙。

H. 二氧化碳伤害。发病初期果实的心部变褐直至果皮变褐，且出现皱褶，也有的品种先从皮开始，特点是：病部不变绵，有弹性。防治措施是：定期测定贮藏环境中的氧气和二氧化碳含量，并根据不同品种对气体成分进行调节。

I. 果肉褐变症。其症状是果肉变成淡褐色，病变组织与健康组织界限不明，果肉不发绵。防治措施是：①适时采取预冷处理，降低库温；②生长后期控制氮肥用量；③生长期树上喷 0.5%的氯化钙或 0.8%的硝酸钙，采后用 3.5%氯化钙加适量杀菌剂浸泡果实 1min；④贮藏期不宜过长。

除了上述技术外，在该区域的一些村镇已成立了果农协会，负责与市场的接轨；当地政府也给予了强有力的政策和资金扶植，以及现正在研究与推广的秸秆还田、果渣饲料化等接口技术也是该区域生态农业健康发展的保证条件之一。

（二）功能分析

1. 分析内容与方法 现以位于陕西省延安市宝塔区的飞马河村和南沟村，以及陕西省咸阳市淳化县的西坡村为例进行分析。

1）3 村概况 西坡村属黄土高原沟壑区，多年平均气温 9.8℃，无霜期 138 天，≥10℃的活动积温 3281℃，多年平均降雨量 600.6mm，大部分农田土壤为黄土母质上发育的黄墡土，地带性的黑垆土仅存于塬心。土地利用现状为农业用地占 25.6%，果业用地占 41.4%，林草业用地占 21.84%。飞马河村和南沟村同属黄土丘陵沟壑区，两村相距 20km，多年平均气温 7.7～10.6℃，无霜期 150 天，≥10℃的活动积温 3292℃，多年平均降水量 552.6mm，土壤为黄绵土。前者土地利用比例为农业用地占 14.05%，果业用地占 12.57%，林草业用地占 70.3%；后者为 17.84%、12.58%和 68.3%。3 村的经济发展差异较大，以人均纯收入为准，西坡村为 2867 元，飞马河村为 1756 元，南沟村为 1302.6 元，基本上代表了该区的经济状况。

2）*内容与方法*　从已收集到的资料的完整性看，针对该生态农业模式功能的研究主要集中在 N、P、K 营养元素的循环、能量流动和生产力等方面。

(1) 营养元素循环。营养元素的循环主要包括了植物营养元素循环、复合系统营养元素循环和植物-土壤营养元素动态分析等。植物吸收、留存和归还量的计算方法如下：

年吸收量计算：植物的年吸收量包括植物各器官、植物体和复合系统 N、P、K 的吸收量。

植物各器官 N、P、K 吸收量＝某植物器官 N、P、K 含量×某植物各器官生产力。

某植物体 N、P、K 吸收量＝某植物各器官 N、P、K 吸收量之和。

复合系统 N、P、K 吸收量＝ $\sum$（各植物体 N、P、K 吸收量×相应的种植面积）÷系统总面积。

年归还量计算：玉米主要以根的形式归还，归还量＝根 N、P、K 含量×根生产力。

谷子主要以根和叶的形式归还，归还量＝(根 N、P、K 含量×根生产力)＋(叶 N、P、K 含量×落叶量)。

油菜也是以根和叶的形式归还，故计算方法同谷子的计算。

小麦以根茬形式归还为主，归还量＝(根 N、P、K 含量×根生产力)＋(茎 N、P、K 含量×茎生产力×留茬高度)＋(叶 N、P、K 含量×落叶量)。

果树以叶的形式归还，归还量＝叶 N、P、K 含量×叶生产力。

年存留量计算：存留量＝吸收量－归还量。

(2) 能量计算。能量计算采取由亚子系统、子系统到复合系统逐级计算、汇总的方法进行。苹果、粮食能量的投入与产出由公式（7-4）、（7-5）计算：

$$E_i = \sum_{j=1}^{n}(I_{ij} \times n_j) \tag{7-4}$$

$$E'_i = \sum_{j=1}^{n}(P_{ij} \times e_j) \tag{7-5}$$

式中，E_i 为第 i 种果树或作物的能量投入量；I_{ij} 为第 i 种果树或农作物中输入的 j 物质量；n_j 为 j 物质的折能系数；E'_i 为第 i 种果树或作物的能量产出量；P_{ij} 为第 i 种苹果或作物 j 器官的生产力；e_j 为 j 器官的热值。

农业和果业子系统能量产投比用下式计算：

$$E_{有} = \sum_{i=1}^{n}(E_{i有} \times A_i) \tag{7-6}$$

$$E_{无} = \sum_{i=1}^{n}(E_{i无} \times A_i) \tag{7-7}$$

$$E_{投} = E_{有} + E_{无} \tag{7-8}$$

$$E_{产} = \sum_{i=1}^{n}(E'_i \times A_i) \tag{7-9}$$

$$产投比 = E_{产} / E_{投} \tag{7-10}$$

$$\mathrm{CREF} = E_{有} / E_{投} \tag{7-11}$$

式中，$E_{有}$ 为子系统有机能投入；$E_{无}$ 为子系统无机能投入；$E_{投}$ 为子系统总投能；$E_{产}$ 为子系统总产能；$E_{i有}$为第 i 种果树或作物单位面积有机能投入量；$E_{i无}$为第 i 种果树或作物单位面积无机能投入量；E_i'为第 i 种果树或作物单位面积能量产出；A_i 为第 i 种果树或作物种植面积；CREF 为能流循环指数。

畜牧业子系统能量的计算是在各村畜禽种类、数量等调查的基础上，按前人的方法计算各畜种的饲料、饲草消耗量及粪便产量，再乘以相应的折能系数。人类群体子系统按实际调查数计算其能量值。

（3）生产力调查。生产力的研究方法主要有：

A. 果树生物量调查。果树按不同树种（富士、秦冠）、林龄（≤5 龄、≥10 龄）设置 20m×20m 的标准小区 36 个。在标准地内每木检尺，测定地径、树高、冠幅、叶幕厚度，确定平均标准木 3 棵。测定标准木地径及第一分枝处的高度、直径，分别按圆台体、圆锥体计算主干材积与中心干材积，并取试样，测定其比重，进而推算主干及中心干生物量。分别按每株标准木取平均枝，测其枝、叶鲜重，用以估算枝和叶的生物量。根生物量按地上部分的 1/5 折算。每年 10 月上旬，在每块标准地内按“×”型设置 5 个 3m×4m 的样方，收集凋落物。

B. 作物生物量调查。作物依据其种类和产量高低，分别选取有代表性的样地 42 块。在每块样地内按“×”型布设 5 个 1m×1m 的小样方，采用收获法，按茎、叶、果实实测其鲜重，地下部分生物量采用全根挖掘法测定。作物收获前，在每个样方内收集凋落物。果树、作物生物量均以烘干后的干重为准。

C. 畜禽生产力特征。畜禽的调查是以村为单位，逐户调查统计，内容包括品种、数量、产肉量、粪便量和销售价格等。

D. 生产力计算。作物各器官生产力为其相应器官的年均生物量。果树根、干、枝生产力为其年均生物量。畜禽生产力计算参考李中魁、王幼民的研究法。农果复合生态系统生产力计算采用先计算子系统，即：

$$\text{复合生态系统生产力} = \sum_{1}^{n}(\text{调查样方平均值} \times \text{种植面积} \times \text{面积权重}) \div \text{调查年数}$$

式中，n 为调查年份。果实、畜禽总量乘以价格，即可得到其经济生产力，计算时以我国 20 世纪 90 年代不变价为准。

在样地生物量调查的同时，收集植物样品，带回室内进行粉碎，并在 80℃烘干至恒重，用 $HClO_4$-H_2SO_4 消化法制备样品待测液，全 N 用凯氏定 N 蒸馏法，全 P 用钒钼黄比色法，全 K 用火焰光度计法。

土壤样品的采集与作物地上生物量取样同步进行，分别在每块标准地和样地内按 S 型布设样点 5 个，并分层(0～20cm,20～40cm,40～60cm,60～80cm)取土，经风干后，在实验室进行测定，全 N 用凯氏定 N 法，全 P 用 NaOH 碱熔-钒钼黄比色法，全 K 用 NaOH 碱熔-火焰光度计法。

2. N、P、K 营养元素的循环特征

1）植物、土壤的养分含量

植物及土壤是复合系统的 N、P、K 等营养元素的主要储存库，了解系统内各组分中营养元素的含量对研究系统营养元素的循环有重要的意义，测定结果见表 7-8～表 7-10。

表 7-8 果树各器官营养元素含量（%）

器官	秦冠				富士			
	N	P	K	小计	N	P	K	小计
根	0.34	0.09	0.17	0.59	0.46	0.14	0.20	0.80
干	0.07	0.04	0.19	0.31	0.02	0.03	0.08	0.14
枝	0.42	0.08	0.12	0.62	0.48	0.11	0.10	0.69
叶	1.61	0.12	0.45	2.17	1.32	0.13	0.44	1.89
果	0.08	0.05	0.36	0.49	0.09	0.07	0.31	0.47
小计	2.52	0.38	1.29	4.18	2.37	0.48	1.14	3.99

表 7-9 作物各器官营养元素含量（%）

器官	玉米				谷子				小麦				油菜			
	N	P	K	小计	N	P	K	小计	N	P	K	小计	N	P	K	小计
根	0.37	0.06	0.41	0.84	0.41	0.05	0.75	1.22	0.41	0.07	0.52	1.00	1.38	1.09	0.54	3.01
茎	0.32	0.04	0.66	1.02	0.26	0.02	1.31	1.59	0.51	0.06	0.67	1.24	0.58	0.10	0.54	1.22
叶	0.52	0.08	0.64	1.24	0.45	0.04	0.47	0.96	2.27	0.63	0.33	3.23	1.79	0.50	0.66	2.95
籽粒	1.29	0.33	1.14	2.76	1.25	0.39	1.02	2.65	3.19	0.76	1.52	5.48	1.79	0.50	0.66	2.95
小计	2.50	0.51	2.85	5.86	2.37	0.49	3.55	6.42					4.74	1.98	2.28	8.99

表 7-10 土壤养分分布状况（%）

村名	土层 测定项目	0～20cm			20～40cm			40～60cm			60～80cm			>80cm		
		全N	全P	全K	全N	全P	全K	全N	全P	全K	全N	全P	全K	全N	全P	全K
西坡村	农田	0.06	0.08	2.02	0.05	0.14	2.00	0.04	0.13	1.95	0.04	0.13	1.95	0.04	0.14	2.03
	果园	0.05	0.23	2.15	0.05	0.17	2.27	0.05	0.15	2.20	0.04	0.13	2.16	0.03	0.14	2.14
飞马河村	农田	0.02	0.14	2.32	0.02	0.14	2.34	0.02	0.14	2.29	0.02	0.14	2.26	0.01	0.14	2.22
	果园	0.03	0.14	2.35	0.03	0.14	2.33	0.03	0.13	2.37	0.02	0.13	2.24	0.02	0.13	2.25
南沟村	农田	0.02	0.14	2.15	0.02	0.13	2.15	0.02	0.14	2.14	0.02	0.13	2.29	0.02	0.13	2.39
	果园	0.02	0.14	2.49	0.02	0.14	2.45	0.02	0.14	2.46	0.02	0.14	2.51	0.02	0.14	2.49

由表 7-9 可以看出，在各植物体内 N、K 的含量均高于 P。作物中 N 的含量在果实中最高、茎中最少；而果树中 N 的含量在叶中最多，果、干中最少（表 7-8）。由表 7-10 可知，西坡村土壤全 N 的含量在各个层次上都高于飞马河村和南沟村，而全 P、全 K 的分布规律则不明显。

2）复合系统营养元素的循环

（1）植物营养元素生物循环。各植物营养元素 N、P、K 的年吸收量、留存量、归还量、现存量的计算结果见表 7-11。同理，汇总求得 0～80cm 土层中营养元素贮量见表 7-12。

表 7-11 土壤养分分布状况（%）

植物	测定项目	西坡村			飞马河村			南沟村			平均		
		N	P	K	N	P	K	N	P	K	N	P	K
秦冠	吸收量	36.25	5.32	34.57	31.10	3.91	16.92	22.09	2.09	9.85	29.81	3.77	20.45
	存留量	10.23	3.41	29.62	4.34	1.80	6.61	1.33	0.72	4.04	5.30	1.98	13.42
	归还量	26.02	1.92	4.95	26.75	2.11	10.31	20.76	1.37	5.81	24.51	1.80	7.02
	现存量	80.21	17.71	60.90	66.25	15.33	44.51	39.40	7.91	32.36	61.95	13.65	45.92

续表

植物	测定项目	西坡村			飞马河村			南沟村			平均		
		N	P	K	N	P	K	N	P	K	N	P	K
富士	吸收量	21.60	4.39	10.87	20.30	2.88	0.35	14.65	2.64	12.91	18.85	3.30	10.04
	存留量	8.71	3.07	8.10	4.97	1.72	3.37	2.79	1.19	3.51	5.49	1.99	4.99
	归还量	12.90	1.33	2.77	15.33	1.16	2.98	11.86	1.45	9.41	13.36	1.31	5.05
	现存量	67.53	16.86	25.60	83.48	8.17	13.48	29.51	7.86	21.94	45.17	10.96	20.34
玉米	吸收量	138.37	33.59	74.27	62.17	16.05	60.41	47.72	11.04	47.70	82.75	20.23	60.78
	存留量	133.52	32.93	69.02	60.56	15.75	58.82	46.41	10.79	45.95	80.17	19.82	57.93
	归还量	4.84	0.66	5.22	1.60	0.30	1.59	1.31	0.25	1.75	2.59	0.40	2.85
	现存量	138.37	33.59	74.24	62.17	16.05	60.41	47.72	11.04	47.70	82.75	20.23	60.78
谷子	吸收量	—	—	—	34.55	8.63	49.94	29.42	5.53	35.75	31.99	7.08	42.85
	存留量	—	—	—	31.11	8.26	43.56	24.93	5.07	30.59	28.02	6.66	37.07
	归还量	—	—	—	3.45	0.38	6.38	4.49	0.46	5.16	3.97	0.42	5.77
	现存量	—	—	—	34.55	8.63	49.94	29.42	5.53	35.75	31.99	7.08	42.85
小麦	吸收量	97.40	21.36	55.69	—	—	—	—	—	—	97.40	21.36	55.69
	存留量	84.93	19.40	39.77	—	—	—	—	—	—	84.93	19.40	39.77
	归还量	12.47	1.96	15.92	—	—	—	—	—	—	12.47	1.96	15.92
	现存量	97.40	21.36	55.69	—	—	—	—	—	—	97.40	21.36	55.69
油菜	吸收量	139.04	38.31	62.20	—	—	—	—	—	—	139.04	38.31	62.20
	存留量	132.53	34.71	59.14	—	—	—	—	—	—	132.53	34.71	59.14
	归还量	6.51	3.61	3.05	—	—	—	—	—	—	6.51	3.61	3.05
	现存量	139.04	38.31	62.20	—	—	—	—	—	—	139.04	38.31	62.20

注：吸收量、留存量、归还量的单位为 kg/(hm^2·年)，现存量的单位为 kg/hm^2

表 7-12 不同植被覆盖下土壤库营养元素贮量（kg/hm^2）

村名	项目	秦冠	富士	玉米	谷子	小麦	油菜
西坡村	N	5056.36	5370.86	4077.65	—	5826.92	5261.62
	P	19 284.41	18 223.75	16 822.83	—	15 364.16	15 289.93
	K	199 225.30	205 496.27	231 487.57	—	191 805.52	185 672.69
飞马河村	N	3998.31	2454.52	1906.49	2373.44	—	—
	P	14 847.51	13 918.44	14 720.38	15 637.91	—	—
	K	214 410.45	204 193.29	206 600.45	216 072.07	—	—
南沟村	N	2124.62	2315.69	2192.53	2460.95	—	—
	P	15 184.92	14 684.99	14 590.74	13 068.11	—	—
	K	230 178.13	221 083.66	190 506.51	211 740.40	—	—
平均	N	3726.43	3380.36	2725.56	2417.19	5826.92	5261.62
	P	16 438.94	15 609.06	14 353.01	14 353.01	15 364.16	15 289.93
	K	214 604.62	210 257.74	213 906.24	213 906.24	191 805.52	185 672.69

由表 7-11 中可以看出，各植物对营养元素 N、K 的吸收量均高于 P，而土壤中（表 7-12）营养元素的贮量却表现为 K>P>N。这表明土壤中 N 元素含量的高低是限制植物生长发育的重要因素。因此，培肥土壤、提高土壤的供氮能力是获取高产的重要条件。此外，不同植物对 N、P、K 的吸收量是不同的，N、P 的吸收均表现为油菜>小麦>玉米>谷子>秦冠>富士的趋势，K 则表现为油菜>玉米>小麦>谷子>秦冠>富士的趋势，但可以肯定的是作物对营养

元素的吸收量高于果树。因此，在农业生产中更应注重对作物的养分投入。

凋落物是养分循环的重要环节，它可以作为植被生物量中养分循环速度的一个指标。由表 7-11 可以看出，不同植物 N、P、K 的归还量是不同的。N 表现为秦冠＞富士＞小麦＞油菜＞谷子＞玉米；P 表现为油菜＞小麦＞秦冠＞富士＞谷子＞玉米；K 表现为小麦＞秦冠＞谷子＞富士＞油菜＞玉米。这说明果树更有利于土壤中 N 素的归还。由各植物吸收量与归还量的差值可以看出，油菜、小麦、玉米的差值达 80kg/(hm^2·年）以上，故当地更应注重改变以往的收获习惯，变秸秆焚烧为秸秆还田。

（2）植物营养元素循环特征。通过 3 个村各植物的吸收系数、利用系数、循环系数及各元素的周转期，再进行平均，得各植物的营养元素循环指标（表 7-13）。

表 7-13　植物的营养元素循环特征

植　物	项　目	吸收系数	利用系数	循环系数	周转期/年
秦冠	N	0.0080	0.4812	0.8222	2.53
	P	0.0002	0.2765	0.4766	7.59
	K	0.0001	0.4453	0.3435	6.54
	N、P、K	0.0028	0.4010	0.5474	5.55
富士	N	0.0056	0.4173	0.7088	3.38
	P	0.0002	0.3013	0.3965	8.37
	K	0.0000	0.4938	0.5029	4.03
	N、P、K	0.0019	0.4041	0.5361	5.26
玉米	N	0.0304	1.0000	0.0312	32.01
	P	0.0013	1.0000	0.0200	50.05
	K	0.0003	1.0000	0.0470	21.29
	N、P、K	0.0107	1.0000	0.0327	34.45
谷子	N	0.0132	1.0000	0.1241	8.06
	P	0.0005	1.0000	0.0592	16.90
	K	0.0002	1.0000	0.1347	7.42
	N、P、K	0.0046	1.0000	0.1060	10.80
小麦	N	0.0167	1.0000	0.1280	7.81
	P	0.0014	1.0000	0.0916	10.92
	K	0.0003	1.0000	0.2859	3.50
	N、P、K	0.0061	1.0000	0.1685	7.41
油菜	N	0.0264	1.0000	0.0468	21.37
	P	0.0025	1.0000	0.0942	10.62
	K	0.0003	1.0000	0.0491	20.37
	N、P、K	0.0098	1.0000	0.0633	17.45

由表中可以看出，不同植物对营养元素的吸收、利用等情况是不同的。循环系数表现为玉米＜油菜＜谷子＜小麦＜富士＜秦冠，故果业子系统对土壤库存元素的耗费小，有利于土壤养分的积累。周转期表现为富士＜秦冠＜小麦＜谷子＜油菜＜玉米，故果业周转期短，营养元素的循环速率快，利于系统中养分的平衡。吸收系数表现为富士＜秦冠＜谷子＜小麦＜油菜＜玉米，故果业子系统土壤库中营养元素的可持续利用时间较长。因此，从养分生物循环角度考虑，其优劣表现为富士＞秦冠＞小麦＞谷子＞油菜＞玉米。

从营养元素 N、P、K 的周转期来看，果树均表现为 N 素周转最快，秦冠、富士分别为

2.53 年和 3.38 年，而作物除油菜表现为 P 素周转最快外，小麦、谷子、玉米均表现为 K 素周转最快，分别为 3.5 年、7.42 年和 21.29 年。

（3）农果复合生态系统营养元素生物循环。就系统整体而言，植物营养元素的生物循环与其种植面积的多少有关。经计算，复合系统内营养元素的吸收量、现存量、留存量、归还量和土壤库中营养元素含量，以及其吸收系数、利用系数、循环系数及各元素的周转期结果见表 7-14。由表 7-14 可以看出，复合系统营养元素 N、P、K 的循环系数表现为南沟村＞飞马河村＞西坡村，周转期表现为南沟村＜飞马河村＜西坡村，这主要是由于各村植物种植结构的不同造成。各村中，元素 N、P、K 的周转速率均是以 N 素最快、K 素次之、P 素最慢。而前述的玉米、谷子、小麦均是以 K 素周转最快，这表明调整植物种植结构可以影响复合生态系统的养分循环过程。由表 7-14 还可以看出，N 素和 K 素的循环特点是吸收量、留存量和归还量均较 P 素高。但植物种植比例不同，N 素的吸收量、留存量和归还量也有所变化。在西坡村，N 素的吸收量、留存量和归还量均是最大的，而飞马河村、南沟村吸收量和归还量以 N 素最大，留存量中以 K 素为最大。N 素的吸收系数为 0.0116～0.0132，为 P 素的 14.6～38.7 倍。

表 7-14　农果复合生态系统的循环征

村　名	项　目	吸收量	留存量	归还量	现存量	土壤贮量	吸收系数	利用系数	循环系数	周转期/年
西坡村	N	61.12	46.31	14.81	88.66	5245.26	0.0117	0.6894	0.2423	5.99
	P	13.32	11.69	1.63	20.90	17 535.93	0.0008	0.6370	0.1222	12.84
	K	36.55	29.87	6.63	48.37	203 044.39	0.0002	0.7556	0.1828	7.24
	N、P、K	110.98	87.86	23.12	157.93	225 825.58	0.0005	0.7027	0.2083	6.83
飞马河村	N	34.07	22.20	11.87	47.47	2587.79	0.0132	0.7177	0.3485	4.00
	P	7.07	6.09	0.97	11.18	14 613.67	0.0005	0.6325	0.1378	11.47
	K	28.89	24.21	4.68	36.53	208 988.03	0.0001	0.7908	0.1619	7.81
	N、P、K	70.02	52.50	17.52	95.17	226 189.48	0.0003	0.7358	0.2502	5.43
南沟村	N	26.34	15.33	11.01	36.08	2262.22	0.0116	0.7301	0.4181	3.28
	P	4.70	3.71	0.99	8.04	14 498.59	0.0003	0.5845	0.2112	8.10
	K	23.36	17.39	5.97	32.90	215 957.46	0.0001	0.7099	0.2555	5.51
	N、P、K	54.40	36.42	17.98	77.02	232 718.27	0.0002	0.7063	0.3304	4.28

注：吸收量、留存量、归还量的单位为 $kg/(hm^2 \cdot 年)$，现存量、土壤贮量的单位为 kg/hm^2

3. 能流特征

1）*子系统能量产投比分析*　经计算，农业、果业子系统的能量产投比见表 7-15，畜牧业子系统的能量产投比见表 7-16。

表 7-15　农果业子系统能量产投分析表（$\times 10^{10}$ J）

子系统	村　名	作　物	有机能	无机能	有机能/无机能	总投能	总产能	能量产投比	能流循环指数
农业子系统	西坡村	小麦	2.96	2.46	1.20	5.41	19.74	3.66	0.55
		玉米	2.84	3.30	0.86	6.13	30.83	5.03	0.46
		油菜	2.71	2.46	1.10	5.17	17.06	3.30	0.52
	飞马河村	玉米	2.15	3.34	0.64	5.49	20.54	3.74	0.39
		谷子	2.03	2.50	0.81	4.53	12.13	2.68	0.45
	南沟村	玉米	1.32	3.34	0.40	4.66	16.90	3.65	0.28
		谷子	1.22	2.50	0.49	3.72	10.37	2.79	0.33
	平均		2.20	2.85	0.77	5.05	18.07	3.58	0.44

续表

子系统	村名	作物	有机能	无机能	有机能/无机能	总投能	总产能	能量产投比	能流循环指数
果业子系统	西坡村	秦冠	5.70	3.10	1.84	8.80	21.00	2.39	0.65
		富士	3.35	3.10	1.08	6.45	8.75	1.36	0.52
	飞马河村	秦冠	1.75	1.35	1.30	3.09	9.44	3.05	0.56
		富士	7.71	9.07	0.85	16.78	22.58	1.35	0.46
	南沟村	秦冠	1.97	2.64	0.74	4.61	9.61	2.08	0.43
		富士	1.08	1.76	0.61	2.84	3.79	1.33	0.38
	平均		3.00	2.85	1.05	5.84	10.88	1.86	0.51

表 7-16　畜牧业子系统能量产投分析表（$\times10^{10}$ J）

村名	畜食种类	总投能量	总产能量	能量产投比	能流循环系数
西坡村	猪	255.27	347.33	1.36	1.00
	羊	28.83	101.14	3.51	1.00
	牛	6.82	36.69	5.38	1.00
	鸡	20.74	13.71	0.66	1.00
	兔	0.36	0.16	0.44	1.00
飞马河村	猪	77.94	106.05	1.36	1.00
	羊	77.91	273.32	3.51	1.00
	牛	23.86	128.43	5.38	1.00
	鸡	13.39	8.85	0.66	1.00
南沟村	猪	27.28	516.66	18.94	1.00
	羊	55.60	37.12	0.67	1.00
	牛、驴	61.36	195.06	3.18	1.00
	鸡	11.48	330.24	28.77	1.00
3 村平均		220.28	698.25	3.17	1.00

由表 7-15 可知，在农业子系统中，每公顷农田年平均投能（未包括太阳辐射能）5.05×10^{10}J，年平均产能 18.07×10^{10}J，能量产投比为 3.58，从投能水平看，高于 1985 年黄土高原 3.78×10^{10}J/hm^2 的平均水平，但低于 1979 年全国 6.43×10^{10}J/hm^2 的平均水平，且只相当于江浙高产区的 41.55%，山东中产区的 67.55%和安徽低产区的 97.97%。投能中，有机能与无机能的比值为 0.77，有机能投入水平低，系统循环指数 0.44。无机能的投入量为 2.85×10^{10}J/hm^2，为 1979 年全国 1.47×10^{10}J/hm^2 的 193.88%。且以化肥为主，占到无机能投入量的 78.49%，使经济能量产投比达到 1.22，高于全国 1.08 的平均水平。从该地区化肥投入的边际效益和边际成本对比情况看，如果施肥合理，该地区仍有一定的增产增收潜力。

由于畜牧业子系统中无机能投入很少，故总投能中主要包括有机能；在计算总投能时未计算太阳辐射能，故此表能量产投比会出现大于 1 的结果。

相对于农业子系统，果业子系统单位面积投能有所增加，为 5.84×10^{10}J/hm^2。但果园中有机能的投入量大于农田，因此，果业子系统的循环指数高于农业，同时，由于果业的经济效益较高，人们对其在投资、管理上力度较大，故其稳定性较农业子系统高。果业经济能量产投比为 1.86，低于农业子系统，这是由目前果业系统中，‘秦冠’树种老龄树较多，‘富士’树种幼龄树较多造成的。由于同‘秦冠’苹果相比‘富士’苹果质优价高，若能增强‘富士’果树管理，提高产量，将会大大改变这种状况。

由表7-16可知，不同的畜禽种类，其能量产投比不同，但总体表现为牛、驴＞羊＞猪＞鸡＞兔（南沟村除外，其鸡多为放养，故能量产投比较高）。表7-17反映了人类群体的能量消耗与产出情况。由表7-17可知，该系统是一个大的耗能群体，其产投比为0.41。

表7-17 人类子系统能量产投分析表（$\times10^{10}$J）

村名	总投能量			总产量			能量产投比	能流循环系数
	有机能	无机能	小计	人力	粪便	小计		
西坡村	830.48	3289.60	4120.08	286.16	1450.96	1737.12	0.42	0.20
飞马河村	323.95	1262.42	1586.37	75.95	556.82	632.77	0.40	0.20
南沟村	175.60	684.27	859.87	47.69	301.81	349.50	0.41	0.20
3村平均	443.34	1745.43	2188.77	136.60	769.86	906.46	0.41	0.20

2）*农果复合系统能量产投比分析* 对表7-15～表7-17的数据进行汇总后，得到农果复合系统的能量产投比，结果见表7-18。由表7-18可知，若不计太阳能的投入，人工辅助能的投入总量为3354.57×10^{10}J，而能量产出总量为3917.91×10^{10}J，能量产投比为1.17。若把有机能投入量与总投入能量进行比较，可得该系统流循环指数为0.34。因此，黄土高原的农果复合系统是一个低投入、低产出的系统。

表7-18 农果复合系统能量产投分析表（$\times10^{10}$J）

项目	有机能	无机能	有机能/无机能	总投能量	总产能	能量产投比	能流循环系数
太阳辐射能	—	—	—	867570.50	—	—	—
农业子系统	140.54	181.52	0.77	322.06	1151.95	3.58	0.44
果业子系统	319.76	303.70	1.05	623.46	1161.25	1.86	0.51
畜牧业子系统	220.28	—	—	220.28	698.25	3.17	1.00
人类子系统	443.34	1745.43	0.25	2188.77	906.46	0.41	0.20
复合系统	1123.92	2230.65	0.50	3354.57	3917.91	1.17	0.34

3）*农果复合系统能量流动特征分析* 经过对3个村的调查和监测得知，用于农果复合系统生产的人工辅助能中，有机能种类主要为人力、畜力、有机肥、种子和苗木等，无机能种类主要为柴油、电力、机械、化肥、农药和塑料薄膜等，产出则为水果、粮食、薪材、秸秆和粪便等。在系统中和系统与市场之间，产出与投入相互作用，构成一个复杂的能量流动网络（图7-9）。

农业子系统、果业子系统、畜牧业子系统、人类子系统和复合系统投入能量均为人工辅助能，不计太阳辐射能；在计算总投能时未计算太阳辐射能，故此表能量产投比会出现大于1的结果。

由图7-9可知，人类子系统是农果复合生态系统中最大的耗能系统，年平均净消耗能量1281.31×10^{10}J，年平均利用能量2188.77×10^{10}J，分别是农业、果业和畜牧业子系统利用能量的3.68倍、2.45倍和3.4倍。农业和果业子系统是该系统的两个主要初级产品的生产系统，年均产能2313.20×10^{10}J，占系统产能总量的59%。农业子系统年均提供经济产品（粮食和饲料）的能量为347.47×10^{10}J，其中系统内部消耗337.84×10^{10}J，占97%，市场销售粮食能量9.63×10^{10}J，仅占3%。果业子系统年均提供经济产品（果品）的能量为414.47×10^{10}J，其中系统内部消耗185.08×10^{10}J，占44.65%，市场销售果品能量55.35×10^{10}J，占55.35%。

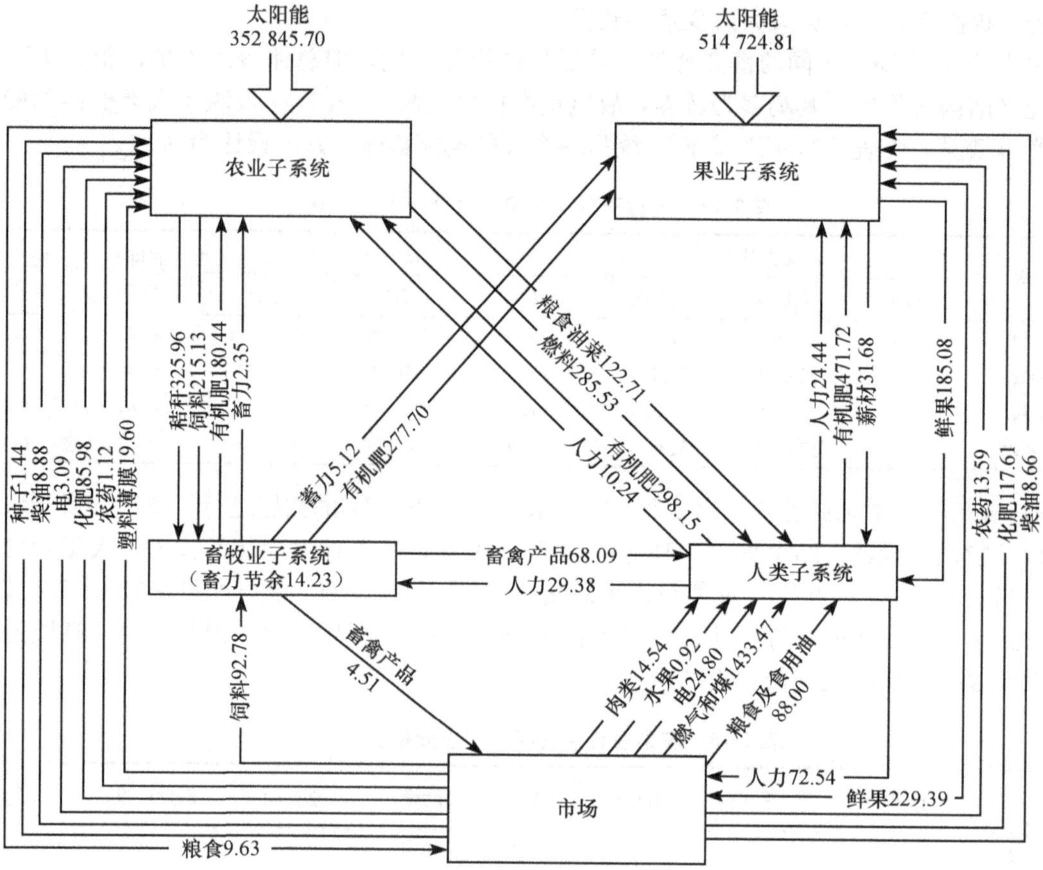

图 7-9 农果复合系统平均能量流动图（J）

农业子系统年均提供产品的能量是果业子系统的 2.13 倍。但按现行粮食和果品价格计算，果业子系统的纯收益是农业子系统的 3.81 倍。畜牧业子系统年均产能 538.21×10^{10}J，仅占系统产能总量的 13.7%。但从供给系统有机肥，提高农业、果业子系统秸秆、树叶等物质的利用效率来讲，畜牧业子系统是连接农业和果业子系统的主要桥梁。市场对系统起到一个支撑和调节作用。市场年均向系统输入能量 1914.48×10^{10}J，占各子系统人工辅助能输入总量的 57.07%，且每年要消化系统能量 316.07×10^{10}J。因此，从能量流动角度来看，黄土高原农果复合型生态农业实质是市场支持下的以畜牧业为纽带的自给型农业和商品型果业的初级生态农业系统。

从系统内各子系统投能来源看，57%的人工辅助能来源于系统之外的市场，43%的投能产生于系统内部。按现有生产力水平，系统过分依赖于外界的能量投入，自我稳定和发展的能力较差。

对系统进行人工辅助能投入，旨在提高太阳能转化利用率和生产力水平。畜牧业为农业和果业子系统生产提供有机肥料，对维持和提高其生产力水平是必不可少的。但是，在该系统内畜牧业子系统产能比例小，提供的有机肥不足。所以，加强畜牧业发展对改善系统投能结构、稳定和提高系统自我发展能力具有重要意义。农业为畜牧业提供饲料，并确保人类子系统粮食安全。果业子系统产品商品率高，经济效益好，是农民经济收入的主要来源。目前，黄土高原农果复合生态系统各产业子系统结构不尽合理，有待进一步调整、完善和提高，并需坚持“稳定农业、发展畜牧业和强化果业”的发展方针。

4. 生产力特征

1) *植物生产力特征* 由表7-19、表7-20可以看出，不同植物的生产力是不同的，作物表现为玉米>小麦>油菜>谷子，果树表现为秦冠>富士。并且，作物、果树各器官生产力均以果实最高，叶茎（干）次之，根系最低，其中，果实生产力分别占玉米、小麦、油菜、谷子、秦冠、富士生产力的57.58%、38.13%、62.15%、46.52%、51.82%和27.09%，这说明植物光合作用制造的有机物质有很大一部分是向果实中流动的。进一步分析可见，玉米、小麦、谷子向果实流动的有机物质绝大部分分配给了籽粒，分别占果实生产力的68.33%、65.02%和60.94%，而油菜却相反，籽粒生产力仅占果实生产力的23.74%，表明向果实流动的有机物质主要用于果实附属器官的构建。因此，不同植物由于具有不同特性，各器官生产力特征是不同的。

表7-19 样地作物各器官生产力所占比例

作物	生产力/[t/(hm²·年)]	各器官所占比例/%			果实中各器官比例/%		
		根	茎	叶	果实	附属器官	籽粒
玉米	13.96	4.62	17.95	19.85	57.58	31.67	68.33
小麦	12.26	16.17	45.70	—	38.13	34.98	65.02
油菜	10.17	2.42	32.30	3.13	62.15	76.26	23.74
谷子	6.42	7.64	23.26	22.58	46.52	39.06	60.94

表7-20 样地果树各器官生产力所占比例

苹果	生产力/[t/(hm²·年)]	各器官所占比例/%					
		根	干	枝	叶	果实	小计
秦冠	5.72	2.87	11.86	6.30	27.15	51.82	100.00
富士	3.67	7.01	19.46	17.61	28.85	27.09	100.00

2) *农业子系统生产力* 根据各作物在农业子系统中所占的面积权重与其生产力相乘，可得农业子系统生产力（表7-21）。由表7-21可以看出，西坡村、飞马河村、南沟3村农业子系统生物生产力[t/(hm²·年)]分别为14.05、9.85和8.11，而籽粒生产力[t/(hm²·年)]分别为3.89、3.87和2.97。系统生物生产力与籽粒生产力呈正相关，这与当地的热量、种植习惯和种植面积有关。飞马河村和南沟村冬季寒冷，1月极端最低气温达−25.4℃，不利于冬小麦越冬，个别年份虽可越冬，但产量很低，因此以玉米种植为主。而西坡村则相反，以冬小麦种植为主，两地存在的共同问题是应加强作物管理，提高单产与品质。

表7-21 农业子系统生产力

村名	项目	面积权重	子系统生产力/[t/(hm²·年)]			占子系统比重/%		
			生物生产力	籽粒生产力	经济产值	生物生产力	籽粒生产力	经济产值
西坡村	玉米	0.30	5.60	1.90	800.93	39.86	48.84	38.29
	小麦	0.60	7.37	1.83	1070.70	52.46	47.04	51.19
	油菜	0.10	1.08	0.16	219.86	7.68	4.12	10.52
	子系统	1.00	14.05	3.89	2091.49	100.00	100.00	100.00

续表

村名	项目	面积权重	子系统生产力/[t/(hm² · 年)]			占子系统比重/%		
			生物生产力	籽粒生产力	经济产值	生物生产力	籽粒生产力	经济产值
飞马河村	玉米	0.50	6.29	2.81	1179.66	63.86	72.61	60.15
	谷子	0.50	3.56	1.06	781.56	36.14	27.39	39.85
	系统	1.00	9.85	3.87	1961.22	100.00	100.00	100.00
南沟村	玉米	0.50	5.20	2.18	914.64	64.12	73.40	60.72
	谷子	0.50	2.91	0.79	591.62	35.88	26.00	39.28
	系统	1.00	8.11	2.97	1506.26	100.00	100.00	100.00

3）果业子系统生产力　果业子系统生产力计算同农业子系统，结果见表 7-22。由表 7-22 可以看出，西坡村、飞马河村果业子系统生物生产力分别是南沟村的 2.59 和 1.31 倍，而果实生产力（经济生产力）分别是南沟村的 6.78 和 1.48 倍。其中，西坡村、飞马河村、南沟村果实生产力分别占果业子系统生物生产力的 60.96%、26.57%和 23.28%。由此说明，果业的生产不单是果树栽植面积的多少，更重要的是果园管理，西坡村苹果平均每公顷产量为 30t，而飞马河与南沟村则为 9t，且飞马河有大约 33hm² 的残败园，南沟村有近 50%的园子基本不进行管理。

表 7-22　果业子系统生产力

村名	项目	面积权重	子系统生产力/[t/(hm² · 年)]			占子系统比重/%		
			生物生产力	果实生产力	经济产值	生物生产力	果实生产力	经济产值
西坡村	秦冠	0.60	6.10	4.10	4752.98	77.31	85.24	85.17
	富士	0.40	1.79	0.71	827.31	22.69	14.76	14.83
	子系统	1.00	7.89	4.81	5580.29	100.00	100.00	100.00
飞马河村	秦冠	0.70	3.08	0.87	1002.01	77.19	82.08	82.38
	富士	0.30	0.91	0.19	214.37	22.81	17.92	17.62
	子系统	1.00	3.99	1.06	1216.38	100.00	100.00	100.00
南沟村	秦冠	0.50	1.30	0.42	483.14	42.62	59.15	58.66
	富士	0.50	1.75	0.29	340.46	57.38	40.85	41.34
	子系统	1.00	3.05	0.71	823.60	100.00	100.00	100.00

4）畜牧业子系统生产力　畜禽数量乘以畜产品产出，再除以农、果业总面积，可得单位面积畜产品生产力（表 7-23）。由表 7-23 可以看出，西坡村、飞马河村、南沟村第二性生产力中，畜产品生产力分别占生物生产力的 7.16%、6.04%、3.54%；粪便生产力分别占生物生产力的 92.84%、93.96%、96.46%，而且各村畜牧业经济生产力均远小于农业、果业子系统的经济生产力，说明畜牧业子系统在农果复合生态农业中占的份额很低，制约了系统生产力的提高。

表 7-23　畜牧业子系统生产力

村名	项目	存栏数/(只 · 头)	畜产品/[kg/(hm² · 年)]			畜禽粪便/[kg/(hm² · 年)]	经济生产力/[元/(hm² · 年)]
			肉	蛋、奶	小计		
西坡村	猪	131	61.41	0	61.41	882.75	208.79
	羊	84	19.75	0	19.75	246.10	23.26
	牛	2	0	0	0	91.41	3.20
	鸡	347	5.29	10.17	15.46	34.18	57.54
	兔	15	0.19	0	0.19	0.43	0.51
	子系统	579	86.64	10.17	96.81	1254.87	293.30

续表

村名	项目	存栏数/(只·头)	畜产品/[kg/(hm²·年)]			畜禽粪便/[kg/(hm²·年)]	经济生产力/[元/(hm²·年)]
			肉	蛋、奶	小计		
飞马河村	猪	40	13.95	0	13.95	200.46	47.41
	羊	227	39.70	0	39.70	494.62	46.74
	牛	7	0	0	0	237.94	8.32
	鸡	224	2.54	4.88	7.42	16.41	27.62
	子系统	498	56.19	4.88	61.07	949.43	130.09
南沟村	猪	14	10.95	0	10.95	157.43	37.23
	羊	162	63.57	0	63.57	792.02	74.85
	牛、驴	18	0	0	0	1372.83	48.00
	鸡	192	4.13	9.39	13.52	31.56	53.13
	子系统	386	78.65	9.39	88.04	2353.84	213.22

从粪便生产力[kg/(hm²·年)]来看，各畜禽是不同的，牛、猪、羊、鸡、兔分别为1702.18、1532.74、1240.61、82.15、0.43，因此，大牲畜是粪便的主要产出源。各村由于畜种结构的差异，粪便生产力不同，西坡村粪便生产以猪为主，飞马河村则以羊为主，南沟村以牛为主。从畜产品生产力来看，猪、羊、是畜产品的主要产出源，西坡村猪、羊分别占63.43%、20.4%；飞马河村分别占22.84%和65.01%；南沟村分别占12.44%和72.21%。

5）*农果复合生态系统生产力*　各子系统单位面积生产力与其在农果复合生态系统中的面积权重相乘，求和，可得到单位面积农果复合生态系统的生产力（表7-24）。

表7-24　农果复合生态系统面积比例、生物生产力及经济生产力

项目	村名	农果复合生态系统			
		农业	果业	畜牧业	合计
面积权重	西坡村	0.382	0.618		1
	飞马河村	0.528	0.472		1
	南沟村	0.586	0.414		1
生物生产力/[t/(hm²·年)]	西坡村	5.367	4.876	1.352	11.595
	飞马河村	5.201	1.883	1.011	8.095
	南沟村	4.752	1.263	2.442	8.475
经济生产力/[元/hm²·年]	西坡村	798.95	3448.62	293.30	4540.87
	飞马河村	1035.52	574.13	130.09	1739.74
	南沟村	882.67	340.97	213.22	1436.86

由表7-24可以看出，西坡村、飞马河村、南沟村就生物生产力而言，表现为西坡村>南沟村>飞马河村，而经济生产力却表现为飞马河村>西坡村>南沟村，这种差异主要是由各村农、果业比重不同造成的。在农果复合生态系统的第一性生产力中，西坡村、飞马河村、南沟村生物生产力[t/(hm²·年)]分别为10.243、7.084和6.015，其中农业子系统分别占52.4%、73.42%和79%，果业子系统分别占47.6%、26.58%和21%。但结合其农果业面积权重，可以发现农业子系统对复合系统生物生产力的贡献较大，也就是说，农业子系统比重越大，复合系统的生物生产力越高；而果业子系统恰恰相反。从经济生产力[元/(hm²·年)]来看，西坡村、飞马河村、南沟村分别为4247.57、1609.65和1223.64，其中，农业子系统分别占18.81%、64.33%和72.13%，果业子系统分别占81.19%、35.67%和27.87%，表明农

业子系统对复合系统经济生产力的贡献较小，而果业子系统则相反。即农业子系统比重越大，复合系统经济生产力越小，果业子系统比重越大，复合系统经济生产力越高。

从复合系统第二性生产力来看，生物生产力［t/(hm^2·年)］表现为南沟村＞西坡村＞飞马河村，分别为2.442、1.352和1.011，结合前面的分析可知，造成生物生产力差异的原因是各村畜种结构的差异。

思 考 题

1. 简述生态农业的产生与发展。
2. 生态农业建设的原理和方法有哪些？
3. 水土保持型生态农业有何特点？
4. 以黄土高原农果复合型生态农业为参照，举例说明生态农业的建设过程。

参考文献

“华北平原作物水分胁迫与干旱研究”课题组．1991．作物水分胁迫与干旱研究．郑州：河南科学技术出版社

《长江流域水土保持手册》编辑委员会．1999．长江流域水土保持技术手册．北京：中国水利水电出版社

卞新民，冯金霞．1998．多元多熟种植制度复种指数计算方法探讨．南京农业大学学报，(2)：11-15

曹敏健．2002．耕作学．北京：中国农业出版社

常春丽，刘丽平，张立峰．2008．保护性耕作的发展研究现状及评述．中国农学通报，24（2）：167-172

常庆瑞．2002．土地资源学．陕西：西北农林科技大学出版社

陈乃政，曲继宗．1990．新修梯田施黑矾改土增产机理探讨．中国水土保持，(7)：24-27

陈乃政，曲继宗，郭玉记．1993．二川河流域新修梯田增产效益与技术措施调查．中国水土保持，(7)：29-39

陈世正，王宏富，屈明．2002．水土保持农学．北京：中国水利水电出版社

陈欣，唐建军，王兆骞．2002．农业生态系统中生物多样性的功能——兼论其保护途径与今后研究方向．农村生态环境，18（1）：38-41

陈亚新，康绍忠．1995．非充分灌溉原理．北京：中国水利水电出版社

程满金，郑大玮，马兰忠，等．2009．集雨补灌旱作节水农业技术．郑州：黄河水利出版社

程序．1999．农牧交错带研究中的现代生态学前沿问题．资源科学，20（5）：1-8

邓祥征，姜群鸥，战金艳．2009．中国土地生产力变化的情景分析．生态环境学报，18（5）：1835-1843

丁昆仑，Hann M J．2000．耕作措施对土壤特性及作物产量的影响．农业工程学报，16（3）：28-31

段建由，李栓杯，工改兰，等．1989．新修梯田培肥增产配套措施模型研究．中国科学院水利部西北水土保持研究所集刊，第10集．西安：陕西科学技术出版社

高旺盛．2007．论保护性耕作技术的基本原理与发展趋势．中国农业科学，40（12）：2702-2708

关连珠．2007．普通土壤学．北京：中国农业大学出版社

郭廷辅，段巧甫．2003．水土保持径流调控理论与实践．北京：中国水利水电出版社

郭廷辅，刘万栓，廖纯艳，等．1997．中华人民共和国国家标准（GB/T 16453.1～16453.6—1996）．水土保持综合治理技术规范．北京：中国标准出版社

郭新荣．2007．机械化保护性耕作对土壤理化性质的影响．农业系统科学与综合研究（223）：158-160

国勤，高旺盛．2000．中国集约型农作制可持续发展．南昌：江西科学技术出版社

蒋定生．1997．黄土高原水土流失与治理模式．北京：中国水利水电出版社

康绍忠，蔡焕杰．1996．农业水管理学．北京：中国农业出版社

康绍忠，刘晓明，熊运章．1994．土壤-植物-大气连续体水分传输理论及其应用．北京：水利电力出版社

康绍忠，张富强，梁银丽．1997．玉米生长条件下农田土壤水分动态预报方法的研究．生态学报，17（3）：245-251

孔东，史海滨，魏占民，等．2004．干旱区不同水盐处理对向日葵生理性状的影响研究．灌溉排水学报，1：44-46

蓝盛芳，欧登 H，刘亲茂．1998．中国农业生态系统的能流能值分析．生态科学，(1)：31-39

李鼎新，汗美玲，徐建荣．1998．水土流失造成的土壤肥力退化及其逆转途径．水土保持通报，8（3）：46-54

李立军，褚庆全，胡志全，等．2004．我国主要粮食作物区域布局变化研究，农业现代化研究，（5）：334-339

李少昆，赵明，赵秉强．2004．保护性耕作技术研究进展．华中农业大学学报，(34)：16-19

李生秀. 2004. 中国旱地农业. 北京：中国农业出版社
李文华. 2003. 生态农业——中国可持续农业的理论与实践. 北京：化学工业出版社
李周. 2004. 生态农业的经济学基础. 云南大学学报（社会科学版），3（2）：44-54
梁泉，尹元萍，杨通新. 2004. 玉米大豆间作试验初步研究. 耕作与栽培，（5）：16-19
廖绵睿，张贤明. 2004. 现代陡坡地水土保持. 北京：九州出版社
林成谷. 1990. 土壤学（北方本）. 北京：农业出版社
林成谷. 1996. 土壤污染与防治. 北京：中国农业大学出版社
林大仪. 2002. 土壤学. 北京：中国林业出版社
林培. 1996. 土地资源学. 北京：中国农业大学出版社
刘宝元，谢云，张科利. 2001. 土壤侵蚀预报模型. 北京：中国科学技术出版社
刘秉正，吴发启. 2003. 黄土高原经济林（果）建设与开发. 郑州：黄河水利出版社
刘昌红. 2009. 水土保持耕作措施在小流域综合治理中的作用. 中国水土保持，9：29-30，38
刘昌明，王会肖. 1999. 土壤-作物-大气界面水分过程与节水调控. 北京：科学出版社
刘庚山，郭安红，安顺清，等. 2002. 开发利用土壤深层水资源的一种有效途径——"以肥调水"的大田试验研究. 自然资源学报，17（4）：423-429
刘巽浩. 1994. 耕作学. 北京：中国农业出版社
刘巽浩. 2002. 耕作学. 2版. 北京：中国农业出版社
刘亚俊，侯国青，周景奎. 2003. 保护性耕作对土壤理化性质的影响分析. 农村牧区机械化，（4）：13-15
刘玉华. 1999a. 大田作物轮作效果定量评价研究. 沈阳农业大学学报，（1）：13-15
刘玉华. 1999b. 复种效果定量评价初探. 耕作与栽培，（3）：61-62
刘玉华. 1999c. 间混作效果定量评价的研究. 沈阳农业大学学报，（5）：490-493
刘震. 2003. 中国水土保持生态建设模式. 北京：科学出版社
卢喜平，史东梅. 2006. 坡地水土保持型生态农业体系建设研究. 中国生态农业学报，14（1）：220-222
卢宗凡，梁一民，刘国彬. 1997. 中国黄土高原生态农业. 西安：陕西科学技术出版社
罗俊杰，杨封科，高世铭. 2003. 黄土高原半干旱区集雨补灌灌溉制度研究. 灌溉排水学报，22（3）：25-28
骆世明. 2003. 农业生态学. 北京：中国农业出版社
马兰忠，程满金，冯婷，等. 2004. 玉米集雨补灌灌溉制度试验研究. 四川水利，（Z1）：31-36
聂永丰. 1999. 三废处理工程技术手册（固体废物卷）. 北京：化学工业出版社
宁建国，张富. 1992. 半干旱区的新修梯田作物选择与轮作制度. 中国水土保持，（2）：40-42
潘瑞炽. 植物生理学. 2008. 北京：高等教育出版社
曲继宗，陈乃政. 1991. 新修梯田增肥增产措施. 山西水土保持科技，（3）：39-40
屈明，王宏富，陈世正. 2002. 水土保持农学. 北京：中国水利水电出版社
全国土壤普查办公室. 1998. 中国土壤. 北京：中国农业出版社
陕西省农业机械管理局，西北农林科技大学. 2006. 保护性耕作技术. 西安：陕西科学技术出版社
史东梅. 2010. 基于RUSLE模型的紫色丘陵区坡耕地水土保持研究. 水土保持学报，24（3）：39-44
史志华，蔡崇法，丁树文，等. 2002. 基于GIS和RUSLE的小流域农地水土保持规划研究. 农业工程学报，18（4）：172-175
水利部水土保持司. 1996. 水土保持综合治理技术规范. 坡耕地治理技术（GB/T 16453. 1—1996）. 北京：中国标准出版社
粟宗嵩. 1990. 灌溉原理与应用. 北京：科学普及出版社
孙渠. 1981. 耕作学原理——关于地力的使用和培养问题. 北京：农业出版社
唐克丽. 2004. 中国水土保持. 北京：科学出版社
万毅成. 2000. 辽宁省种植业结构调整及高产高效栽培技术. 沈阳：辽宁科学技术出版社
万勇善，史德明，席承藩. 1991. 南方花岗岩侵蚀区土壤的退化. 水土保持学报，5（3）：80-87

汪德水．1999．旱地农田肥水协同效应与耦合模式．北京：气象出版社
汪志农．2000．灌溉排水工程学．北京：中国农业出版社
王冬梅．2004．农地水土保持．北京：中国林业出版社
王克勤，赵雨森，陈伯奇．2008．水土保持与荒漠化防治概论．北京：中国林业出版社
王礼先．1999．流域管理学．北京：中国林业出版社
王礼先．2004．中国水利百科全书：水土保持分册．北京：中国水利水电出版社
王礼先，朱金兆．2005．水土保持学．北京：中国林业出版社
王立祥．2001．耕作学．重庆：重庆出版社
王留芳．1994．农业生态学．西安：陕西科学技术出版社
王庆仁，崔岩山，董艺婷．2001．植物修复——重金属污染土壤整治有效途径．生态学报，21（2）：326-331
王世魁．1998．面向21世纪的中国农作制（中国耕作制度研究会）．石家庄：河北科学技术出版社
王世耆，程延年．1991．作物产量与天气气候．北京：科学出版社
王文元．2009．节水灌溉理论与技术．郑州：黄河水利出版社
王晓泉，高世铭．1992．新修梯田培肥增产技术研究与示范．中国水土保持，（2）：40-42
王勇．2003．集雨补灌对旱地冬小麦产量和水分利用的影响．水土保持研究，10（1）：104-107
王宗明，梁银丽．2002a．EPIC模型在黄土高原地区的运用．水土保持学报，17（4）：481-487
王宗明，梁银丽．2002b．应用EPIC模型计算黄土塬区作物生产潜力的初步尝试．自然资源学报，17（4）：481-487
魏文波．2006．土壤耕作的机械作用．农机使用与维修，（3）：43
吴发启．2003．水土保持学概论．北京：中国林业出版社
吴发启，刘秉正．2003．黄土高原流域农林复合配置．郑州：黄河水利出版社
吴发启，刘海斌，孙宝胜，等．2008．黄土高原农果复合系统的能流特征．中国生态农业学报，16（4）：1005-1010
吴发启，刘海斌，周正立．2006．农果复合系统营养物质的盈亏平衡特征．应用生态学报，17（3）：413-416
吴发启，刘海斌，周正立，等．2006．黄土高原农果复合系统N、P、K营养元素的循环特征．水土保持学报，20（6）：79-83
吴发启，郑子成．2005．坡耕地地表糙度的量测与计算．水土保持通报，25（5）：70-74
吴发启，周正立，刘海斌．2005．黄土高原中南部农果复合型生态农业生产力特征．应用生态学报，16（2）：262-266
吴海卿，杨传福，孟兆江，等．1998．以肥调水提高水分利用效率的生物学机制研究．灌溉排水，（4）：6-10
西北农业大学．1991．旱农学．北京：农业出版社
谢俊奇．2005．中国坡耕地．北京：中国大地出版社
谢森祥，袁剑舫，陈家坊．1958．水稻土壤耕性的初步研究．土壤学报，7（2）：85-90
辛树帜，蒋德麟．1982．中国水土保持概论．北京：农业出版社
信乃诠，王立祥．1998．中国北方旱区农业．南京：江苏科学技术出版社
徐英，王俊生，蔡守华，等．2008．缓坡水平梯田土壤水分空间变异性．农业工程学报，24（12）：16-19
杨艳牛，史德明，吕喜玺．1991．长汀三峡区土壤退化的研究．水土保持学报，5（3）：53-62
尹光华，蔺海明．2001．旱地春小麦集雨补灌增产机制初探．干旱地区农业研究，19（2）：54-75
余贵芬，青长乐．1998．重金属污染土壤治理研究现状．农业环境与发展，（4）：22-24
张飞，赵明，张宾．2004．我国北方保护性耕作发展中的问题．中国农业科技报，6（3）：36-39
张海林，高旺盛，陈阜，等．2005．保护性耕作研究现状、发展趋势及对策．中国农业大学学报，10（1）：16-20
张平仓，杨勤科，夏艳华，等．2002．长江中上游地区土壤侵蚀机制及过程试验研究．长江流域资源与环境，11（4）：376-382

张奇，杨文元，林超文，等. 1997. 川中丘陵小流域水土流失特征与调控研究. 水土保持学报，3（3）：38-45

张同树，程尧. 1998. 我国富水区域水旱轮作与农业持续发展. 农业技术经济，（2）：52-54

张兴昌，卢宗凡. 1996. 陕北黄土丘陵坡耕地土壤肥力退化原因及防治对策. 水土保持研究，3（2）：2-6

赵更生，兰晓泉，郑剑英，等. 1989. 黄土丘陵区旱地肥料效应与合理施肥. 中国科学院水利部西北水土保持研究所集刊，第10集. 西安：陕西科学技术出版社

赵聚宝，徐祝龄. 1996. 中国北方旱地农田水分开发利用. 北京：中国农业出版社

郑剑英，吴瑞俊，翟连宁. 1996. 坡耕地长期施肥对作物产量及吸收N、P量的影响. 水土保持研究，3（2）：13-17

中华人民共和国农业部. 1996. 中华人民共和国农业行业标准——全国中低产田类型划分与改良技术规范. 北京：中国标准出版社

周大成，单群. 2006. 保护性耕整地机械. 现代农业，（8）：28-28

Goddard T，Zoebisch M，Gan Y E W，et al. 2008. No-Till Farming Systems. Special Publication No. 3，World Association of Soil and Water Conservation，Bangkok

Lal R. 1974. No-tillage effects on soil properties and maize production in Western Nigeria. PL. and soil，40：321-331

Mannering J，Schertz D，Julian B. 1987. 'Overview of Conservation Tillage'，Effects of Conservation Tillage of Groundwater Quality. Chelsea，MI：Lewis Publishers

Roy B，Noel D. 2001. A note on the use of conservation practices in U. S. agriculture. Environmental Monitoring And Assessmen，72：141-178

Schertz D. 1998. Conservation tillage：an analysis of acreage projections in the United States. Journal of Soil and Water Conservation，33：256-258